山东省职业教育课程改革教材

计算机应用基础

迟会礼　任文娟　贾　芳 主编

山东科学技术出版社
·济南·

图书在版编目（CIP）数据

计算机应用基础 / 迟会礼，任文娟，贾芳主编．
—济南：山东科学技术出版社，2018.8（2022.8 重印）
山东省职业教育课程改革教材
ISBN 978-7-5331-9650-9

Ⅰ．①计…　Ⅱ．①迟…　②任…　③贾…　Ⅲ．①
电子计算机－职业教育－教材 Ⅳ．① TP3

中国版本图书馆 CIP 数据核字 (2018) 第 173232 号

主　编：迟会礼　任文娟　贾　芳
副主编：陈　双　宗　丽　孟春艳　张　晓　秦　菊
编　者：王玉兰　张雪华　秦秀波　李　燕　张　静

计算机应用基础
JISUANJI YINGYONG JICHU

责任编辑：魏海增
装帧设计：孙非羽

主管单位：山东出版传媒股份有限公司
出 版 者：山东科学技术出版社
地址：济南市市中区舜耕路 517 号
邮编：250003　电话：（0531）82098088
网址：www.lkj.com.cn
电子邮件：sdkj@sdcbcm.com
发 行 者：山东科学技术出版社
地址：济南市市中区舜耕路 517 号
邮编：250003　电话：（0531）82098067
印 刷 者：山东联立文化发展有限公司
地址：山东省日照市莒县招贤镇罗庄二路
西路 3 号
邮编：276526　电话：（0633）6622299

规格：16 开（184 mm × 260 mm）
印张：17　字数：426 千　印数：13601~17300
版次：2018 年 8 月第 1 版　印次：2022 年 8 月第 5 次印刷
定价：35.00 元

前言

随着信息技术产业的迅猛发展，计算机广泛应用于社会各个工作领域，计算机基本的应用技术已成为大众尤其是大学生必备的基本技能，也是培养高素质技术技能人才的重要支撑。计算机应用基础课程是培养大学生基本的信息素养、计算机基本操作能力及综合应用能力的重要基础课程。

本书由全省多所职业院校计算机教学一线骨干教师，根据多年的教学经验，参考山东省五年制高等职业教育计算机应用基础课程标准编写而成。本书遵循立德树人和文化育人的教育理念，以就业为导向、职业能力培养为目标，从计算机的基本操作及办公软件的实际应用出发，分为七个教学模块：信息技术与计算机、计算机信息存储与管理、网络技术与信息安全、多媒体数据的采集与编辑、图文排版与展示、数据统计与分析、信息展示与交流。通过本书的学习，可以在了解信息与信息技术的基础之上，认识信息处理的主要工具——计算机，进一步会使用网络搜集和整理信息，最终在多媒体信息处理、文档排版与展示、电子表格制作与数据处理、演示文稿制作与展示等领域有专门且深入的理解与掌握，能够具有良好的信息甄别与应用能力，解决工作与生活中的实际问题，提升信息素养和计算机综合应用水平，为职业生涯的可持续发展和终身学习奠定基础。

本书内容具有如下特点：

1. 采用先进的、普遍应用的软件

本教材编写采用 Windows 7、Office 2016 和常用的简单多媒体编辑软件 ACDSee、Gold Wave、Premiere 为操作平台。

2. 具有权威性

本书编写中参考山东省五年制高等职业教育计算机应用基础课程标准，并结合三年制高等职业教育学生的特点及教学目标，由全省多所职业院校从事一线计算机教学、拥有丰富教学经验的专家和老师共同编写。

3. 突出技能培养

本书采用“项目引领，任务驱动”的方式，联系实际生活工作需要，对接岗位需求，注重实践操作，任务的探究实践呈现出层层递进的工作步骤与操作规律，每个任务按照“任务描述、任务分析、任务实施、任务总结与评价、任务拓展与训练”的思路进行编排。

4. 具有职教特色、地方特点，突出信息素养培养

本书选取的项目、案例和任务典型突出职业能力的培养，具有山东特色，任务实现过程中突出信息素养的培养，全面贯彻“立德树人”和“文化育人”的教学理念。

5. 资源立体化，便于教师组织教学

本书涉及的素材、样例效果等教学资源均可免费下载，模块 4 到模块 7 中任务的操作步骤还提供了完整的操作视频。

本书由山东电子职业技术学院、山东城市建设职业学院、淄博市工业学校等院校的老师编写，迟会礼、任文娟、贾芳任主编，陈双、宗丽、孟春艳、张晓、秦菊任副主编，参加本书编写的人员还有王玉兰、张雪华、秦秀波、李燕、张静等。本书编写过程中参阅和借鉴了部分专家、老师的宝贵经验和网络上的部分资料，在此一并表示诚挚的感谢！由于计算机技术的发展日新月异，加之编写时间仓促，编者学识有限，书中难免有疏漏和不足之处，欢迎广大读者批评指正。

编　者

目录

CONTENTS

模块5 图文排版与展示

模块6 数据统计与分析

模块7 信息展示与交流

模块1

信息技术与计算机

我们生活的世界充满了大量的信息，这些信息无处不在，我们时时都在使用这些信息。人们对信息的处理与应用自古就有，比如结绳记事、飞雁传书。随着计算机和因特网等现代信息技术的迅速发展与普及，信息的形式也越来越多样化，识别、获取以及处理信息变得尤为重要。本模块通过两个学习任务，引导大家了解信息与信息技术的相关概念，认识学习常用的信息处理工具——计算机。

图1–1　本模块的学习任务及内容

本模块的学习任务与学习内容如图1–1所示。

学习目标

知识目标	技能目标	素质目标
● 理解信息与信息技术的概念； ● 理解信息的一般性特征； ● 了解信息技术的发展历程及新一代信息技术； ● 理解计算机硬件系统、软件系统的概念； ● 了解计算机的发展历史，掌握计算机整机系统的概念； ● 掌握计算机的工作原理	● 能在日常生活中提取信息； ● 能分析信息的一般性特征； ● 能描述新一代信息技术案例； ● 能识别计算机的各个部件； ● 能根据自己的理解绘制计算机系统组成图； ● 能根据自己的理解绘制简单的计算机工作流程图。	● 激发探索信息特征的兴趣； ● 具有良好的信息甄别与使用意识； ● 激发学习、应用计算机的兴趣和关注计算机市场动态的意识； ● 培养对计算机系统协同工作、软硬件缺一不可的认知； ● 具备计算机逻辑思维的意识

任务1　了解信息与信息技术

任务描述

我们目前所处的社会被称为信息社会，对于人们的日常生活与工作来说，信息是不可或缺的存在。那么，什么是信息呢？我们的第一个学习任务就是了解信息与信息技术，从实际生活出发，去了解信息、认知信息，了解常用的信息技术，学会合理使用信息。

任务分析

首先，通过几个典型场景讨论分析信息的存在形式、信息的传播方式等，建立起对信息与信息技术的感性认识；然后，通过身边的实例，了解信息技术的发展与新一代信息技术，学会如何正确地使用信息。

任务实施

任务实现

Step 1　认识丰富多彩的信息

我们先来熟悉几个场景。

场景一：运动会百米赛场上，裁判员一声枪响，运动员们冲出了起跑线。

场景二：古代，某边防守卫发现有敌人入侵，立即点燃烽火台上的柴草，利用烽烟来传递敌情信息，召集军队前来援助。

场景三：小刘同学正在图书馆看书，收到一条微信消息，原来是他网购的物品已经送达快递柜，小刘同学离开图书馆后取出了自己的快递。

仔细思考这几个场景，会发现：虽然这几个场景时代不同，环境不同，但有一个共同的特点，那就是二者之间实现了某种交流。场景一实现了裁判员和运动员之间的交流，场景二实现了边防守卫与援军的交流，场景三实现了快递公司（快递员）与小刘同学的交流。

不同之处在于，这些场景中，双方交流的内容和实现交流的方式方法是有差异的。也就是说，根据不同的场景与条件，交流双方通过约定的信号或情报选择一种方式完成了信息的传递。我们可以尝试画出这样一个表格，见表1-1-1。

表1-1-1　场景信息分析

场景	交流的工具	交流的方式	交流的内容
场景一	枪声	声音传播	开始比赛
场景二	烽火	烽烟升腾于空中	敌人入侵，速来救援
场景三	文字	广义地说是网络，狭义地说是手机APP	快递已送达，可以来取了

通过分析我们发现，所谓的信息，其实就是对我们有用的交流内容。这些内容可以以多种形式呈现，比如文字、声音、烟火、信号灯等。这些信息的传播方式或方法也是多种多样的，比如利用声音在空中的传播，利用网络传递消息，或者是通过电视、书籍、报纸、杂志等进行传播。

综上可知，信息就是消息、情报、数据、信号中所包含的内容；而信号，比如烽烟、红绿灯等，则是信息的载体；又比如数据，通常是指还未经处理的信息源。

图1-1-1　扫一扫了解感觉剥夺实验

心理学界有个著名的实验叫感觉剥夺实验，该实验证明，信息和物质、能量一样，是人类社会赖以生存和发展的重要资源。物质资源为人们提供生产和生活所需要的必要材料，能量资源为人们提供各种形式的动力，而信息则为人类的学习和各个领域的生产提供了素材和知识来源。因此，物质、能量和信息是构成世界的三大要素。

Step 2　分析信息的一般性特征

通过对信息几种存在形式的了解，我们已经认识到信息的概念，信息是无处不在的，可以说，我们每个人都生活在信息的海洋中。那么，这些信息都有哪些一般性特征呢？我们一般从哪几个方面去观察、认知信息呢？

（1）载体依附性

信息不是独立存在的，它需要依附于某一载体，同样的信息可以依附于不同的载体。比如，一则新闻，可以是一段录音，也可以是报纸上的文字；交通信息既可以通过信号灯来表达，也可以借助交通警察的指挥动作来传递。并且，正是这种载体依附性使得信息可以被记录、存储或传播，供更多人分享。可见，信息的载体依附性使得信息同时具备了可存储、可转换和可传递等特点。

（2）价值性

信息虽不能直接满足人们的物质需要，但却具备跟物质、能量一样的不可或缺性，人类要生存同样也是离不开信息的，感觉剥夺实验就是有力的佐证。但信息与能量不同，它的价值主要表现在：一方面，它可以满足人们精神领域的需求，比如学习、娱乐等；另一方面，它还可以促进物质、能量的生产和使用，比如商场上某种产品供不应求，而厂家知道信息后会大量生产该产品，说明信息可以促进物质、能量的生产和使用。

另外，信息是可以增值的。人们在加工信息的过程中，经过选择、重组、分析等方式处理，可以获得更多的信息，使原有信息增值。

（3）时效性

信息还具有时效性。比如，场景三中，小刘取出快递后，这则消息就失去意义了；昨天的天气预报对于我们来讲已经没有太大意义了；对于今天的我们来说，阿尔法狗（Alpha Go）打败李世石和柯洁要比超级电脑深蓝打败加里·卡斯帕罗夫带给我们的震撼强烈得多。可见信息的价值会随时间的变化而变化。需要注意的是书本中的科学知识，如果是纯理论知识或定理，几乎不会随时间的流逝而贬值，而技术知识或技能却会随着社会的发展、技术的进步而有所改变。也可以这样理解，信息的时效性是与其价值性联系在一起的。

图1–1–2　扫一扫了解深蓝

图1–1–3　扫一扫了解阿尔法狗

（4）共享性

信息还有一个基本特点，就是可以被多个信息接收者接收，并且在一般情况下信息的内容不会改变，信息共享也不会造成信息源内容的丢失。比如，老师讲课的内容被许多同学同时接收到，电视台播出的新闻也被众多观众同时接收。

萧伯纳有句名言："你有一个苹果，我有一个苹果，彼此交换一下，我们仍然是各有一个苹果；如果你有一种思想，我有一种思想，彼此交换，我们就都有了两种思想，甚至更多。"这不仅能很形象地表达信息的共享性所产生的魅力，也进一步说明信息是可以被激发进而产生更有价值的信息的。

其实，信息的特征还有很多，同学们可以在课下展开讨论，进一步总结和归纳，这里就不一一列举了。

Step 3　了解日新月异的信息技术

同学们已经完成了对信息的认知，那什么是信息技术呢？其实，信息技术的存在是伴随着信息的，比如，场景一中的信息传递是利用声音在空气中的传播，场景三中的信息获取是通过手机APP等。一般说来，信息技术就是指获取信息、处理信息、存储信息、传输信息的技术。广义地说，凡是与信息的获取、加工、存储、传递和利用等有关的技术都可以称为信息技术，包括微电子技术、感测技术、计算机技术、通信技术等。

信息技术的发展是伴随着人类社会的发展的，具有悠久的历史。人类共经历了五次信息技术的重大发展历程。每一次信息技术的变革都对人类社会的发展产生了巨大的推动力。

第一次信息技术革命以语言的产生和应用为特征。语言是一种比表情、肢体动作等更为清晰便捷的信息载体。人类使用语言之后，交流变得更为明了、直接，能交流的内容也更加丰富。对语言的应用促进了人类大脑的发展，抽象能力、分析能力与归纳能力逐渐提高。可以说，语言的产生揭开了人类文明的序幕。

第二次信息技术革命以文字的产生和使用为特征。文字的出现改变了信息的交流方式，从口口相传到字字流传。文字的应用扩大了信息在时空中的传播范围，促进了信息的积累和人类的发展。可以说，没有文字，人类文明就不能很好地被流传下来。

第三次信息技术革命以造纸术和印刷术的发明为特征。东汉时期出现的造纸术，以及宋朝出现的活字印刷术，极大地改善了存储和交流信息的手段，使信息得以传播到世界的各个角落。活字印刷图书的流通，使得知识的积累和传承有了更加可靠的保证。

第四次信息技术革命以电信传播技术的发明为特征。19世纪出现的电报与电话，极大地提升了信息的传输速度，自此电磁波成为信息交流的新载体。随后出现的无线电广播和电视广播，能让全世界的人同时收听同一声音、收看同一画面，信息的传输与获取达到了前所未有的高度。

第五次信息技术革命以电子计算机和现代通信技术的出现为特征。电子计算机的广泛使用、通信卫星发射升空以及计算机网络系统遍布全球，使信息的收集、处理、存储、传递、应用等都达到了空前发达的程度，人类社会进入信息时代。现在，全球正在成为一个信息共享的网络村。

信息技术的每一次革命都是对以往信息技术的超越，都会大大改善人们的学习与生活状况，表1-1-2比较清晰地列示了五次信息技术革命的变迁。但需要注意的是，新一代信息技术对旧一代信息技术的超越并不是对旧有信息技术的完全取代，比如，文字的发明并没有取代语言的应用，电子书不可能完全取代纸质书，网络传媒也不可能完全取代电视新闻与报纸。同样，计算机的问世代表着信息存储与信息处理的工具发生了很大的变化，使用计算机进行信息处理成为人们的一项日常技能，但这并不意味着计算机这一工具可以完全取代其他工具，也不会在未来的日子里一成不变。

未来的第六代、第七代……信息技术将会如何发展，同学们可以自行设想一下。

表1-1-2 信息技术的发展历程

发展阶段	代表特征	主要变革的信息技术
1	语言的产生和应用	从猿到人的重要标志，利用声波传递信息
2	文字的发明和使用	信息的存储和传递取得重大突破，首次超越时间和空间
3	造纸、印刷术的发明和使用	知识可以大量生产、存储、流通，扩大了信息的交流范围
4	电报、电话、电视等的发明和应用	信息传递历史性变革，进一步突破了信息存储、传递的时空限制
5	计算机和现代通信技术的应用	信息传播和处理速度得到惊人的提高，是信息传播和处理手段的革命

我们通过梳理信息技术发展的五次变革，可以总结出，信息技术的传播越来越快，传播范围越来越广，信息的存储与处理也越来越便捷、规范及大容量化，信息的检索与应用越来越体现出个人化的特点。现在就让我们来了解一下目前新一代的信息技术。

1. 物联网

（1）概念

物联网的英文名称是Internet of Things（IoT），顾名思义，物联网就是物物相连的互联网。

（2）系统组成

物联网是一种多学科融合、形式多样的系统技术。按照信息的生成与采集、传输、处理与应用原则，通常把物联网分为四层，分别是感知识别层、网络传输层、应用支撑层与综合应用层。

①感知识别层。感知识别层是物联网的底层核心技术，目的是采集万物信息，让万物“开口说话”。感知识别层是联系物理世界和信息世界的纽带，主要包括射频识别（RFID）技术、无线传感网技术。RFID识别有两个必不可少的设备，一是电子标签，一是阅读器。电子标签中存储着规范的物品信息，通过阅读器将其信息读取采集到中央信息系统，实现对物品的识别和管理。无线传感网则主要通过各种类型的传感器对物质性质、环境状态、行为模式等信息展开长期、实时、大规模的获取。

②网络传输层。网络传输层的主要作用是把感知识别层产生的信息接入互联网，供上层服务使用。根据传输介质的不同，网络传输层可以分为有线通信传输层和无线通信传输层。有线通信技术包括中长距离的广域网络和短距离的现场总线；无线通信层分为长距离的无线局域网、中短距离的无线局域网和超短距离的无线局域网等。

③应用支撑层。应用支撑层将大规模的数据高效、可靠地组织起来，为上层行业应用提供智能化的支撑平台。存储是信息处理的第一步，数据库系统以及各种海量存储技术，包括网络化存储（如数据中心），已经广泛应用于电信、金融、商务等行业；有效地组织和查询海量数据是信息处理的第二步，也是本层对上层（综合应用层）实现智能化支撑的核心所在。

④综合应用层。从最初实现了计算机之间通信的互联网，到现在物物互联的物联网，网络应用也发生了翻天覆地的变化。比如，从最初人们主要使用网络实现文件传输、发送电子邮件等，到后来的电子商务、在线游戏、社交网络等，再发展到目前的物品追踪、环境感知、智能电网、智能交通等，网络应用逐步呈现出多样化、规模化、行业化的特点。

2. 云计算

（1）概念

云计算是一种通过互联网访问、可定制的IT资源共享池，采取可以按照使用量付费的运作模式，共享资源包括网络、服务器、存储、应用、服务等，核心理念就是按需服务，就像人使用水、电、天然气等资源一样。

（2）关键技术

云计算的关键技术有虚拟化、分布式文件系统、分布式数据库、资源管理技术、能耗管理技术等。

虚拟化：虚拟化是实现云计算重要的技术设施，是在通过物理主机中同时运行多个虚拟机实现虚拟化，在这个虚拟化平台上实现对多个虚拟机操作系统的监视和多个虚拟机对物理资源的共享。

分布式文件系统：指在文件系统基础上发展而来的云存储分布式系统，可用于大规模的集群，主要特点包括高可靠性、高访问性、在线迁移或复制、自动负载均衡等。

分布式数据库：能实现动态负载均衡、故障节点自动接管，具有高可靠性、高可用性、高可扩展性等特点。

资源管理技术：云系统为开发商和用户提供了简单通用的接口，使得开发商将注意力更多集中在软件本身，而不用考虑底层架构。云系统依据用户的资源获取请求，动态分配计算资源。

能耗管理技术：云计算基础设施中包括数以万计的计算机，如何有效地整合资源、降低运行成本、节省运行计算机所需的能源即是能耗管理技术所要解决的问题。

3. 人工智能

人工智能（AI，Artificial Intelligence）是计算机科学的一个分支，它企图了解智能的实质，并生产出一种新的能以人类智能相似的方式做出反应的智能机器。换言之，它是一门研究、开发用于模拟、延伸和扩展人的智能的理论、方法、技术及应用系统的新的技术科学。

人工智能的研究是高度技术性和专业的，各分支领域都是深入且各不相通的，因而涉及范围极广，研究领域主要包括机器人、语言识别、图像识别、自然语言处理和专家系统等。人工智能从诞生以来，理论和技术日益成熟，应用领域也不断扩大。

从语音识别到智能家居，从人机大战到无人驾驶，人工智能的“演变”给我们社会上的一些生活细节带来了一次又一次的惊喜，下面就让我们对人工智能的关键技术进行简单的了解。图1–1–4为谷歌的无人驾驶出租车。

图1–1–4 无人驾驶出租车

（1）机器学习

机器学习研究计算机怎样模拟或实现人类的学习行为，以获取新的知识或技能，重新组织已有的知识结构，使之不断改善自身的性能，是人工智能技术的核心。

基于数据的机器学习是现代智能技术中的重要方法之一，它研究从观测数据（样本）出发寻找规律，利用这些规律对未来数据或无法观测的数据进行预测。比如，给机器学习系统提供一个关于交易时间、商家、地点、价格及交易是否正当等信用卡交易信息的数据库，系统就会学习到可用来预测信用卡欺诈的模式。系统处理的交易数据越多，预测就会越准确。

（2）知识图谱

知识图谱本质上是结构化的语义知识库，是一种由节点和边组成的图数据结构，以符号形式描述物理世界中的概念及其相互关系，基本组成单位是“实体—关系—实体”三元组，以及实体及其相关的“属性—值”对。不同实体之间通过关系互相连接，构成网状的知识结构。在知识图谱中，每个节点表示现实世界的“实体”，每条边为实体与实体之间的“关系”。通俗地讲，知识图谱就是把所有不同种类的信息连接在一起得到的一个关系网络，提供了从“关系”的角度去分析问题的能力。

知识图谱可用于反欺诈、不一致性验证、组团欺诈等公共安全保障领域，需要用到异常分析、静态分析、动态分析等数据挖掘方法。特别地，知识图谱在搜索引擎、可视化展示和精准营销方面有很大的优势。

（3）虚拟现实技术

虚拟现实（VR，Virtual Reality）技术是以计算机为核心的新型视听技术。结合相关科学技术，在一定范围内生成与真实环境在视觉、听觉、触感等方面高度近似的数字化环境。人们可以借助必要的装备与数字化环境中的对象进行交互，相互影响，获得近似真实环境的感受和体验。

目前，虚拟现实的应用领域主要在游戏娱乐业，比如，三维游戏、3D影院等。虚拟现实在医疗领域、商业、教育等领域的应用也越来越广泛。比如，当一位病人被诊断出患有心理焦虑的病症之后，可以被带到一个装有虚拟现实设备的房间里，或者与虚拟人进行交流（吃饭、聊天）；或者让其坐在一个很舒服的椅子上，打开设备，让患者感觉进入到一个崭新的、安详的环境中去。如果患者焦虑程度比较深，光融入景色当中还不能释怀，就需要心理医生运用专业知识，通过虚拟现实设备传导给患者语音信息，配合身临其境的环境，使得患者能有一个更好的治疗效果。

Step 4　合理使用信息技术

日新月异的信息技术给人们带来了高效、方便的信息服务，同时也使人类信息环境面临许多前所未有的难题，如隐私权受侵犯问题、知识产权问题、信息污染问题、信息安全问题等。可以说，信息技术是一把双刃剑，它对社会的影响有积极的一面，也有消极的一面。比如，那些低俗的视频、大量暴力场面可能会对人们的心理产生不良的影响，长期上网和看电视也减少了人们的户外活动时间，甚至影响了健康。由于网络发布信息的随意性特点，致使谣言邪说充斥网络，网络诈骗等也屡见不鲜。可见，任何事物都不是绝对完美的，需要我们一分为二地看待。面对信息技术的飞速发展，我们既不要过度崇拜，也不能盲目排斥，要客观理性地对待，合理而充分地发挥其作用。

阅读以下小资料，或许会给我们一些启示。

资料一：某天，小林收到朋友的短信：“××，我现在在外出差，手机马上快没钱了，麻烦帮我买张充值卡，再用短信告知卡号和密码。”

启示：短信诈骗的内容比较多样，比如“您的手机号码已被某电视台某节目抽中为特等奖，请按以下方式领取奖金28 888元”等，就是明显的诈骗。资料中小林朋友的手机很可能已被盗，现持机人用盗得的手机发送短信给手机通讯录内的联系人，骗取对方话费。

资料二：2015年年初，北京市违法和不良信息举报中心接到网民大量举报：“疯狂抢票专家”“火车票刷票神器”“火车票抢票管家”等手机抢票APP是恶意软件，植入了木马程序，严重侵犯手机用户合法权益，扰乱网上正常购票秩序。经核查，用户使用上述软件抢票后，木马病毒会在后台向其开发者指定号码发送短信，窃取用户短信记录和手机联系人信息。北京市互联网信息办公室组织属地移动应用商店排查抢票应用程序，对“疯狂抢票专家”等8款恶意软件做下架处理；要求移动应用商店主动承担责任，强化管控，深入开展清理整治工作；号召广大网民积极举报违规APP，共同维护网络安全。

启示：随着大数据时代的来临，越来越多的用户信息被人恶意利用，甚至有不法分子为了获得用户的个人信息不惜利用不正当的手段，我们应当提高警惕，对于发布不久的、小众的APP，要谨慎地下载使用，并且养成保护个人隐私的良好习惯，不要轻易在网络上填写个人身份证号、手机号、银行卡号等重要信息。

资料三：2015年12月，上海市互联网违法和不良信息举报中心接到群众实名举报：QQ群“华夏故土”“华夏传统-神传文化”长期以图片、视频形式传播违法信息。经查，上述QQ群经常发布宣扬邪教和封建迷信的违法内容，严重扰乱社会秩序、破坏社会稳定，违反了《互联网信息服务管理办法》等法律法规。执法部门根据举报，依法关闭了相关QQ群账号，遏制了违法内容的扩散和传播。

启示：随着QQ群、微信群的日益普及，谣言邪说或虚假信息的流布变得更加迅速与隐蔽，我们应当不轻信、不轻传，利用多渠道信息来甄别区分这些消息，自觉杜绝此类不良信息的影响。

总之，只要我们运用正确的方法，拥有端正的态度，学会甄别信息，合理地使用信息技术，就可以尽情地畅游在信息的海洋中。

任务总结与评价

本任务从现实场景出发，引导我们感受信息、提炼信息、认知信息，使我们在了解信息和信息技术概念的基础上，进一步认知信息的一般性特征、信息技术的发展历程与发展趋势，了解了新一代信息技术，使我们完成了对信息和信息技术从感性认识到理性认知的提升。最后通过几个案例，引导我们学会理智地甄别信息，合理地使用信息技术。表1-1-3为本任务的学习效果评价表，请你自我检测，看你对本任务的学习达到了什么样的效果。

表1-1-3　学习效果评价表

学习目标	评价内容	评价等级			
		A	B	C	D
能认知信息与信息技术	能理解信息的概念				
	能理解信息技术的概念				
	知道信息和消息、数据等的区别				
能分析信息的一般性特征，了解信息技术的发展历程	能根据不同的信息场景识别出信息的一般性特征				
	知道五代信息技术革命的代表特征				
	能描述五代信息技术革命主要变革的信息技术领域				

（续表）

学习目标	评价内容	评价等级			
		A	B	C	D
了解新一代信息技术，学会合理使用信息	能从生活中发现并描述关于物联网的应用实例				
	能从生活中发现并描述关于云计算的应用实例				
	能从生活中发现并描述关于虚拟现实的应用实例				
	具备甄别信息和合理使用信息的意识和能力				

任务拓展与训练

1. 查找资料，了解互联网+、移动互联等新技术应用案例。

2. 查找资料，阅读了解2017年上海十大知识产权案例。

3. 查找资料，阅读了解2017年国内网络安全十大事件，撰写心得体会，向家人好友介绍如何合理使用信息技术。

任务2 认识信息处理工具——计算机

任务描述

1946年，世界上第一台电子计算机（ENIAC，Electronic Numerical Integrator and Calcutator）诞生于美国。此后，计算机以异常迅速的发展速度席卷了人类社会的各个角落，引发了一场深刻的社会变革。其中，信息获取、信息加工、信息存储与检索等信息应用方式也因计算机的到来而发生了重大变化。工欲善其事，必先利其器。接下来，我们就来认识一下信息处理的重要工具——计算机。

任务分析

认识计算机，首先通过分组拆解一台计算机，观察计算机的结构及主要部件，了解计算机硬件组成及各部分的作用；再将拆解开的计算机重新组装并启动，进一步通过分析计算机的工作过程，建立起计算机软硬件系统的概念，知道软件的分类与作用，并归纳计算机系统的组成图。

任务实施

任务实现

Step 1 拆解一台计算机

关闭计算机电源后，首先拆解鼠标、键盘与计算机的连线；拆解显示器的电源线以及与主机箱连接的数据线缆等。

然后打开主机箱，带领学生一一识别各个部件，教师简单介绍每一部件的名称及作用。同学们在拆解计算机的过程中见到的部件（类似部件）或可能见到的部件见表1-2-1、表1-2-2、表1-2-3。

表1-2-1 常用输入设备

设备图片	设备名称	设备图片	设备名称
	键盘		鼠标
	数字摄像头		话筒
	扫描仪		

表1-2-2 常用输出设备

设备图片	设备名称	设备图片	设备名称
	显示器		打印机
	音箱		

表1-2-3　主机包含的主要部件及作用

部件图片	部件名称	说　明
	CPU	计算机的核心部件，类比于人体的“大脑”
	CPU风扇	降低CPU表面的工作温度，提高系统的稳定性
	内存条	计算机的内部存储器。计算机运行程序时用于快速存放程序和数据的载体
	主板	主板是一块固定于机箱内的多层印制电路板，上有微机的部分电路系统，如I/O控制芯片、系统总线等。此外，它还为CPU、内存、显卡等部件提供机械支撑
	硬盘	计算机的外部存储器。任何一台独立运行的计算机的操作系统和应用软件都保存在其中
	光驱	读取光盘数据的部件
	显卡	负责将显示数据处理成显示器可以显示的格式，并送至显示器进行显示
	声卡	负责处理音频信号并将其送至音箱播放，或将话筒输入的音频信号转换成数字信号并进行处理
	电源	作用是将交流电转换为计算机工作所需的直流电
	机箱	主要作用是放置和固定计算机部件，保护机箱内各部件免受外界电磁场的干扰

Step 2　**重新连接计算机**

完成第一步任务后，检查一下机箱内部连线，盖好主机箱，连接好鼠标、键盘、显示器等设备，检查无误后开机，登录“中关村在线”搜索一下刚才认识的计算机部件，并把自己喜欢的一张部件图片发送到班级QQ群。

在完成此步骤的过程中，其实已经在使用计算机了。值得注意的是，大家是在硬件平台的基础之上使用软件来完成工作的，换言之，硬件的存在仅仅提供了一个平台，只有安装了软件的计算机才能真正为我所用。比如，目前大家的电脑是安装了操作系统（如Windows 7或Windows 10）的，并且也安装了应用软件（浏览器和腾讯QQ）。如果还没有安装QQ，那就无法把图片发送到班级QQ群，此时必须先下载并安装QQ软件才可以。

计算机软件是为了运行、管理和维护计算机而编制的各种程序的集合，由系统软件和应用软件构成。

知识卡片

1. 计算机硬件系统

计算机硬件系统是指由电子、机械和光电元件等组成的各种计算机部件，是看得见、摸得着的物理设备。生活中，人们习惯于把机箱及机箱内的所有部件称为主机，而把机箱外部的设备称为输入设备或输出设备。因此，硬件系统由主机、输入设备和输出设备组成。

（1）主机

主机的机箱内有主板、CPU、内存条、电源、硬盘、光驱、显卡、声卡、网卡等各种系统功能扩展卡。

（2）输入设备

输入设备将用户需要处理的信息转换成计算机可识别的数据送入主机。常见的输入设备有键盘、鼠标、摄像头、扫描仪、话筒、照相机等。

（3）输出设备

输出设备将计算机处理的信息以用户需要的形式输出，供用户使用。常用的输出设备有显示器、打印机、音箱等。

2. 计算机软件系统

（1）系统软件

系统软件是指为计算机系统服务的，管理、监控和维护计算机软、硬件资源的软件，主要包括操作系统、各种语言处理程序、各种工具软件等。

①操作系统。操作系统是在硬件系统上加载的第一层系统软件，专门用于控制

和管理计算机的硬件和其他软件，提供用户对硬件和软件进行操作的界面。它是运行在计算机上的最重要的核心软件，是每一台计算机必需的、运行其他程序的基础和平台。操作系统的主要功能有处理器（CPU）管理、存储器管理、设备管理和文件管理等。目前常用的操作系统有Windows 7、Windows 10、UNIX、Linux等。

②语言处理程序。编写计算机程序所使用的程序设计语言分为机器语言、汇编语言和高级语言。用机器语言编写的是二进制指令代码程序，计算机能直接识别、执行。用汇编语言或高级语言编写的程序必须“翻译”成二进制代码程序后，计算机才能识别、执行。语言处理程序的功能就是“翻译”。语言处理程序包括汇编程序、编译程序和解释程序，汇编程序把用汇编语言编写的程序“汇编”（翻译）成二进制代码程序，编译程序或解释程序把用高级语言编写的程序“编译”（翻译）成二进制代码程序。

③诊断和工具软件。工具软件有时又称通用服务软件，是开发和研制各种软件、诊断测试系统的工具。常见的工具软件有诊断程序、调试程序、测试程序等。

（2）应用软件

应用软件是指为解决具体问题而编制的各种应用程序及有关文档，主要有字表处理软件、图形软件、杀毒软件等，如Office、Flash、QQ等。它们运行在操作系统之上。

计算机软硬件的关系如图1-2-1所示。

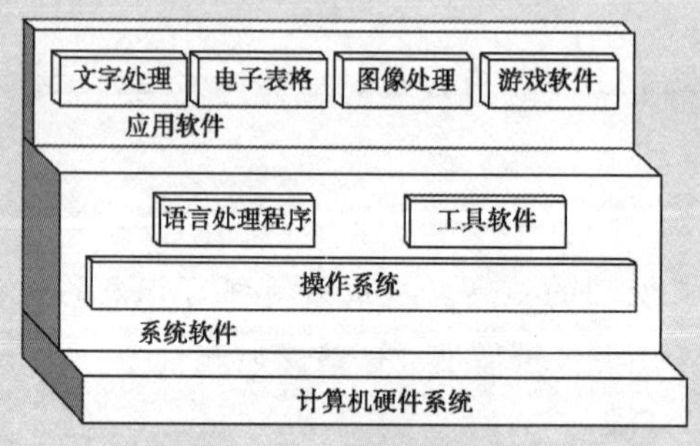

图1-2-1　计算机硬件与软件的关系

3. 计算机系统

通过讨论计算机的软件系统和硬件系统，大家已经初步感觉到，就像用笛子吹奏一首歌曲一样，笛子本身是硬件，而曲谱和吹奏方法就是软件，软硬件协同工作，才能吹奏出笛声。计算机系统也是如此，是由硬件系统和软件系统两部分组成。那些看得见、摸得着的有形实物就是硬件，也就是构成计算机的物理部件或设备。而软件则是计算机运行所需要的各种程序、数据以及相关文档的总称。只有硬件的计算机称为硬件计算机或裸机，只有配置了相应的软件才能构成完整的计算机系统。

Step 3　了解计算机的前世今生

通过对常见计算机实物的了解与认知，我们已经掌握了计算机的硬件系统、软件系统和整机系统的概念。那么，什么是电子计算机？从它的问世之初到如今，它的发展历程是怎样的呢？

1. 什么是电子计算机

电子计算机是一种由程序控制、自动而快速进行信息处理的电子设备，俗称电脑，简称计算机。

1946年2月14日，由美国军方研制的世界上第一台电子计算机“电子数字积分计算机”（ENIAC，Electronic Numerical Integrator and Calculator）在美国宾夕法尼亚大学问世。这台计算器使用了约18 000个电子管，占地约170 m^2，重达28 t，其运算速度为每秒5 000次的加法运算。ENIAC的问世具有划时代的意义，表明电子计算机时代的到来。

图1-2-2　世界上第一台电子计算机

世界上第一台电子计算机如图1-2-2所示。

当然，现在大家使用的笔记本或者台式机已经和世界上第一台计算机相去甚远，它的外形上已经越来越微型化，而功能却越来越强大。这期间，计算机经历了飞速的发展，下面我们就来梳理一下计算机发展的历程。

2. 计算机的发展历程

（1）第一代：电子管时代（1946—1958年）

这个时代的计算机，逻辑元件采用的是真空电子管，主存储器采用磁鼓、磁芯等，外存储器采用的是磁带；软件方面采用的是机器语言、汇编语言。此阶段它的应用领域以军事和科学计算为主，特点是体积大、功耗高、可靠性差，运行慢（一般为每秒数千次至数万次）、价格高昂，但为以后的计算机发展奠定了基础。

（2）第二代：晶体管时代（1958—1964年）

晶体管时代的计算机，逻辑元件开始采用晶体管；软件方面开始出现操作系统、高级语言及其编译程序。此阶段它的应用领域以科学计算和事务处理为主，并开始进入工业控制领域，特点是体积缩小、能耗降低、可靠性提高、运算速度提高（一般为每秒数十万次，可高达300万次），性能比第一代计算机有很大的提高。

（3）第三代：中、小规模集成电路时代（1964—1970年）

这个时代的计算机，在硬件方面，逻辑元件采用中、小规模集成电路，开始采用性能更好的半导体存储器；软件方面出现了分时操作系统以及结构化、模块化程序设计方法。此阶段它的特点是速度更快，而且可靠性有了显著提高，价格进一步下降，产品走向了通用化、系列化和标准化等，应用领域开始进入文字处理和图形图像处理领域。

（4）第四代：大规模、超大规模集成电路时代（1970年至今）

这个时代的计算机，在硬件方面，逻辑元件采用大规模和超大规模集成电路；软件方面出现了数据库管理系统、网络管理系统和面向对象语言等。1971年世界上第一台微处理器在美国硅谷诞生，开创了微型计算机的新时代。此阶段它的应用领域从科学计算、事务管理、过程控制逐步走向家庭。

但是，无论计算机如何发展，直到现在为止，冯·诺依曼体系结构的计算机理论上仍然是由五大部件组成的。下面我们来了解一下是哪五大部件，它们的作用又是什么？

3. 五大部件

（1）输入设备

它用来接受用户输入的原始数据和程序，并将它们变为计算机能识别的二进制存入到存储器中。

（2）输出设备

它用于将计算机处理的结果转变为人们能接受的形式输出。

（3）存储器

它是计算机记忆或暂存数据的部件。计算机中的全部信息，包括原始的输入数据、经过初步加工的中间数据以及最后处理完成的最终结果都是存放在存储器中的。而且，指挥计算机运行的各种程序也是存放在存储器中的。

根据存储介质的不同，存储器又分为内存储器（简称内存或主存）、外存储器（简称外存或辅存，如硬盘、U盘、光盘等）。内存如同人脑中的记忆单元，存储容量有限，且数据易丢失，而外存就相当于人们把记不住的内容写到纸上，这样，一张纸，或一本书就成了外存，如果不是物理损坏，外存是可以长久保存的。

内存又分为两种，一种是随机存取存储器（RAM，Random Access Memory），不仅可以从中读取数据，而且还可以写入数据。但是，机器电源关闭时其中的数据就会丢失。另一种是只读存储器（ROM，Read Only Memory），它是把数据或程序永久保存在其中，不能更改，只能读取。即使机器断电，数据也不会丢失。

（4）运算器

运算器又称算术逻辑单元（ALU，Arithmetic Logic Unit），是计算机进行运算的部件。运算器的主要作用是执行各种算术运算和逻辑运算，对数据进行加工处理。

（5）控制器

控制器是对输入的指令进行分析，并统一控制计算机的各个部件完成一定任务的部件。它一般由指令寄存器、状态寄存器、指令译码器、时序电路和控制电路组成，功能是从内存中依次取出命令，产生控制信号，向其他部件发出指令，指挥整个运算过程。控制器是统一指挥、协调其他部件的中枢。

我们把控制器、运算器合称为中央处理单元，又称为中央处理器（CPU，Central Processing Unit）。目前，CPU用大规模集成电路工艺集成在一块芯片上，是计算机系统的核心设备。

微型计算机的系统组成如图1-2-3所示。

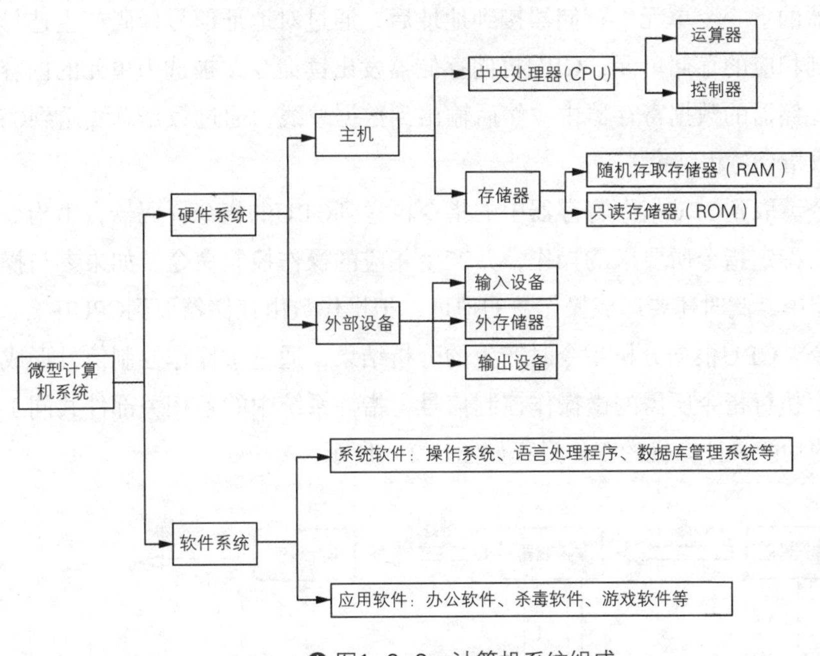

图1-2-3 计算机系统组成

Step 4 思考计算机的工作过程

现在，我们再来深入了解计算机是如何工作的。假设计算机接收到一个任务，比如计算“3+5*8/2-4=？”，是要先告诉计算机两个数据，等计算机完成后再告诉它下一个数据吗？并且，是否还要替计算机考虑运算优先级而决定先输入哪个数据后输入哪个数据？这样的话就太麻烦了，事实也并非如此，早在冯·诺依曼阐述自己观点的时候，计算机的工作模式就已经确定了：首先，人们把需要计算机执行的任务按步骤写出来，我们称之为程序。然后，程序和参与计算的数据都提前送入计算机内部存放。

图1-2-4 扫一扫了解冯·诺依曼体系结构计算机的设计思想

最后，启动计算机，开始按步骤自动进行操作就可以了。这就是“程序存储”的思想，它使得人类可以从不断地人机“交互”中解脱出来，实现计算机的“自动”工作。

（1）计算机的工作过程

计算机的工作过程就是自动运行程序的过程，程序是事先写好的解题步骤，是由一条一条的指令组成的。因此，运行程序就是不断地取指令、分析指令及执行指令的过程，直到程序结束。

①取指令。接通计算机电源，计算机首先进行初始化。初始化完毕，CPU中程序计数器的指令地址是程序的首地址，即程序中第一条指令的地址。此地址通过地址总线送到存储器的地址寄存器，当程序计数器的内容可靠地送出后，程序计数器的值自动加1，也就是地址指向存储器的下一个单元。存储器接到地址后，通过对地址信号译码产生选择信号，由选择信号找到相应的存储单元，CPU再向存储器发出读命令，被选中单元的内容从存储单元中读出到存储器的数据寄存器中，然后输出到数据总线，通过数据总线送到CPU中的指令寄存器。取指令过程结束。

②分析指令。取到CPU指令寄存器中的指令再送到CPU的指令译码器，由指令译码器对其进行分析，确定指令所要求的操作，并产生相应的操作控制命令。如果参与操作的数据存放在存储器中，此时还要形成操作数的地址，把操作数由存储器取到CPU中。

③执行指令。CPU根据分析指令时产生的分析结果，通过微操作控制信号形成部件和时序部件，产生执行指令所需的微操作控制信号，指挥系统中的各相关部件共同工作，完成指令所要求的功能。计算机的工作过程如图1-2-5所示。

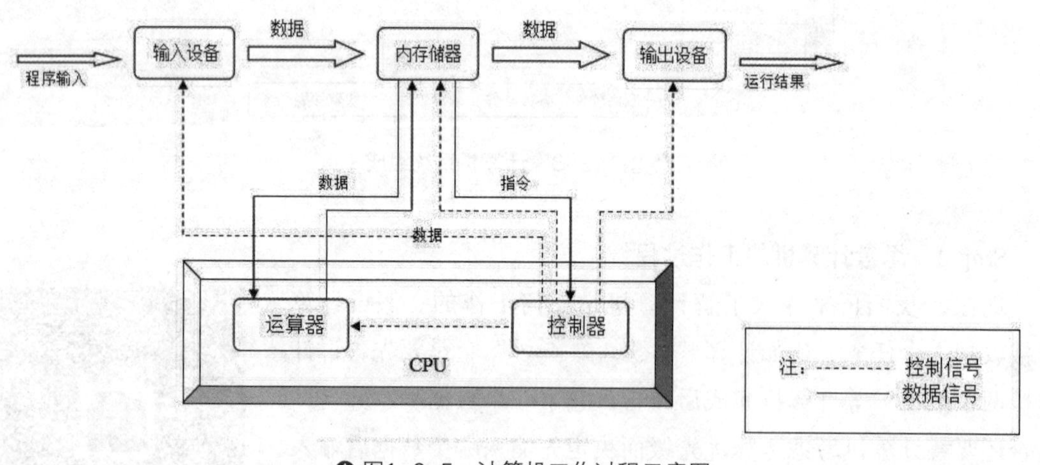

图1-2-5　计算机工作过程示意图

任务总结与评价

本任务从对计算机的简单拆解、重组及使用入手，探讨计算机的系统组成、各部件作用以及计算机具体的工作过程，以在理解计算机系统的基础上掌握软硬件系统的基本概念，理解掌握计算机系统的工作原理，完成对计算机这一现代信息处理工具的深度认知，为后续学习打下基础。表1-2-4为本任务的学习效果评价表，请自我检测，看你对本任务的学习达到了什么样的效果。

表1-2-4　学习效果评价表

学习目标	评价内容	评价等级			
		A	B	C	D
理解、掌握计算机的系统组成，并根据自己的理解绘制计算机系统组成图	能识别计算机的硬件				
	能理解并区分计算机的系统软件和应用软件				
	能理解计算机工作需要软硬件配合的整机系统的理念				
	能绘制计算机系统组成图				
了解计算机的前世今生，并理解冯·诺依曼思想	能了解计算机的发展经历了哪几代				
	能知道五大部件的功能是什么				
能理解计算机的工作过程	能理解程序和指令的概念				
	能理解程序存储的思想				
	能理解指令的执行过程				
	能绘制计算机的工作过程示意图				

任务拓展与训练

1. 上网查找浏览世界上第一台电子计算机的发明过程，体会冯·诺依曼思想的精髓。

2. 使用中关村在线（http://www.zol.com.cn/）了解目前市场上流行的各类计算机配件，使用其模拟攒机功能设计一台学生用电脑的装机方案。（http://zj.zol.com.cn/）

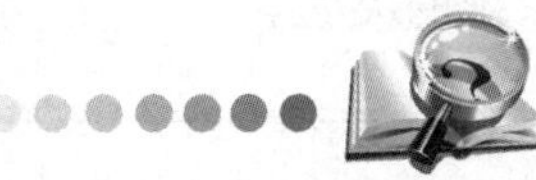

模块总结

本单元分为两个任务。任务1从无处不在的信息入手，通过了解什么是信息，什么是信息技术，总结了信息的特性，介绍了信息的价值，并进一步回顾了信息技术的发展历程。通过本任务的学习，能初步了解新一代信息技术，培养甄别与合理使用信息的意识。

为了使同学们能更有效地获取、处理和利用信息，任务2向大家介绍了现代社会主要的信息处理工具——计算机，包括计算机的硬件组成、软件组成和系统组成；计算机的发展历程及工作原理等相关内容。

思考练习

1. 请根据左侧信息示例与右侧给出的信息特性中最明显的那一个进行连线。

我国古代通常将文字刻在竹简上	共享性
“红灯停，绿灯行”	时效性
网络上的信息被人下载和利用	价值性
天气预报随时间的推移而变化	真伪性
明修栈道，暗度陈仓	载体依附性

2. 我们正处于信息化社会，在享受信息技术带来种种便利的同时，也不得不面对各种问题，如“屏幕脸”“鼠标手”“网络诈骗”等。因此，辩证地认识信息技术，积极正面地运用信息技术，显得尤其重要。请举例说明某种信息技术所带来的正面影响和负面影响。

3. 请将左侧所列设备与右侧所列名称进行连线。

罗技鼠标	存储器
Intel 酷睿i7 8700K	
液晶显示器	输入设备
话筒	
键盘	输出设备
MP3	
打印机	运算器
耳机	
固态硬盘	控制器

4. 填空题

（1）计算机软件系统分为__________和__________两大类。

（2）中央处理器简称 CPU，是计算机系统的核心，主要包括______________和__________两个部件。

（3）计算机硬件和计算机软件既相互相依存，又互为补充。可以这样说，____________是计算机系统的躯体，__________是计算机系统的灵魂。

（4）计算机常用的辅存储器有__________、__________、__________等。

（5）计算机硬件由五大功能部件组成，即______________、______________、__________、__________和__________。这五大部分相互配合，协同工作。

5. 判断题

（1）存储器只能存储原始数据，不能存储程序。（　　）

（2）程序是由一条一条的指令组成的。（　　）

（3）控制器是一台计算机的核心部件，又称为中央处理单元。（　　）

（4）运算器只能执行算术运算，不能执行逻辑运算。（　　）

（5）U盘既可以看作是计算机的输入设备，又可以看作是输出设备。（　　）

模块2

计算机信息存储与管理

学习导读

操作系统（OS， Operating System）是管理和控制计算机硬件资源和软件资源的系统软件，任何应用软件都必须在操作系统的支持下才能运行。Windows是目前微型计算机中使用最为广泛的操作系统，它提供了友好的图形用户界面，具有易操作、易管理等特性。本模块利用Windows 7操作系统的卓越性能，介绍计算机信息的存储与管理。通过定制个性化的工作环境任务，学习Windows 7的环境配置方法；通过使用文件夹管理数据文件任务，学习文件和文件夹的操作；通过使用管理助手管理维护计算机系统任务，学习维护系统和硬盘的基本操作。

本模块的学习任务和学习内容如图2-1所示。

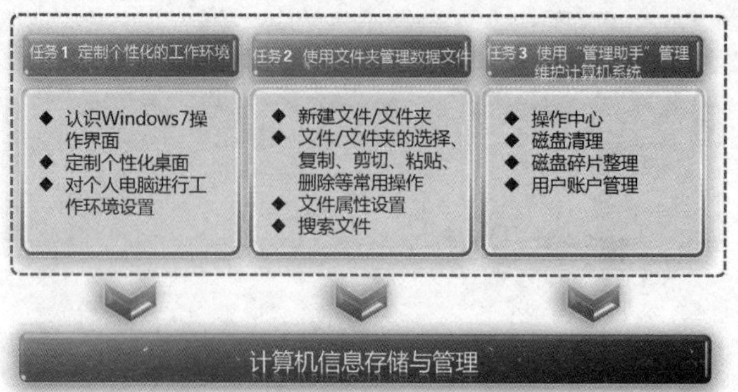

图2-1 本模块的学习任务及内容

知识目标	技能目标	素质目标
● 掌握Windows 7桌面、屏幕保护、任务栏、通知栏、软件安装卸载、控制面板等各种操作； ● 掌握Windows 7对文件和文件夹的管理与操作； ● 掌握Windows 7管理助手对磁盘维护的基本操作	● 能熟练使用个性化菜单进行工作环境配置； ● 能熟练使用控制面板做相应设置，如设置鼠标、添加打印机、卸载程序等操作； ● 能熟练地对文件和文件夹进行操作； ● 会运用Windows 7系统的操作中心维护计算机； ● 会合理应用磁盘工具进行磁盘的管理	● 养成良好的计算机使用和操作规范，以及使用过程中的安全意识和习惯； ● 养成自主学习的能力、团队协作能力； ● 提升语言表达能力、审美能力等综合素质； ● 培养信息检索和分析能力

任务1 定制个性化的工作环境

任务描述

小王同学拿到一台全新的电脑，开机之后都是默认的操作环境，桌面图标只有“回收站”。但在实际工作学习中，为了方便使用，需要在桌面上添加很多快捷方式图标，设置屏幕保护程序对显示器进行保护，以及对任务栏和通知栏根据需要做一些设置等。因此，小王需要根据自己的使用习惯来进行个性化工作环境的配置。他该如何进行操作呢?

任务分析

要进行个性化工作环境的配置，首先是根据需要添加桌面图标、更改桌面主题；然后设置屏幕保护及唤醒密码，一方面，可以保护显示器；另一方面，也可以保护个人隐私，防止暂时离开期间电脑被其他人来使用；之后，为了提高工作效率，将常用程序锁定到任务栏、常用文件夹锁定到列表；最后，根据个人习惯设置鼠标操作、添加工作需要的打印机并设置共享、安装工作常用软件程序以及卸载不相关程序。

任务实施

Step 1 认识Windows操作界面

1. Windows操作系统

Windows是美国Microsoft公司推出的目前应用最为广泛的图形界面操作系统。它问世于1985年，起初仅是MS-DOS之下的桌面环境，而其后续版本逐渐发展成为个人电脑和服务器用户设计的操作系统。随着电脑硬件和软件系统的不断升级，Windows操作系统也在不断升级，从16位、32位到64位操作系统。从最初的Windows 1.0和Windows3.2版本，到大家熟知的Windows 95、Windows 97、Windows 98、Windows 2000、Windows Me、Windows XP、Windows Server、Windows Vista、Windows 7、Windows 10等各种版本的持续更新，微软一直在尽力于Windows操作系统的开发和完善。目前，大家应用较多的有Windows 7和Windows10版本，我们以Windows 7为例介绍。

2. Windows 7桌面

计算机启动后，Windows 7的用户界面非常友好。显示器上显示的整个屏幕区域称为“桌面”，主要由桌面图标、任务栏、桌面区等组成，如图2-1-1所示。

图2-1-1　Window 7桌面

3. 开始菜单

点击任务栏左下角的“开始”按钮，打开如图2-1-2所示菜单，其中左侧窗格是固定程序列表和常用程序列表区，下方“所有程序”项包含了系统安装的所有应用程序；“搜索程序和文件”框可以实现快捷搜索；右侧窗格是系统菜单区，提供对文档、图片、计算机、控制面板等的访问，最下方右侧关机区域实现对电脑的注销、重启和关机操作。

图2-1-2　“开始”菜单

4. 常用界面

Windows 7系统中大部分操作可以通过窗口、菜单和对话框完成。当菜单中提示“▸”说明有级联菜单，提示“...”说明可以打开对话框。窗口主要显示文件或程序的内容，如图2-1-3所示。对话框是Windows 7用于与用户交互的工具，主要向用户提示信息，或在需要的时候获得用户的输入响应，如图2-1-4所示。

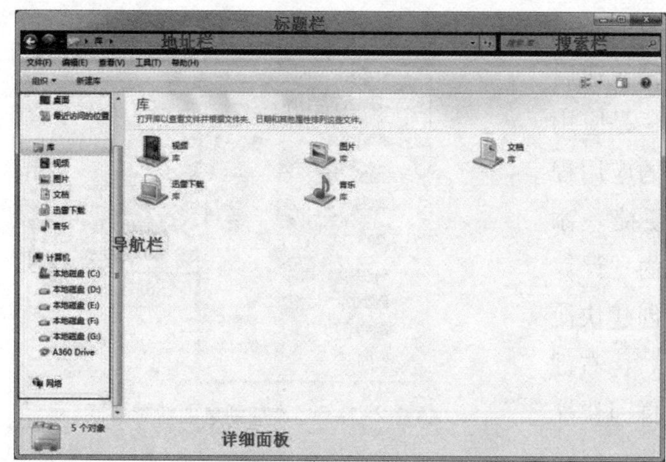

图2-1-3　窗口界面

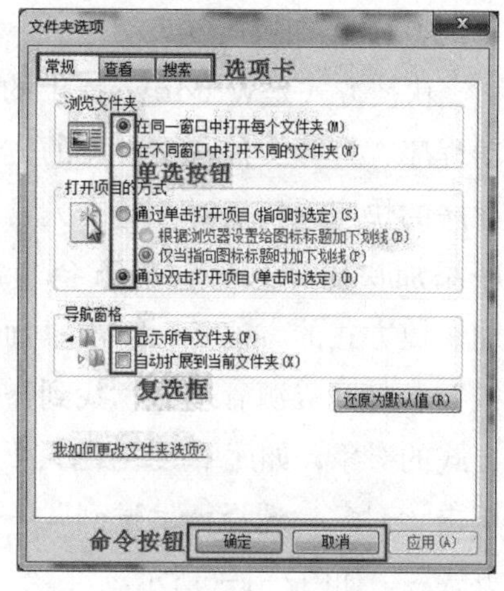

图2-1-4　对话框界面

Step 2　定制个性化桌面

1. 定制个性化图标

在计算机中，图标是一种软件标识，与程序、文件和命令等对象相关联。

（1）添加系统图标

在默认状态下，Windows 7安装成功后桌面只会保留回收站图标。根据需要，要进行桌面图标的添加。鼠标右键点击桌面任意空白处，选择菜单中“个性化”，出现如图2-1-5所示窗口，点击左侧的“更改桌面图标”，在“桌面图标设置”对话框的复选框中选中“计算机”和“用户的文件”即可添加这两个桌面图标。

图2-1-5　个性化操作：更改桌面图标

（2）添加快捷方式

快捷方式是Windows提供的一种快速启动程序、打开文件或文件夹的方法，是应用程序的快速连接。对一些个人常用的应用程序添加快捷方式后，打开会非常便捷。添加快捷方式的方法是：双击桌面上的“计算机”，打开资源管理器，找到需要创建快捷方式的对象，如库中的“迅雷下载”，右键单击该对象，选择“发送到”→“桌面快捷方式”，如图2-1-6所示。

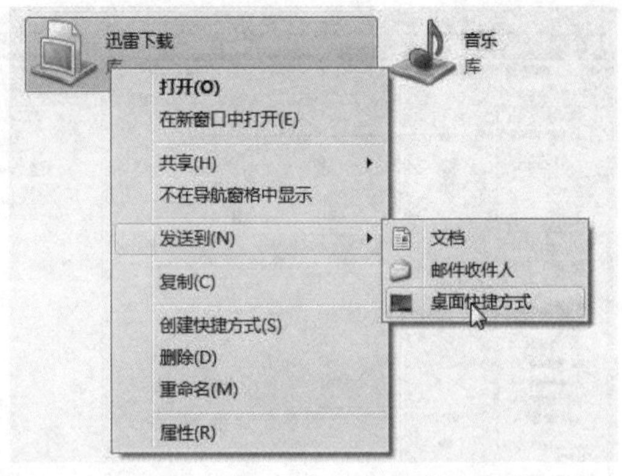

图2-1-6　添加到桌面快捷方式

（3）排列桌面图标

要想桌面上的图标排列整齐，可以在桌面区任意空白处右击鼠标，在弹出的快捷菜单中选择“排序方式”下的“名称”“大小”“项目类型”或“修改日期”，可以将桌面上的图标按照选中的排序方式进行排序；之后选择“查看”→“自动排列图标”和“将图标与网格对齐”，如图2-1-7所示，执行后可以看到桌面上所有图标按选择的排序方式整齐排列。

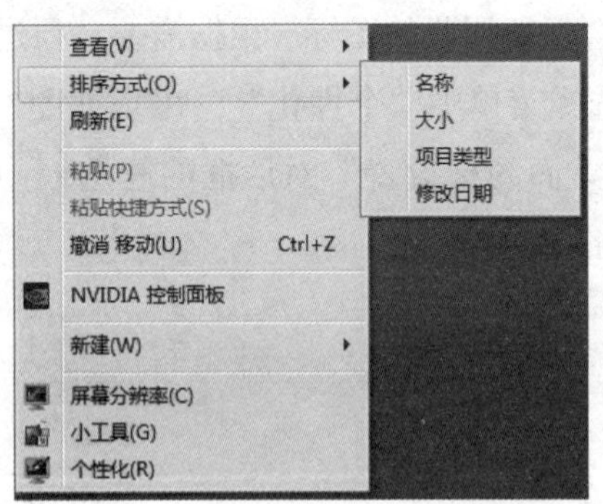

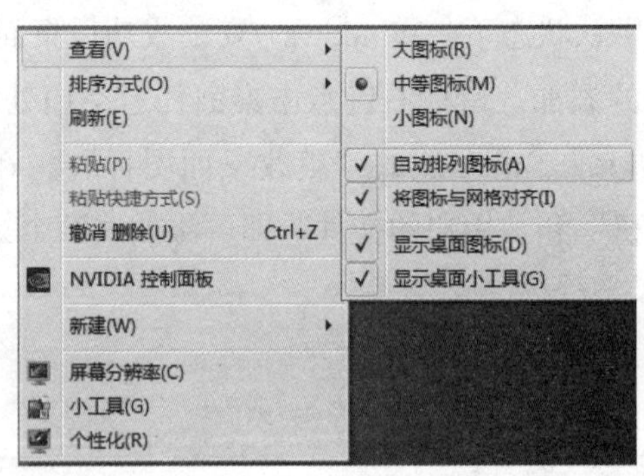

图2-1-7　桌面图标排列

操作提示

（1）快速显示桌面的方法

单击任务栏最右侧的显示桌面按钮，鼠标单击一次，桌面上所有运行的窗口全部消失，再单击一次，又将全部出现。

（2）多个应用程序窗口切换方法

当打开较多应用程序窗口时，若要进行应用程序窗口之间的切换，除了在任务栏单击应用程序图标切换外，还可以使用“Alt+Tab”组合快捷键，按住Alt键不放，每按一次Tab即可切换一次程序窗口，用户可以按照这种方法切换至自己需要的程序窗口。

2. 定制个性化桌面主题和背景

点击“开始”菜单打开“控制面板”，选择“外观和个性化”；或者是在桌面空白区域单击鼠标右键，选择“个性化”，弹出如图2-1-8所示的主题选项。如在Aero主题中选择个性化的主题“中国”，稍等片刻会看到桌面主题风格发生变化。

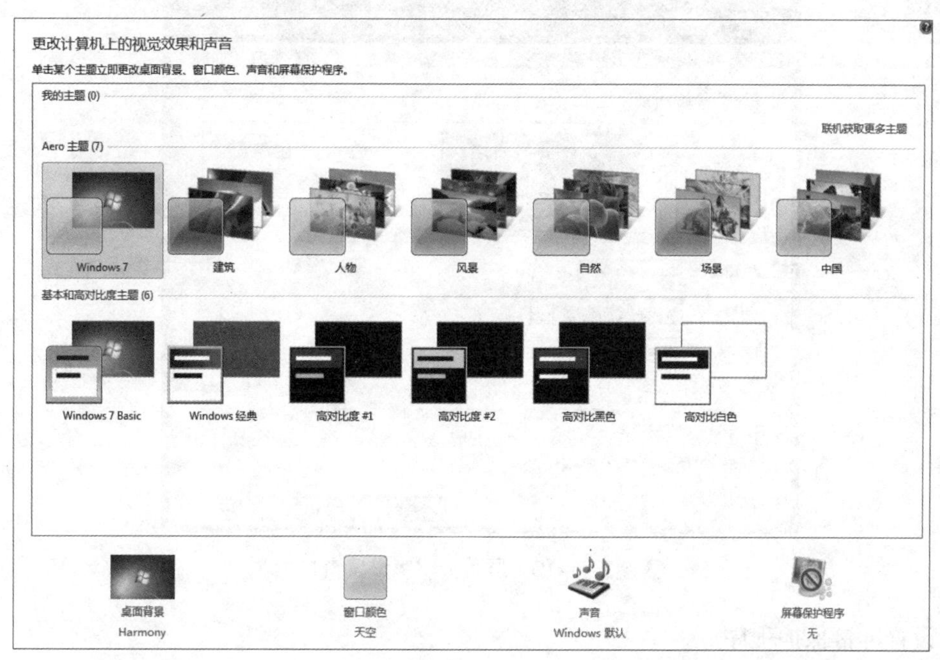

图2-1-8　个性化设置窗口

选择个性化窗口中的“桌面背景”，打开如图2-1-9所示窗口，根据窗口提示能够进行桌面壁纸铺设的美化设置。在窗口中可以选择系统提供的壁纸，也可以选择自己喜欢的壁纸，方法是单击“浏览”按钮，找到磁盘上存放图片的位置，选择自己喜欢的图片即可。

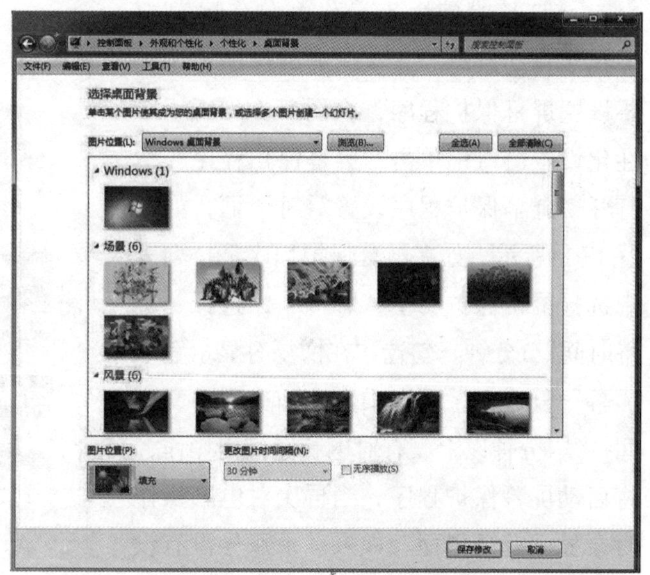

图2-1-9　桌面背景设置窗口

3. 设置显示器分辨率

分辨率是指显示器能够显示的像素数量，像素越高，画面越精细。在桌面区空白处单击鼠标右键，选择快捷菜单中的“屏幕分辨率”，则会打开如图2-1-10所示设置窗口。单击“分辨率”下拉列表，选择需要的屏幕分辨率，单击“确定”按钮，即可看到显示器设置分辨率后的效果。

图2-1-10 屏幕分辨率设置窗口

4. 设置屏幕保护程序

为了保护屏幕显示器，避免图像长时间固定在屏幕上，可以设置屏幕保护程序，一旦长时间内不操作电脑，屏幕保护程序自动启动。默认无屏幕保护程序，要设置屏幕保护程序，在图2-1-8所示个性化设置窗口中单击“屏幕保护程序”，打开“屏幕保护程序设置”对话框，如图2-1-11所示。如在屏幕保护程序下拉列表中选择屏幕保护类型“彩带”，选择“等待时间”1分钟，勾选“在恢复时显示登录屏幕”复选框，则在操作电脑过程中，中间持续1分钟以上没有对电脑做任何操作，将启动屏幕保护程序，当再次对电脑操作时会显示登录界面。如果登录账号没有设置密码，在设置屏幕保护时也没有密码，

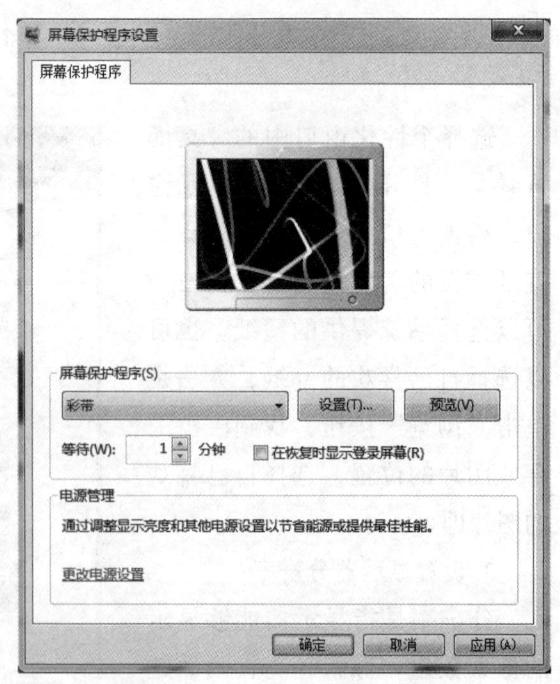

图2-1-11 屏幕保护程序设置

只有先在账号中创建密码后才能使用屏幕保护密码。用户账户创建密码的方法参见任务3中的“Step 5　使用‘用户账户’创建管理计算机用户”。

5. 定制个性化任务栏

用户可以通过任务栏轻松便捷地管理、切换和执行各类应用程序。所有正在使用的文件或程序在任务栏上会以小图标的形式显示，如图2-1-12所示，鼠标悬停在小图标上，会显示窗口的缩略图；鼠标悬停在缩略图时，窗口又会展开为全屏预览（注意：桌面主题为Aero主题可以显示缩略图）。用户可以直接从缩略图关闭窗口，或者在任务栏单击右键选择关闭窗口操作。

（1）锁定程序到任务栏

把程序锁定到任务栏，用户单击此图标即可运行最常用的应用程序。操作方法是用鼠标右键单击任务栏中的程序，如360浏览器，弹出如图2-1-13所示快捷菜单，选择“将此程序锁定到任务栏”，将程序精确放置于任务栏中指定的位置，这样用户便可通过单击此图标快捷运行360浏览器程序。

图2-1-12　鼠标悬停在任务栏时，显示缩略图

图2-1-13　锁定常用程序到任务栏

（2）锁定常用文件夹到列表

跳转列表自动填充了最常用和最近访问的内容，可以为每个应用程序提供便捷的打开方式。例如，鼠标右键单击任务栏中的资源管理器，在常用工作文件夹“课题”位置单击“锁定到此列表”，如图2-1-14所示，或者将目标文件夹直接拖动到任务栏区域，快捷菜单就会显示“课题”为已固定项。用户鼠标单击便可随时快速访问此文件夹，极大提高了用户的办公效率。

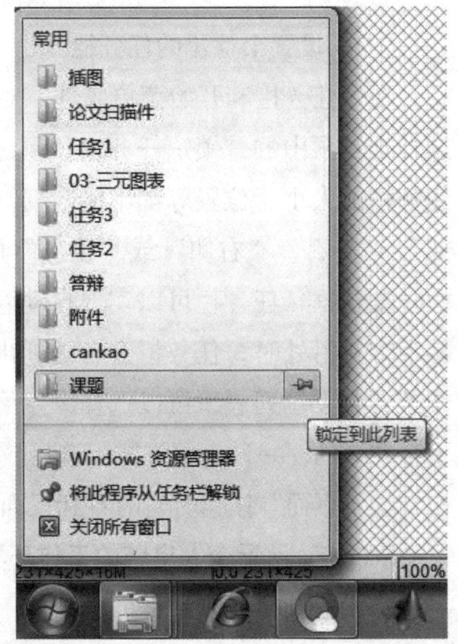

图2-1-14　锁定常用工作文件夹到列表

（3）设置通知区域

Windows 7任务栏的通知区域位于任务栏右侧，主要包括时钟、音量、网络、操作中心、应用程序等图标。安装程序后，程序图标会自动添加到通知区域。用户可以更改图标和通知的显示方式。

例如，将“电脑管家”程序的图标和通知进行隐藏设置，方法是点击通知区域的倒三角按钮，如图2-1-15所示，选择“自定义”，打开如图2-1-16所示对话框，设置“电脑管家”程序的行为为“隐藏图标和通知”。如果在通知区域没有倒三角按钮，需要在任务栏处单击鼠标右键，选择“属性”，打开“任务栏和开始菜单属性”对话框，如图2-1-17所示，选择通知区域的“自定义”，取消勾选“始终在任务栏上显示所有的图标和通知”。

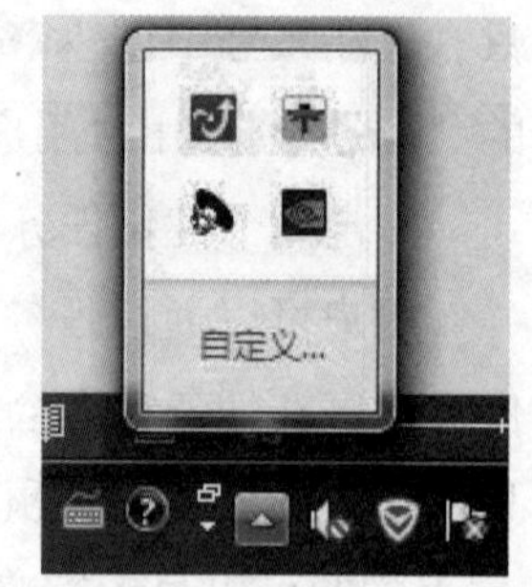

图2-1-15　自定义通知区域显示的图标

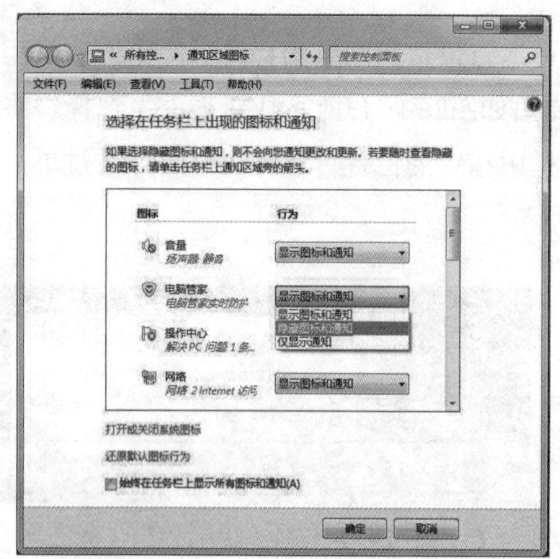

图2-1-16　设置程序图标的隐藏行为

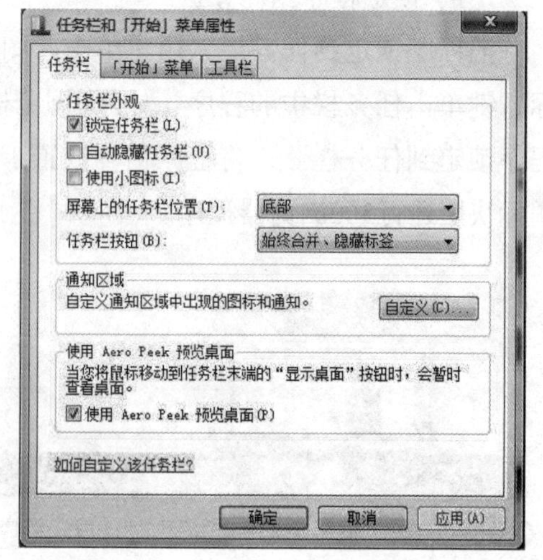

图2-1-17　“任务栏和开始菜单属性”对话框

（4）设置个性化的任务栏

在“任务栏和开始菜单属性”对话框中选择【任务栏】选项卡，如图2-1-17所示，通过外观选项中的“锁定任务栏”复选框可以设置任务栏的锁定，选择复选框设置锁定后，任务栏的大小、位置等都不能改变。可以在“屏幕上的任务栏位置”下拉列表中选择“底部”“左侧”“右侧”或“顶部”的任一位置进行任务栏的固定。选择“自动隐藏任务栏”复选框，任务栏可以实现自动隐藏，从而扩大应用程序的窗口区域，当鼠标移动到屏幕下方边沿处时，任务栏会自动弹出。在“任务栏按钮”可以设置是否合并相同类型程序任务，其下拉列表里可以选择“始终合并、隐藏标签”“当任务栏被占满时合并”或“从不合并”的任一种合并方式。选择“使用Aero Peek预览桌面”，能够设置鼠标悬停在任务栏“显示桌面”按钮时暂时看到桌面。

Step 3　设置个人电脑的工作环境

1. 设置鼠标习惯

在开始菜单中打开“控制面板”，单击“硬件和声音”→“设备和打印机”→“鼠标”，在【鼠标键】选项卡中可以根据个人的习惯设置左右手鼠标，选中“切换主要和次要的按钮”复选框即可，同时可以设置双击鼠标的速度。在鼠标属性对话框中的【指针】选项卡里选择浏览可以选择自己喜欢的鼠标指针样式，如图2-1-18所示。同时，在【指针选项】里可以设置鼠标移动速度，在【滑轮】选项卡中可以设置鼠标滑动时屏幕滚动的行数。

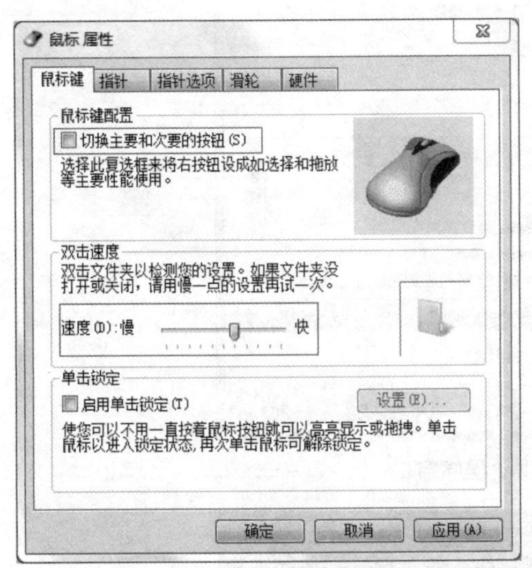

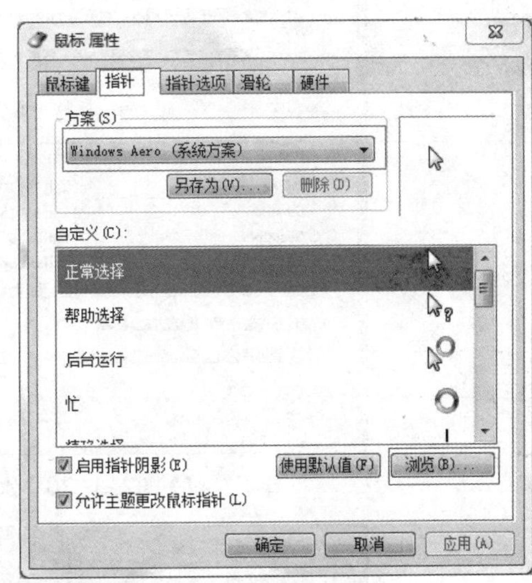

图2-1-18　鼠标属性的设置

2. 添加打印机

打印机是工作中常用的外部设备，在应用时需要添加到计算机设备中。以管理员身份登录计算机，打开“控制面板”，单击“硬件和声音”→“设备和打印机”→“添加打印机”，或者通过开始菜单选择“设备和打印机”，打开窗口后从工具栏点击“添加打印机”，打开“添加打印机”窗口，如图2-1-19所示，选择“添加本地打印机”选项。之后，选择打印机连接的端口，打开如图2-1-20所示窗口，选择厂商和相应的打印机型号，安装打印机的驱动程序，点击“下一步”，设置是否共享打印机，打开如图2-1-21 所示窗口。如果设置共享此打印机，

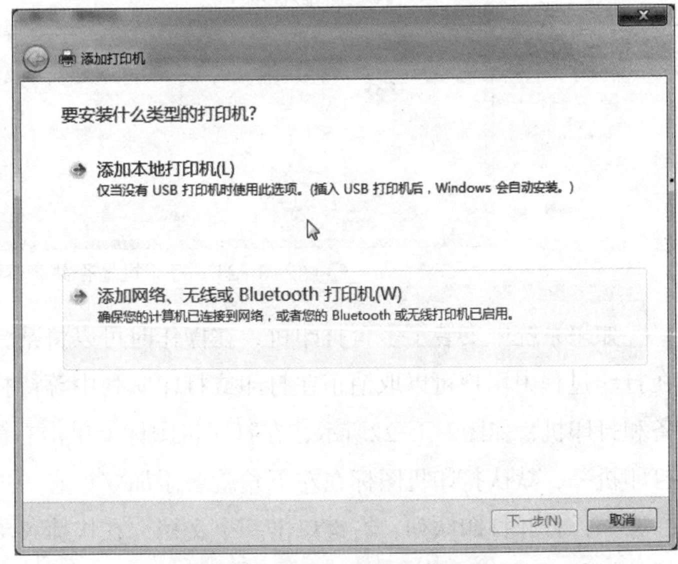

图2-1-19　添加打印机窗口

选中“共享此打印机以便网络中其他用户可以找到并使用它”按钮，在“共享名称”位置设置共享打印机名称，单击“下一步”按钮，即可成功添加打印机。

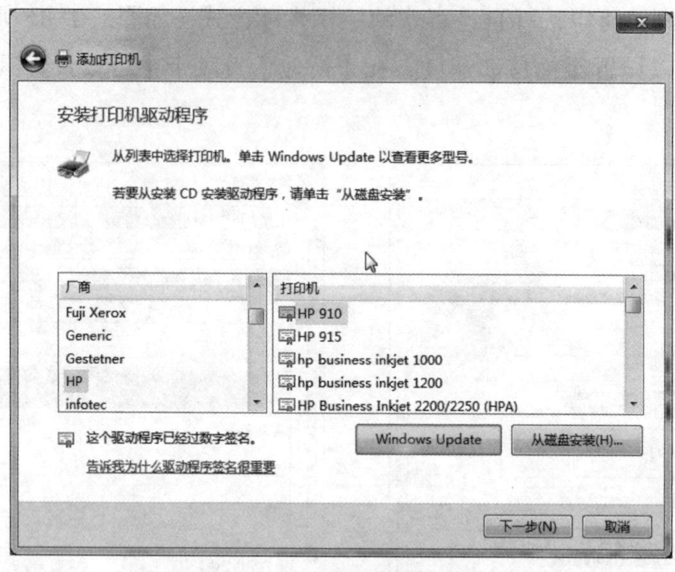

图2-1-20 安装驱动程序窗口

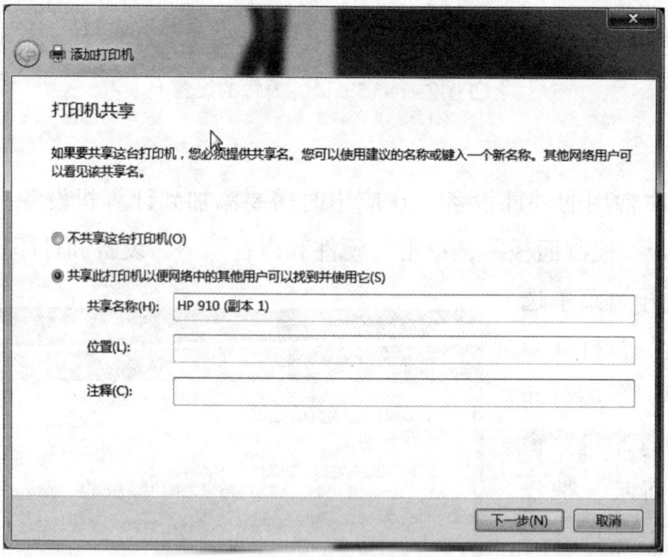

图2-1-21 打印机是否共享界面

如果系统中安装了多台打印机，在操作时可以将某台打印机设置为“默认打印机”，在打印过程中用户可以取消正在打印或打印队列中等待打印的任务。操作方法是：打开设备和打印机，如图2-1-22所示，在打印机图标上单击右键，选择快捷菜单中的“设为默认打印机”，默认打印机图标在左下角就会添加√标志。选择快捷菜单“查看现在正在打印什么”，打开打印队列，右键单击一个文档，在快捷菜单中可以选择“取消”则停止该文档的打印，选择“暂停”则会暂停文档打印，可选择“重新启动”或“继续”打印。

△ 图2-1-22　打印机默认设置与取消文档打印设置

3. 安装工作所需程序

对于需要使用的程序，可以运行安装文件来进行安装。一般安装程序文件名字为"install.exe"或"setup.exe"，双击安装程序便可以开始安装。在安装过程中，有的软件需要提供产品密钥、设置安装的路径、选择安装的功能等，用户只需要根据提示进行操作就可以顺利安装程序。

4. 卸载程序

打开"控制面板"，单击"程序"→"卸载程序"，打开如图2-1-23所示的"卸载或更改程序"窗口。在安装列表中选择需要删除的程序，如"网易有道词典"，点击"卸载/更改"命令，根据提示确认卸载后进入卸载界面。

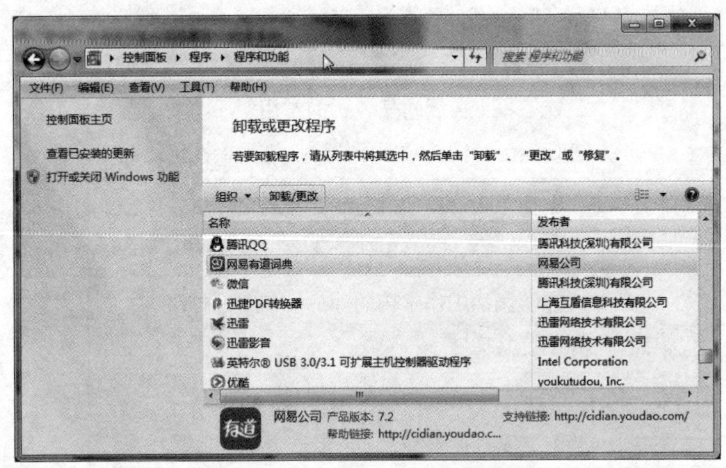

△ 图2-1-23　卸载或更改程序界面

操作提示

常用的卸载方法

①有些程序安装后自带卸载工具，用户可以在“开始”菜单对应程序的菜单项目里找“卸载”或“删除”命令，执行操作即可启动卸载程序。

②目前一些软件如“电脑管家”“金山毒霸”在提供计算机保护的同时，亦提供“软件管理”功能，可以实现软件的安装、升级与卸载操作。

任务总结与评价

通过本任务的学习，应能够掌握Windows 7操作系统的常用基本操作，如桌面、窗口、菜单、任务栏和鼠标、打印机的设置，定制属于自己的工作环境。通过该任务的学习，要求达成的目标见表2-1-1。请自我检测一下，看你的自我评价等级是否可以达到优秀。

表2-1-1　能力评价表

学习目标	评价内容	评价等级			
		A	B	C	D
认识Windows 7操作系统界面	能掌握Windows基本操作界面的组成				
	能根据对话框、窗口进行操作				
	能够正确认识开始菜单并进行操作				
定制个性化桌面	能够添加图标快捷方式、根据需要进行图标的排列				
	能够设置个性化主题、背景、分辨率和带唤醒密码的屏幕保护程序				
	能够根据需要对任务栏的常用程序与文件夹进行锁定操作，对任务栏属性进行个性化设置				
定制个性化工作环境	根据个人习惯通过控制面板的鼠标属性进行设置左右手、能够根据设置测试鼠标的速度				
	能够添加工作常用的外部设备——打印机，并设置共享				
	根据工作需要能够利用控制面板或软件对安装的程序进行管理，如安装、升级、卸载操作				

任务拓展与训练

1. 完成个人电脑的个性化设置，要求如下：定制个性化桌面主题，设置带有唤醒密码的屏幕保护程序，测试鼠标点击速度，下载安装Google Chrome浏览器，将其快捷方式图标放置于桌面上，并锁定于任务栏。使用电脑管家对程序进行升级操作。

2. 理解图标与程序的关系，要求如下：双击图标观察运行的应用程序，考虑能否更改图标与程序的默认关联。

任务2　使用文件夹管理数据文件

任务描述

小王同学在使用一台电脑，如果它的磁盘上文件杂乱无章，就很难快速找到所需要的文件。如何管理文件数据更加有效呢？在工作中如何做到重要文件只读而不能修改，或者重要文件隐藏不可见？如果忘记文件存放位置，怎样找到所需文件？

任务分析

要完成上述任务，资源管理器就是行之有效的重要工具。首先，可以在磁盘空间中建立多个不同名称的文件夹，将数据文件根据特征进行分类，把同类的数据文件存储在同一个文件夹里，这样就使数据文件井然有序起来。之后，可以设置重要文件或文件夹的属性，如隐藏、只读等。最终，通过搜索方法查找所需文件。

任务实施

知识点梳理

1. 文件

文件是存放在硬盘上的一组相关信息的集合，可以存放程序、文本、声音、图像、视频等信息。文件名由主文件名和扩展名组成，如某安装程序文件名为“setup.exe”，表示其主文件名为setup，扩展名为.exe，是可执行文件（表2-2-1）。

表2-2-1　常用的文件类型及扩展名

扩展名	文件类型	扩展名	文件类型
.exe	应用程序文件	.htm	Web页文件
.sys	系统文件	.wav	声音文件
.bat	批处理文件	.wmv	视频文件
.docx	Word文档	.bmp	位图文件
.xlsx	Excel文档	.rar 或.zip	压缩文件

文件分为可执行文件和不可执行文件两种类型。其中，可执行文件可以双击直接运行程序；不可执行文件是需要借助程序打开或使用的文件。操作系统会根据扩展名建立应用程序与文件的关联关系，如扩展名为.docx的文件和Word程序关联，双击这类文件时，可以启动Word应用程序。或者用户可以通过鼠标右键选择“打开方式”设置关联程序。

2. 文件夹

如果将每个分区磁盘看作一个大的“文件柜”，那文件夹就相当于文件柜的“抽屉”了。文件夹是用来存储程序、文件和子文件夹的地方，每个文件夹都有一个名字。文件、文件夹的组织结构是树形结构，即一个文件夹中可以包含多个文件和文件夹，但一个文件或文件夹只能属于一个文件夹。

要访问一个文件，需要知道文件的位置，即它处于哪个磁盘的哪个文件夹中，也称为文件的路径。

文件或文件夹默认包含四种属性。

①只读属性。具有“只读”属性的文件或文件夹，只能浏览，不能进行修改和存盘操作。

②隐藏属性。具有“隐藏”属性的文件或文件夹，在默认情况下是不显示的。只有在“文件夹选项”中选择了“显示所有文件”，才会显示隐藏文件（夹）。

③存档属性。具有“存档”属性的文件或文件夹，既可以浏览，也可以修改。我们创建的文档，一般默认为存档属性。

④系统属性。文件夹不具有“系统”属性。如果“系统”属性被选中，表示该文件是系统文件，Windows必须依赖系统文件才能正常运行。不要随意删除系统文件！默认情况下，在“资源管理器”中是不显示系统文件的。

3. 库

在Windows 7中，库是浏览、组织、管理和搜索具备共同特性的文件的一种方式。库的最大优势就是它可以有效地组织、管理位于不同文件夹中的文件，而不用关注文件实际存储的位置。在操作过程中，用户无需将分散于不同位置、不同分区的文件拷贝到同一个文件夹中，由此可以避免保存同一文件的多个副本。用户只需要右键单击某个文件夹，选择“包含到库中”，就可以为该文件夹选择加入到某个已有的库或者为其创建一个新的库。

任务实现

Step 1　查看磁盘空间和文件夹

双击桌面上的“计算机”图标或者点击“开始”菜单中的“计算机”，打开“资源管理器”，可以看到计算机中已经划分好的逻辑硬盘，单击工具栏的下三角按钮，选择“详细信息”选项，可以查看硬盘的总大小和使用情况等信息，如图2-2-1所示。双击某一个磁盘，即可查看保存在该逻辑磁盘中的文件和文件夹。

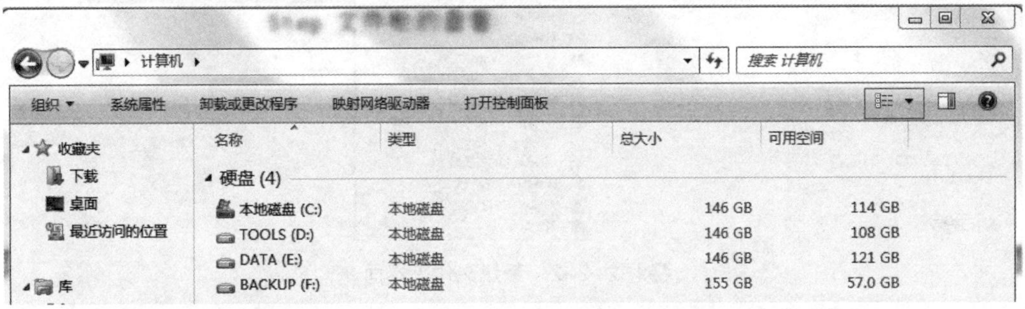

图2-2-1　“计算机”界面查看磁盘文件柜详细信息

Step 2　分类管理文件

1. 新建文件夹

双击进入任意一个逻辑磁盘，如D盘，在工具栏中单击“新建文件夹”，或在窗口空白处单击鼠标右键弹出的快捷菜单中选择“新建”→“文件夹”，如图2-2-2所示，即可创建一个新的空文件夹。文件名默认为“新建文件夹”，同时文件夹名处于蓝色高亮状态，此时可以进行编辑，在此将文件夹命名为“工作”。

2. 新建文件

进入D盘工作文件夹下，在窗口空白处单击鼠标右键，点击快捷菜单“新建”→“Microsoft word文档”，在此保存文档名称为“重要工作文件.docx”。同理，新建一个“说明.txt”文件，两个文档在文件夹的详细信息显示如图2-2-3所示。

操作提示

文件或文件夹的重命名

选定要更名的文件或文件夹，单击“文件”菜单或者鼠标右键弹出快捷菜单，选择“重命名”命令；或者鼠标左键慢速点击两次，此时被选定的文件或文件夹名称显示蓝色，输入新的名称后按回车键即可完成重命名。

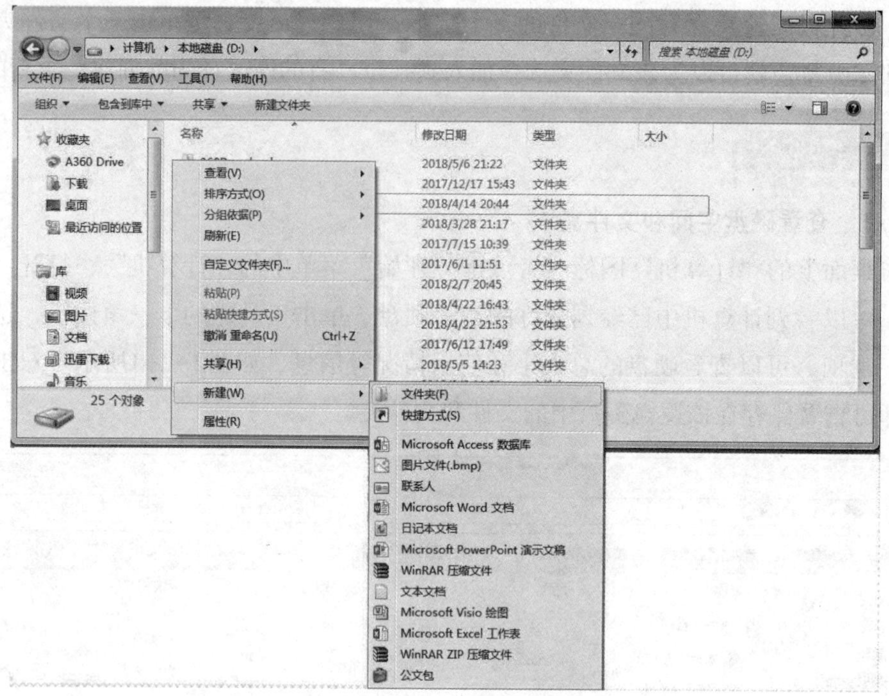

图2-2-2 新建文件夹界面

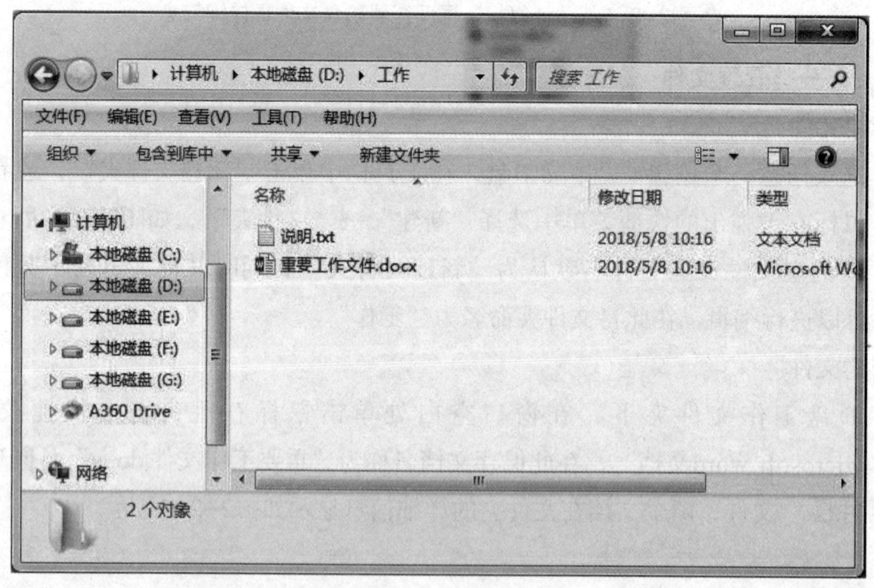

图2-2-3 在D盘工作文件夹下建立两个文件

3. 选择需要分类的文件或文件夹

按住Ctrl键的同时鼠标左键点击选择磁盘目录下和“工作”内容相关的文件和文件夹，文件以及文件夹高亮显示即表示选中。

操作提示

选定单个文件夹：用鼠标单击要选定的文件（夹）。

选定多个连续文件（夹）：单击第一个文件（夹），按住Shift 键再单击最后一个文件（夹）。

选定多个不连续文件（夹）：按住Ctrl不放，用鼠标左键逐个单击要选定的的文件（夹）。

全部选定：单击“编辑”菜单→“全部选定”，或使用快捷键“Ctrl+A”。

反向选定：单击“编辑”菜单→“反向选定搜索查找需要的文件”。

取消选定：如果只取消一个被选定的文件（夹），按住Ctrl不放，然后单击要取消的文件（夹）；如果取消所有被选定的文件（夹），则在任意空白处单击鼠标即可。

4. 将相关文件剪切到文件夹中

选定文件和文件夹后，单击鼠标右键，弹出快捷菜单，选择“剪切”命令，进入新建好的“工作”文件夹，右击鼠标在快捷菜单中选择“粘贴”命令，即可将工作相关的文件移动到“工作”文件夹中。

操作提示

（1）复制文件或文件夹

①选择源文件（夹），使用“复制”命令或快捷键“Ctrl+C”，都可将被选中的文件（夹）复制到“剪切板”，打开目的文件夹，选择“粘贴”命令或快捷键“Ctrl+V”，即可完成复制操作。

②如果源文件（夹）和目的文件夹在同一个磁盘上，选择需要复制的文件（夹）后，按住Ctrl键同时用鼠标拖动到目的文件夹就可完成复制。如果源文件（夹）和目的文件夹不在同一个磁盘上，则直接使用鼠标拖动就可完成复制。

（2）移动文件或文件夹

①选择文件（夹），使用“剪切”命令或快捷键“Ctrl+X”，可以看到文件（夹）变成灰色，打开目的文件夹，选择“粘贴”命令或快捷键“Ctrl+V”，即可完成移动操作。

②如果源文件（夹）和目的文件夹在同一个磁盘上，则直接使用鼠标拖动就可完成移动。如果源文件（夹）和目的文件夹不在同一个磁盘上，选择需要移动的文件（夹）后，按住Shift键同时用鼠标拖动到目的文件夹。

5. 删除不需要的文件或文件夹

例如，鼠标选中“工作”文件夹中不再需要的“说明.txt”，点击鼠标右键，选择快捷菜单中的“删除”；或者在选中文件后，直接点击键盘上的Delete键，进行删除操作。此种操作在打开“回收站”后，可以通过“还原”命令将文件恢复到原来的位置。进一步彻底删除，需要打开“回收站”，在要删除的文件上点击右键选择“删除”，或者更为简单的方法是在删除操作时选择Shift+Delete组合键方式。彻底删除前都会提示“确实要永久性地删除文件吗？”，如图2-2-4所示，选择“是”即可将文件彻底删除，无法还原。

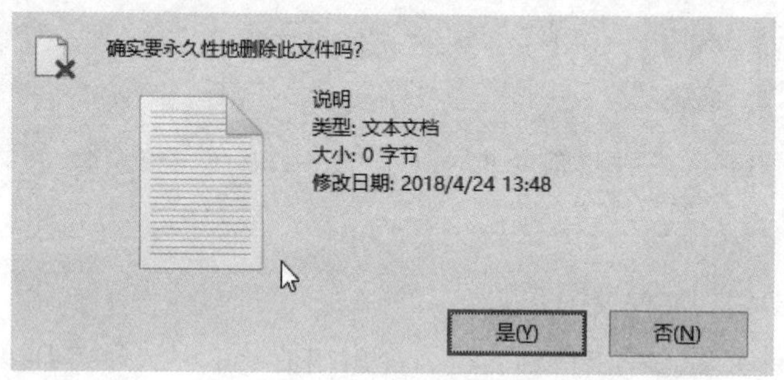

图2-2-4　彻底删除文件

Step 3　设置文件属性

通过属性对话框，用户可以了解对象的文件类型、打开方式、位置、大小、创建时间、修改时间等内容。用户还可为文件（夹）设置属性，方法是：鼠标右键点击“重要工作文件.docx”，选择快捷菜单“属性”命令，打开属性设置对话框中的【常规】选项卡，勾选“只读”和“隐藏”属性，点击“确定”按钮，如图2-2-5所示。如果文件还可见，需要在“计算机”中单击“工具”菜单→“文件夹选项”命令，打开文件夹选项对话框的【查看】选项卡，在高级设置列表框中选中“不显示隐藏的文件、文件夹或驱动器”，单击“确定”按钮，如图2-2-6所示。此时，在文件夹列表中就看不到具有隐藏属性的文件。

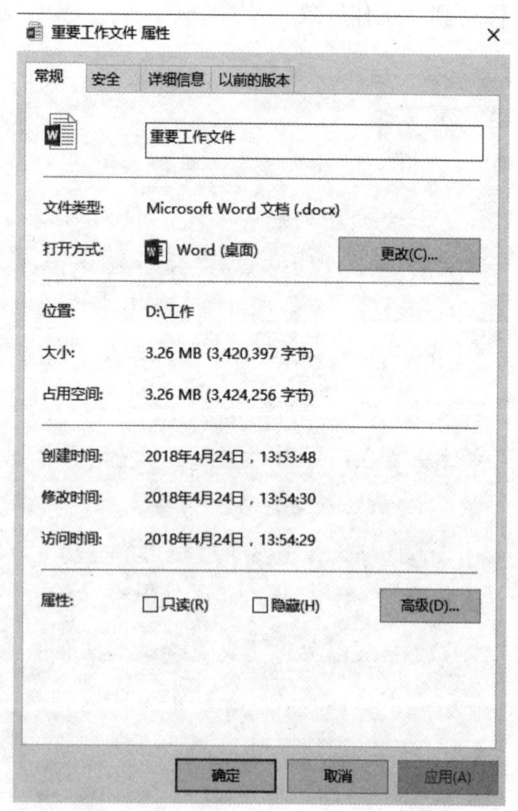

图2-2-5　设置文件“只读”“隐藏”属性

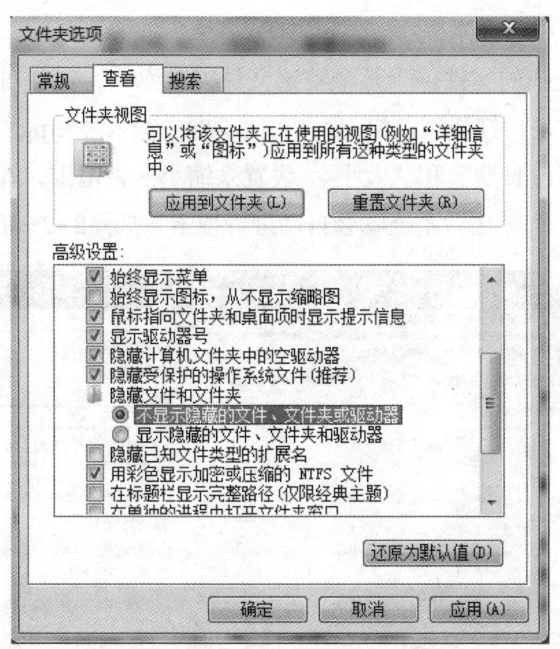

图2-2-6　文件夹选项的查看设置

Step 4　搜索查找需要的文件

1. 使用"开始"菜单搜索

在"开始"菜单下方的"搜索程序和文件"框中输入要搜索的关键字,比如在其中依次输入"i""n""t",在搜索框中开始键入内容时,将立刻显示相关的程序、控制面板项以及文件等搜索结果,如图2-2-7所示。

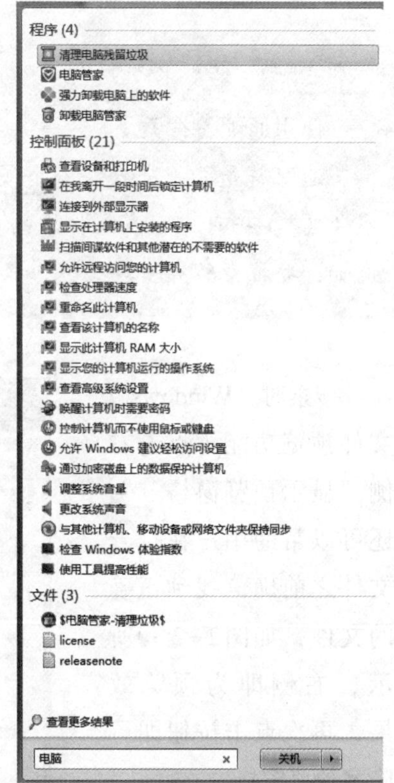

图2-2-7　使用开始菜单栏进行搜索

操作提示

默认情况下"开始"菜单的搜索栏的范围搜索是对所有的索引文件进行检索,主要集中在"开始"菜单、控制面板、Windows文件夹、Program File文件夹、Path环境变量指向的文件夹、Libraries、Run历史中。也就是说,这里的搜索范围并不是整个硬盘,但搜索相当快,几乎在打完字的同时就可以看到搜索结果。

2. 使用文件夹或库中的搜索框

用户如果知道要查找的文件位于某个特定文件夹或库中，通常可以使用窗口右上角顶部的搜索框。操作方法是，打开磁盘如F盘，在搜索框中输入“*.jpg”，单击下方的“添加搜索筛选器”中的“修改日期”和“大小”设置来缩小搜索范围，在此设置图片的大小为“中（100 kB—1 MB）”，之后系统就会自动进行搜索，如图2-2-8所示。

图2-2-8　搜索图片设置修改日期与大小

操作提示

使用通配符搜索

通配符是指用来代替一个或多个未知字符的特殊字符，常用的通配符有以下两种：星号（*）：可以代表文件中的任意字符串。问号（?）：可以代表文件中的一个字符。例如，要搜索所有BMP文件，只需在搜索栏中输入“*.bmp”即可。

搜索时，Windows 7文件预览功能（点击右侧“显示预览窗格”）还可以帮助用户在打开文件之前确信找到正确的文件，如图2-2-9所示，右侧即为预览效果，再次点击按钮即可隐藏预览窗格。

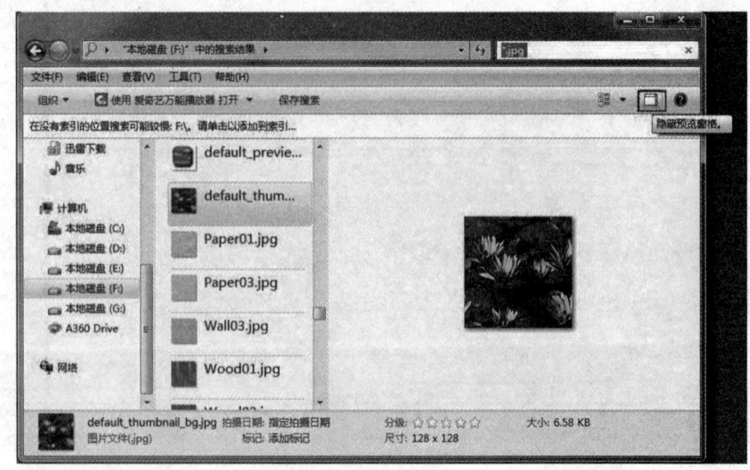

图2-2-9　在资源管理器即可预览（图片）内容

3. 全面搜索

如果忘记文件名，Windows 7还可以搜索文件内容。在默认情况下，Windows 7是只搜索文件名的，搜索文件内容需要通过“文件夹选项”打开【搜索】选项卡，在“搜索内容”设置“始终搜索文件名和内容”，如图2-2-10所示，但此种方式搜索时间较长。

Windows 7默认是要搜索文件夹以及文件夹中包含的子目录的，但如果我们确认文件所在的文件夹，可以在“搜索方式”栏中选择去掉“在搜索文件夹时在搜索结果中包含子文件夹”，就可以在搜索时不对子目录进行搜索，从而加快搜索速度。另外，去掉“查找部分匹配”可设定搜索内容关键字完全匹配。

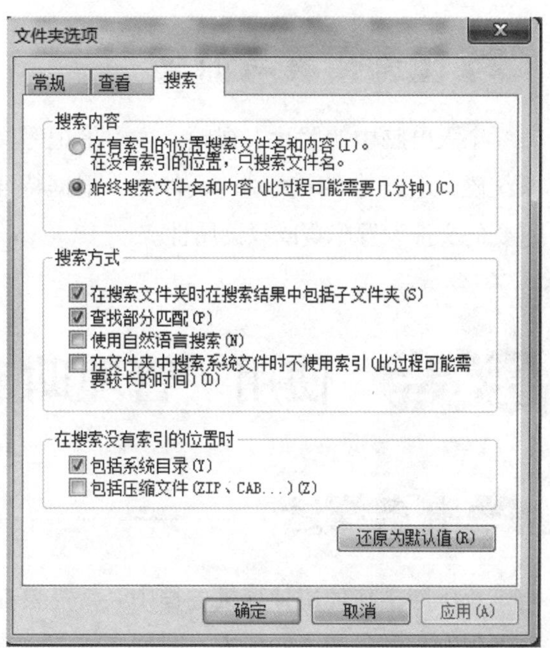

图2-2-10 搜索的设置选项

任务总结与评价

通过完成“使用文件夹管理数据文件”工作任务，学习了文件和文件夹的新建、选择、复制、移动、删除和属性设置，以及搜索的多种方法。通过该任务的实现，要求达成的目标见表2-2-2。请自我检测一下，看你的自我评价等级是否达到了优秀。

表2-2-2 学习能力自我评价表

学习目标	评价内容	评价等级			
		A	B	C	D
分类管理文件	了解文件、文件夹、库的概念				
	能熟练建立文件或文件夹，并进行重命名				
	能熟练掌握文件或文件夹的选择、复制、移动、删除等操作				
文件或文件夹属性设置	能理解四种属性的含义				
	能熟练设置文件或文件夹的属性				
搜索文件	能熟练通过开始菜单、搜索框等进行搜索				
	能设置根据文件名或文件内容进行全面搜索				

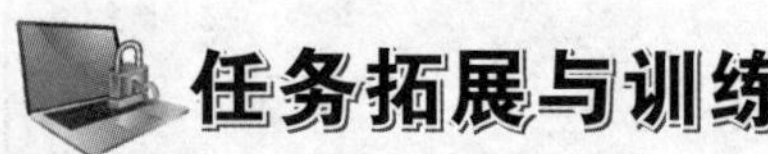

任务拓展与训练

个人电脑中的照片、视频、学习笔记等文件存放比较杂乱，通过本任务的学习，在非系统磁盘上新建多个类别的文件夹，根据特征进行分类整理以上数据文件。对工作学习中重要的文件设置隐藏或只读属性。

任务三 使用“管理助手”管理维护计算机系统

任务描述

小王同学在使用计算机过程中经常需要在硬盘上存储和删除数据，从而导致文件被分散地保存到磁盘的不同地方。时间久了，就会在硬盘上产生大量碎片，碎片过多就会导致磁盘的运行变慢。同时，工作电脑多个用户共用，需要进行用户管理权限设置，维护计算机系统的安全性。

任务分析

要完成上述任务，可以利用Windows 7系统提供的常用磁盘管理工具如磁盘清理、碎片整理等进行磁盘维护操作。之后，通过用户账户管理为不同用户设置不同账户权限，从而维护计算机系统的安全性。

任务实施

知识点梳理

1. 操作中心

Windows 7操作中心具有自动诊断和自动修复系统故障能力的功能，可以帮助解决Windows 7用户可能遇到的系统故障如软件兼容性故障、硬件故障等，能够通过Windows防火墙、自动更新和防病毒软件的设置来维护计算机的安全。

2. 磁盘清理

使用“磁盘清理”，可以帮助用户清理硬盘中的长时间不用的或没用的文件，包括Internet临时文件、下载的程序文件、回收站、Windows临时文件、已经安装但不常使用的程序等，从而提高计算机的运行速度，增加硬盘的可用空间。

3. 磁盘碎片整理

它也称为文件碎片整理。由于硬盘在使用过程中反复写入和删除操作，硬盘中的空闲扇区会分散到整个硬盘中不连续的物理位置上，当再次读写文件时，就要到不同的地方去读取，增加了磁头的来回移动，降低了硬盘的访问速度。通过磁盘碎片整理，可将文件存储在连续的单元中，并将空闲空间合并，以提高磁盘访问和检索速度。

4. 用户账户

Windows 7是一个多用户操作系统，允许多个用户共用一台电脑，不同的用户登录计算机使用不同的登录名和密码，登录成功后只能看到自己权限内的数据和程序，不能超越权限范围进行操作。通过此方法，可以在与多人共享计算机时有效地保护每位用户的私有数据文件。

Windows 7提供了三类用户账户：

（1）管理员账户

管理员账户对计算机拥有最高的控制权限，可以访问计算机上所有文件，更改安全设置，能够安装软件，并对其他账户进行更改。

（2）标准账户

标准账户允许用户使用计算机的大部分功能，可以访问已经安装的程序，设置自己账户的密码，但无权更改影响到计算机其他用户或安全的设置。

（3）来宾账户

来宾账户仅拥有计算机最低权限，无法安装软件，不能创建密码，无法对系统做任何修改，主要是提供给临时访问计算机的用户使用。

任务实现↘

Step 1　使用“操作中心”检查计算机安全

假设计算机系统的杀毒软件未运行，此时操作中心在通知区域的图标会提示“解决PC的重要问题”，点击图标打开“操作中心”会显示如图2-3-1所示窗口。操作中心中的红色项目标记为“重要信息”，表明应快速解决的重要问题，此处提示“病毒防护”为重要信息，点击“查看防病毒程序”可以打开系统已安装的程序；Windows Update位置点击“更改设置”可以设置重要更新的方式，如“自动安装更新（推荐）”“下载更新、但是让我选择是否安装更新”等。黄色项目是一些建议执行的任务，例如所建议的“设置备份”任务。

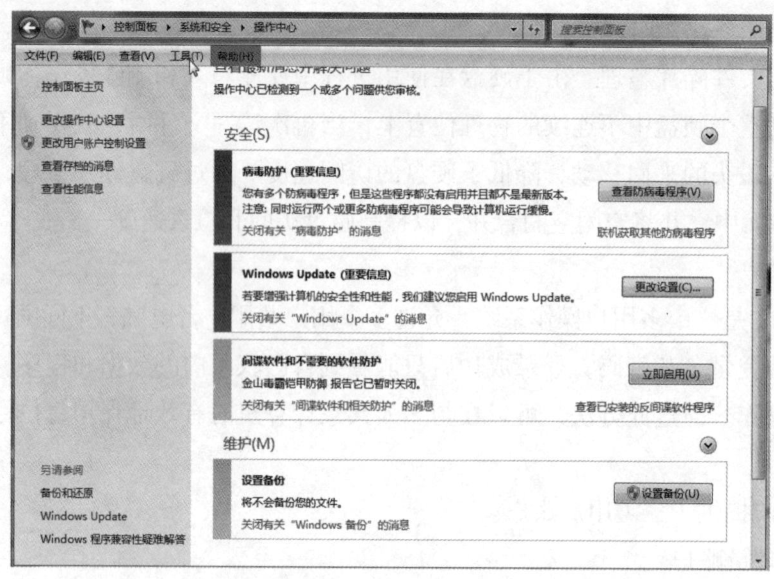

图2-3-1　操作中心面板

点击左侧“更改操作中心设置”可以打开如图2-3-2所示窗口，窗口中列出用户需要注意的安全和维护设置的选项，对于选择的每个项目，Windows将进行问题检查，如发现问题，则会发送一条消息。在安全消息方面，可以选择Windows更新、Internet安全设置、网络防火墙、间谍软件和相关防护、用户账户控制、病毒防护等。对于维护消息方面，可以选择Windows备份、Windows疑难解答、检查更新等。

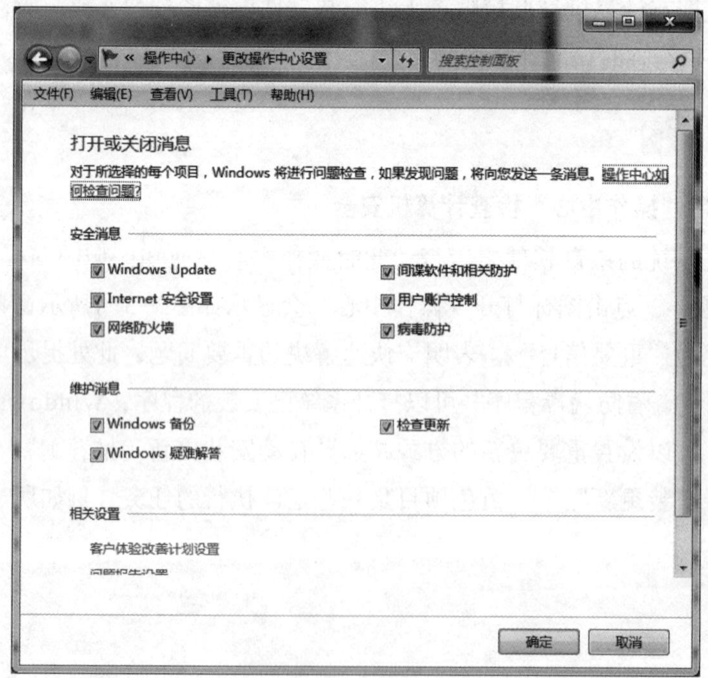

图2-3-2　操作中心的更改操作中心设置

操作提示

依次单击“开始”菜单→“控制面板”，然后在“系统和安全”下单击“查看您的计算机状态”，也可以打开“操作中心”对话框。

Step 2　使用“磁盘清理”工具清理磁盘卫生

通过Windows自带的系统工具实现磁盘清理。单击“开始”→“所有程序”→“附件”→“系统工具”→“磁盘清理”命令，打开“磁盘清理：驱动器选择”对话框，如图2-3-3所示，比如选择要清理的磁盘C盘，确定后即可开始工作，此时计算机会先计算磁盘上可以释放多少空间，之后显示“磁盘清理”对话框，如图2-3-4所示，在删除的文件中选择需要删除的内容，点击“确定”按钮即可开始清理。

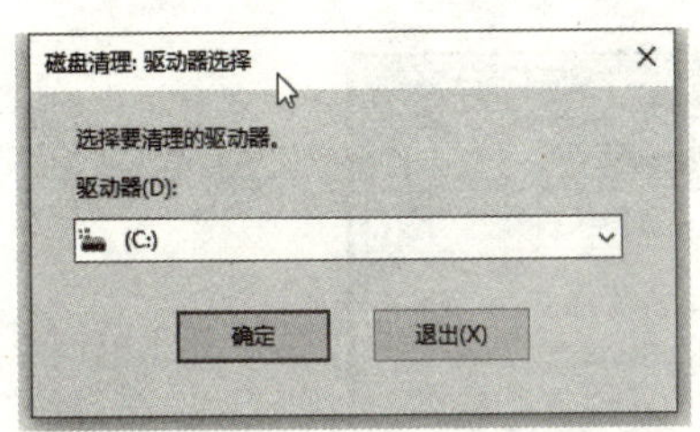

图2-3-3　磁盘清理：驱动器选择

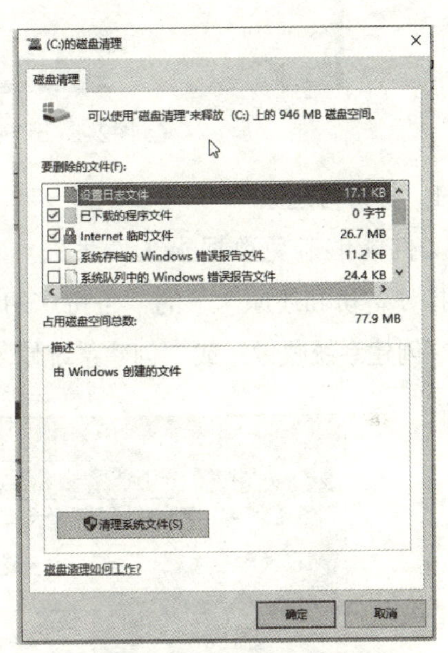

图2-3-4　磁盘清理过程

Step 3　使用“磁盘碎片整理程序”整理磁盘碎片

通过Windows自带的系统工具实现磁盘碎片整理。单击“开始”→“所有程序”→“附件”→“系统工具”→“磁盘碎片整理程序”命令，打开“磁盘碎片整理程序”，如图2-3-5所示。单击“分析磁盘”，分析磁盘是否需要进行碎片整理。如提示有磁盘碎片，单击“磁盘碎片整理”，即可运行。

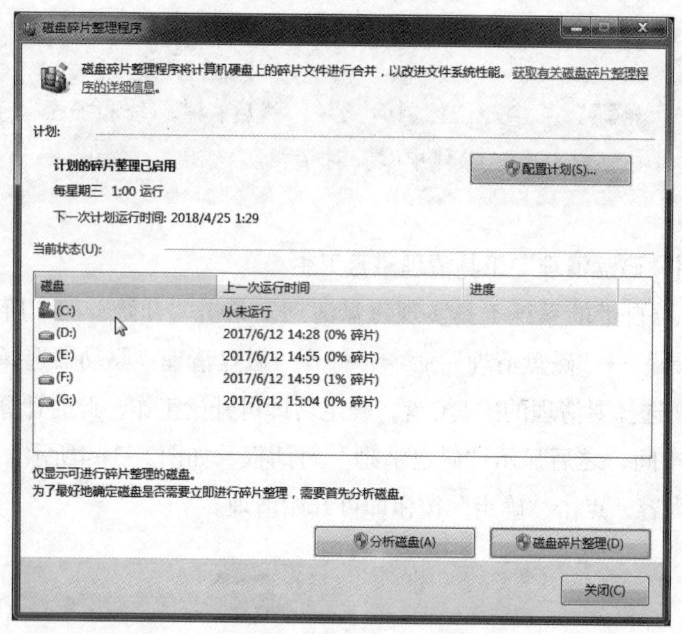

图2-3-5　磁盘碎片整理程序

Step 4　备份与还原

备份文件能够避免数据永久性丢失。操作方法是打开控制面板，点击“系统和安全”，选择“备份和还原”下的“备份您的计算机”，打开如图2-3-6所示窗口，选择窗口左侧的“创建系统映像”或“创建系统修复光盘”选项进行备份。

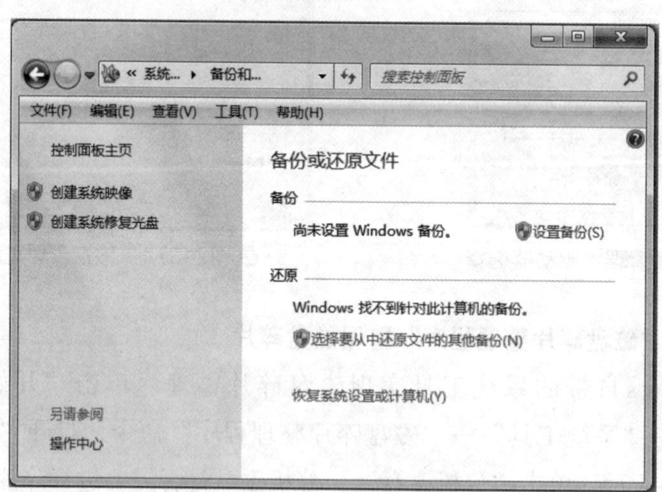

图2-3-6　备份和还原窗口

Step 5　使用“用户账户”创建管理计算机用户

1. 创建新账户

使用管理员账户登录计算机，打开控制面板，点击“用户账户和家庭安全”→“添加或删除用户账户”，弹出管理账户窗口，如图2-3-7所示，单击“创建一个新账户”按钮，弹出如图2-3-8所示窗口，输入新账户名的名称，如sara，在下方选择“标准用户”或“管理员”单选按钮，点击“创建账户”，自动返回“管理账户”界面，即完成创建操作。

图2-3-7 管理账户显示系统的账户信息

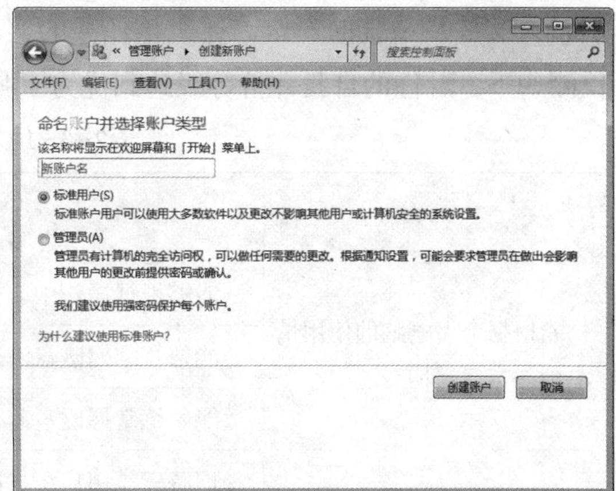

图2-3-8 创建新账户

2. 更改和注销用户账户

管理员账户可以对已存在的账户进行更改账户名称、更改密码、更改图片、更改账户类型及删除账户等操作。常用操作方法如下：在“管理账户”窗口中，单击sara图标，打开“更改账户”窗口，如图2-3-9所示，单击左侧的“更改账户名称”，重新命名为Jack。单击左侧的“创建密码”，设置账户密码。返回后该账户已显示密码保护提示。单击“更改密码”可以重新修改密码。

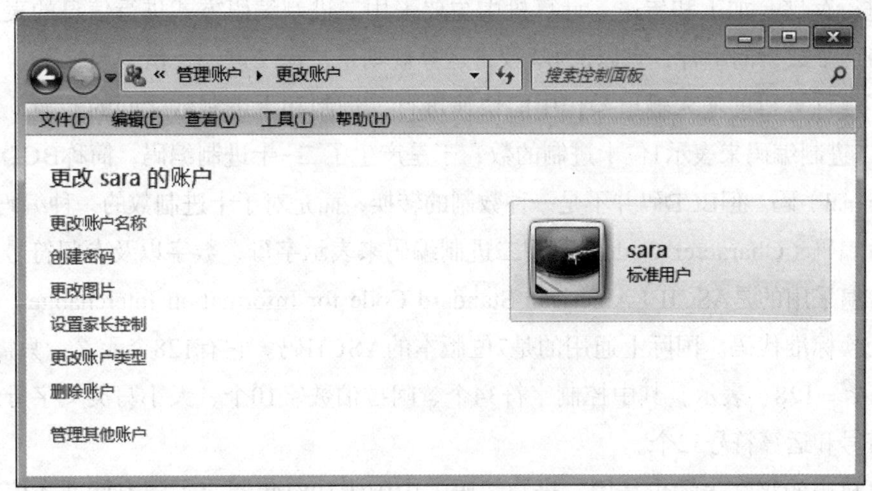

图2-3-9 更改和注销账户

任务总结与评价

通过完成“使用‘管理助手’管理维护计算机系统”工作任务，学习了操作中心、磁盘清理、磁盘碎片整理、备份等对计算机的维护操作，以及用户账户的设置，有效地保护了私人文件及系统的安全。通过该任务的实现，要求同学达成的目标见表2-3-1。请自我检测一下，看你的自我评价等级达到优秀了吗？

表2-3-1　能力评价表

学习目标	评价内容	评价等级			
		A	B	C	D
能根据个人电脑的使用情况进行系统维护	能够根据操作中心检测安全问题				
	能熟练掌握磁盘清理操作				
	能熟练掌握磁盘碎片整理操作				
设置用户账户，维护数据和系统的安全性	理解三类用户账户的权限区别				
	能够根据实际情况创建所需要的用户账户				
	能熟练完成用户账户的更改、注销操作				

知识拓展

计算机要处理的信息是多种多样的，如日常的十进制数、文字、符号、图形、图像和语言等。但是计算机无法直接“理解”这些信息，所以计算机需要采用数字化编码的形式对信息进行存储、加工和传送。计算机中主要采用二进制编码方式进行信息的表达，实质就是0和1两个数字的组合，它以2为基数，运算规则是“逢二进一，借一当二”。

为了在计算机的输入输出操作中能快速进行二进制和十进制数之间的转换，人们用一组4位的二进制编码来表示1位十进制的数，于是产生了二-十进制编码，简称BCD（Binary Code Decimal）码。但BCD码并不是一种数制的转换，而是对于十进制数的一种编码方式。

字符编码（Character Code）是用二进制编码来表示字母、数字以及专门符号。目前计算机中普遍采用的是ASCII（American Standard Code for Information Interchange）码，即美国信息交换标准代码。国际上通用的是7位版本的ASCII码。它有128个元素，只需用7个二进制位（$2^7 = 128$）表示，其中控制字符34个、阿拉伯数字10个、大小写英文字母52个、各种标点符号和运算符号32个。

计算机中的汉字表示也是用二进制编码，中国于1981年制定了国家标准《信息交换用汉字编码字符集——基本集》（GB 2312—1980），即国标码。目前编码方案比较流行的有全拼音输入法，如搜狗输入法、QQ拼音输入法；有字形为主的五笔输入法，如极点五笔、QQ五笔、搜狗五笔等。

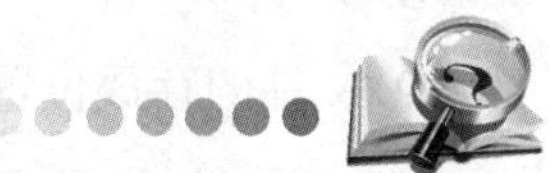

1. 通过查找资料，详细了解磁盘碎片的产生过程。

2. 目前网络提供了多种磁盘清理软件，如smart PC、WINert Tweak、TestDISK，这些都是比较受欢迎的软件，可以下载下来进行学习。

3. 进制转换。打开Windows7的附件中的计算器，选择【查看】菜单中的“程序员”模式，在默认的“十进制”数格式下输入255，再单击选中“二进制”模式，查看换算得到的二进制数。其他进制之间的转换请自己动手实践。

模块总结

通过本模块3个关于Windows操作系统的任务，学习Windows 7的基本操作。Windows 7系统的用户界面非常友善：新的方式排列和使用窗口，增强的Windows 任务栏、开始菜单和Windows 窗口管理，一切都旨在以直观和熟悉的方式帮助用户通过少量的鼠标操作来完成更多的任务，给用户以良好的体验，帮助用户实现个性化的环境配置。在日常生活学习中，通过Windows 7操作系统提供的系统工具还可以对计算机进行维护与管理。总之，操作系统是计算机硬件与应用软件及用户之间的关键桥梁，应能够熟练掌握Windows的常用操作。

思考练习

一、填空题

1. Windows 7系统是微软公司推出的一种________系统，用来控制和管理计算机的所有软硬件资源。

2. 在“我的电脑”中，连续选择不连续的多个文件，在使用鼠标的同时需要按________键。

3. 在Windows 7中，文件夹和文件的属性分为________、________和________。

4. 在Windows 7的回收站中，若要恢复选定的文件或文件夹，可以使用________命令。

5. 在查找文件时，输入文件名*.bmp表示________。

6. 在Windows 7中，若要复制整个屏幕到剪贴板，可以按________键。

7. 在Windows 7中，Administrator（管理员）账户拥有对计算机操作的________权限。

8. 使用________可以清除磁盘中的临时文件等，释放磁盘空间。

二、选择题

1. 关于快捷菜单的说法错误的是（　　）。

A. 快捷方式是到计算机或网络上任何可访问的项目的链接

B. 可以将快捷方式放置在桌面、“开始”菜单和文件夹中

C. 快捷方式是一种无须进入安装位置即可启动常用程序或者打开文件、文件夹的方法

D. 删除快捷方式后，初始项目也一起被从磁盘删除

2. 在Windows 7中，（　　）桌面上的程序图标即可启动一个程序。

A. 选定　　B. 右击　　C. 双击　　D. 拖动

3. 在Windows 7中，文件的类型可以根据（　　）来识别。

A.文件的大小　　B. 文件的主名

C. 文件的扩展名　　D. 文件的存放位置

4. 在Windows 7的桌面上单击鼠标右键，将弹出一个（　　）。

A. 窗口　　B. 对话框　　C. 快捷菜单　　D. 工具栏

5. 在Windows 7“资源管理器”窗口中，左部显示的内容是（　　）。

A. 所有未打开的文件夹　　B. 系统的树形文件夹

C. 打开的文件夹下的子文件夹及文件　　D. 所有已打开的文件

6. 在Windows 7中，“任务栏”（　　）。

A. 只能改变位置不能改变大小　　B. 只能改变大小不能改变位置

C. 既不能改变位置也不能改变大小　　D. 既能改变位置也能改变大小

7. 下列关于“回收站”的叙述中，错误的是（　　）。

A. “回收站”可以暂时或永久存放硬盘上被删除的信息

B. 放入“回收站”的信息可以被恢复

C. “回收站”所占据的空间是可以调整的

D. “回收站”可以存放U盘上被删除的信息

三、问答题

1. 操作系统的作用是什么？常用的操作系统有哪些？

2. Windows 7操作的常用快捷键有哪些？

3. 控制面板的常见操作有什么？

4. 资源管理器如何创建文件和文件夹？对文件和文件夹的属性设置如何操作？

5. Windows 7自带的系统工具怎样完成对计算机的维护与管理？

模块3 网络技术与信息安全

网络技术的迅猛发展影响了人们的生活和工作方式，互联网已经成为人们生活、学习、工作中不可或缺的工具。在互联网的世界里，我们可以很方便地浏览新闻、看电影、购物点餐、与朋友即时交流、收发电子邮件、搜索与下载网络资源辅助学习。但随着互联网的发展，一些不法分子乘虚而入，利用网络进行犯罪活动，网络安全受到了严重威胁，如2017年轰动全球的“勒索病毒”事件。因此，当我们享受着网络带来便利之时，也要具备一定的网络安全防范意识，这样才能游刃有余地在网络世界里畅游无阻。

本模块的项目设计充分考虑了学生已经掌握浏览网页、邮件发送与读取、使用聊天工具等基本技能，因此不再对网页搜索、邮件使用和聊天工具的使用进行详述，但会将以上基本技能穿插在各个项目任务中充分运用。本模块通过3个任务，带领大家认识和了解计算机网络，学会动手搭建网络环境；掌握网络安全的基本概念，学会对电脑上网安全进行防护；熟悉一些实用网络工具，如网络云盘的管理与应用，学会上传、下载和分享云盘资料。

本模块学习任务和学习内容如图3-1所示。

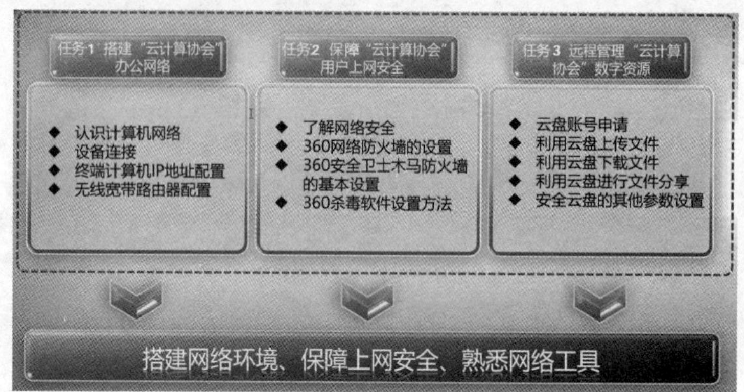

图3-1 本模块的学习任务及内容

学习目标

知识目标	技能目标	素质目标
● 了解计算机网络的基本概念； ● 掌握网络安全的基本概念和基本策略； ● 熟悉网络云盘的管理与应用	● 能对网络连接进行相应设置并连接上网； ● 会布置合理的网络安全解决方案； ● 能利用云盘完成文件的上传、下载和分享	● 培养知识归纳、团队协作的能力； ● 自主学习、举一反三的能力； ● 沉着冷静的处事态度和缜密的思维习惯

任务1 搭建“云计算协会”办公网络

任务描述

小王同学加入了学校的“云计算协会”，需要连接互联网、一台二层交换机以方便下载一些学习资料。目前，协会工作室有1个外网接口，1台无线路由器、4台普通计算机（3台台式机和1台笔记本电脑），小王同学需要将这几台设备互连，配置好网络环境，组成简单的办公局域网，最终接入校园网。网络拓扑如图3-1-1所示。

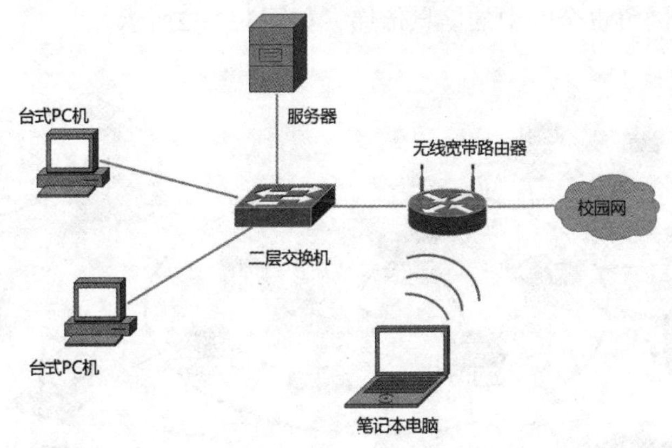

图3-1-1　“云计算协会”小型局域网拓扑

任务分析

要搭建网络环境，首先需要对计算机网络有较全面的认识和理解，然后通过网线对路由器和电脑进行正确连接，最后能够对路由器和电脑进行准确配置，确保每台电脑能上网连接Internet。

任务实施

知识点梳理

1. 计算机网络的定义与主要功能

所谓计算机网络，就是利用通信线路将地理位置分散的、具有独立功能的计算机系统和通信设备按不同的形式连接起来，以功能完善的网络软件实现资源共享和信息传递的系统。

（1）计算机网络的基本要素

①至少有两个具有独立操作系统的计算机，且它们之间有相互共享某种资源的需求。

②两个独立的计算机之间须通过某种通信手段将其连接。

③网络中各个独立的计算机之间为了相互通信需要制定相互可确认的规范标准或协议。

（2）计算机网络的主要功能

①数据交换：这是网络最基本的功能，完成网络中各个结点之间的通信。

②资源共享：包括硬件资源、软资源和数据资源的共享。

③分布式处理：网络系统中多台计算机相互协作共同完成一个大型任务。

2. 计算机网络的组成

从逻辑功能角度看，一个计算机网络是由资源子网和通信子网构成的。资源子网负责信息处理，通信子网负责全网中的信息传递，如图3-1-2所示。

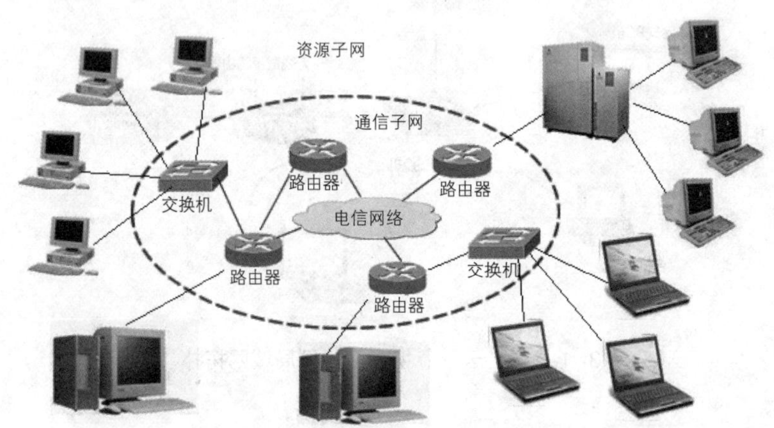

图3-1-2　通信子网与资源子网

通信子网是由用作信息交换的通信控制处理设备（如路由器、交换机等）、通信线路和其他通信设备组成的独立的数据信息系统，承担全网的数据传递、交换等通信处理工作。

资源子网包括网络中所有终端计算机、I/O设备、网络操作系统和网络数据库等，负责面向全网应用的数据处理业务，向网络用户提供各种网络资源和网络服务，实现网络的资源共享。

3. 计算机网络的分类

可以从多个角度对计算机网络进行分类。

按照网络的通信距离和作用范围，计算机网络可分为广域网（WAN）、局域网（LAN）和城域网（MAN）。

按照数据传输方式可分为广播网络和点对点网络；

按照通信传输介质可分为有线网络和无线网络；

按照网络的应用范围和管理性质可分为公用网和专用网。

4. Internet

Internet又称因特网，由成千上万个不同类型、不同规模的计算机网络组成，是世界上最大的计算机网络。Internet是将全世界不同国家、不同地区、不同部门的计算机通过网络互联设备连接在一起构成的国际性的资源网络。Internet就像是在计算机与计算机之间架起的一条条高速信息公路，各种信息在上面传送，使人们得以在全世界范围内共享资源和交换信息。

5. TCP/IP协议

TCP/IP协议是Internet中所使用的通信协议，即传输控制协议/网际协议，它是Internet上计算机之间进行通信所必须遵守的规则集合。其中，TCP（Transmission Control Protocol）为传输控制协议，提供传输层服务，负责管理数据包的传递过程，并有效地保证数据传输的正确性；IP（Internet Protocol）为网际协议，它提供网际层服务，负责将要传输的数据分割成许多数据包，并将这些数据包发往目的地，每个数据包中包含了部分要传输的数据和要传送到目的地的地址等重要信息。

6. Internet地址

为了实现Internet中不同计算机之间的通信，每台计算机都必须有一个唯一的地址，称为Internet地址，Internet地址有两种表示形式，分别为IP地址和域名地址，用数字表示的地址称为IP地址，用字符表示的地址称为域名地址。

（1）IP地址

IP地址包含4个字节，即32个二进制位。为了书写方便，通常每个字节使用一个0—255范围内的十进制数字表示，每个十进制数字之间使用“.”分隔，这种表示方法称为“点分十进制”表示方法。例如，“192.168.1.12”表示某个网络上某台主机的IP地址。每一个IP地址又可分为网络号和主机号两部分：网络号（Network ID）表示网络规模的大小，用于区分不同的网络；主机号（Host ID）表示网络中主机的地址编号，用于区分同一网络中的不同主机。

IP地址通常和子网掩码配合使用，子网掩码的作用是标识一个IP地址的网络号范围，以便于路由寻址。子网掩码长度32 bit，由一串1和紧随的一串0组成，1代表网络部分，而0则代表主机部分，子网掩码从左至右依次与IP地址逐位对比，标识一个IP地址的网络号范围。

（2）域名地址

域名地址是使用字符表示的Internet地址，并由DNS（Domain Name System）系统将其解释成IP地址，如“www.baidu.com”表示百度的域名地址，它和IP地址相对应。

任务实现

Step 1　设备连接

1.准备网线

根据路由器和电脑的位置准备5根长度适合的网线，无线路由器至交换机和协会活动室的外网接口需要2根，交换机至3台台式机的网口需要3根。

2.连接无线路由器与外网接口

将网线插头一端插入外网的网络接口，一端插入无线路由器的WAN接口（无线路由器上有标识）。

3.连接无线路由器与交换机

用网线一端连接所有需要上网的台式机网口，另一端连接到无线路由器的LAN接口，注意布线要美观又实用。无线方式接入网络的计算机必须使用无线网卡，不需要网线连接。

4.所有设备连接上电

Step 2　终端计算机IP地址配置

在电脑桌面的“网络”图标上单击右键，选择【属性】选项卡。打开“网络和共享中心”窗口后，单击【更改适配器设置】选项卡，如图3-1-3所示，在“网络连接”窗口双击打开要设置的网络连接。本例设置本地连接（默认情况下，有线网卡的连接名称为“本地连接”，无线网卡的连接名称为“WLAN”），如图3-1-4所示，因此直接双击“本地连接”图标即可。

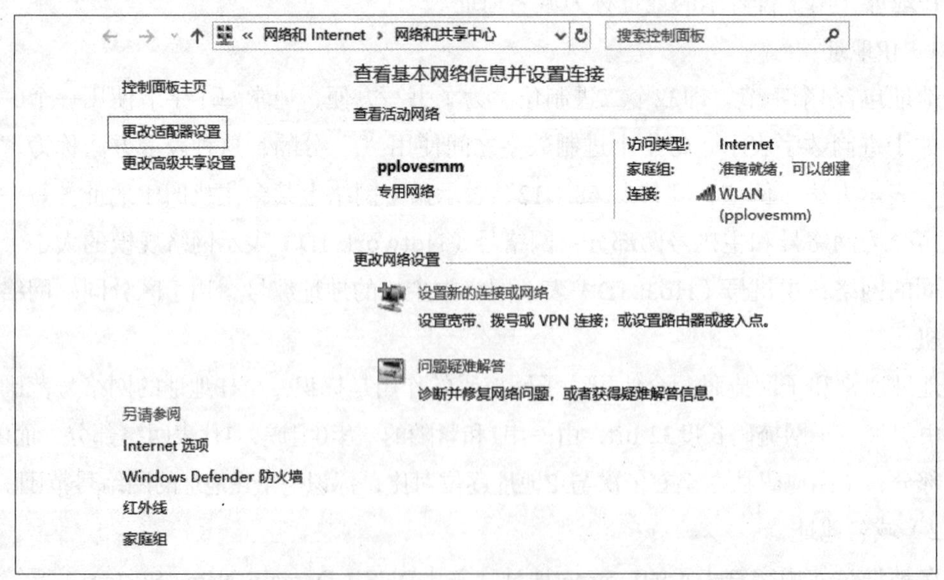

图3-1-3　网络和共享中心

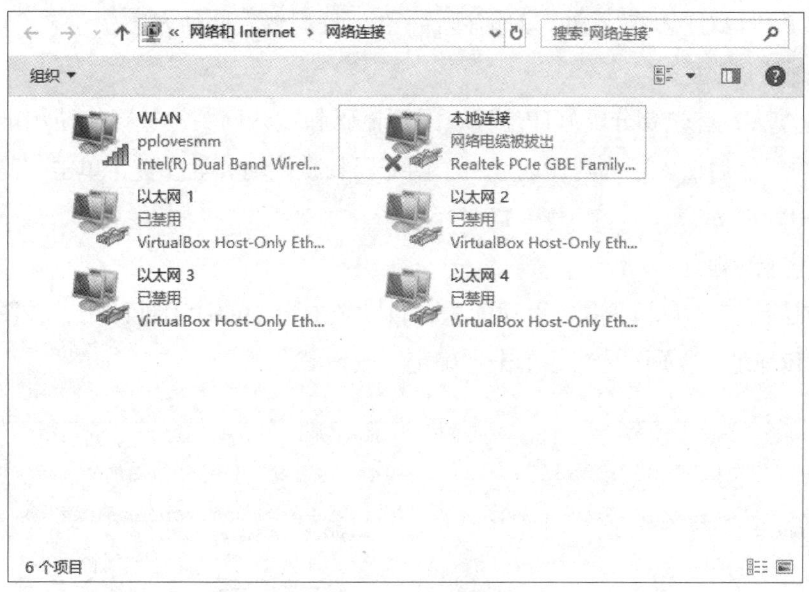

图3-1-4　本地连接

打开“本地连接属性”对话框后，有TCP/IPv4和TCP/IPv6两种协议供设置，此处以TCP/IPv4协议为例，双击【Internet协议版本4（TCP/IPv4）】选项卡，如图3-1-5所示。

图3-1-5　“本地连接”属性

打开TCP/IPv4对应的“属性”对话框后，IP地址配置有两种方法。

1.手动配置IP地址

使用此方法，首先要分配好IP地址、子网掩码和默认网关，选择“使用下面的IP地址（S）”选项，然后输入正确的IP地址、子网掩码和默认网关等参数，单击“确定”按钮结束，如图3-1-6所示。

2.自动获取IP地址

这种方法比较简单，不需要手动配置，自动获取分配的IP地址即可，在图3-1-7中选“自动获取IP地址（O）”，然后单击“确定”按钮。

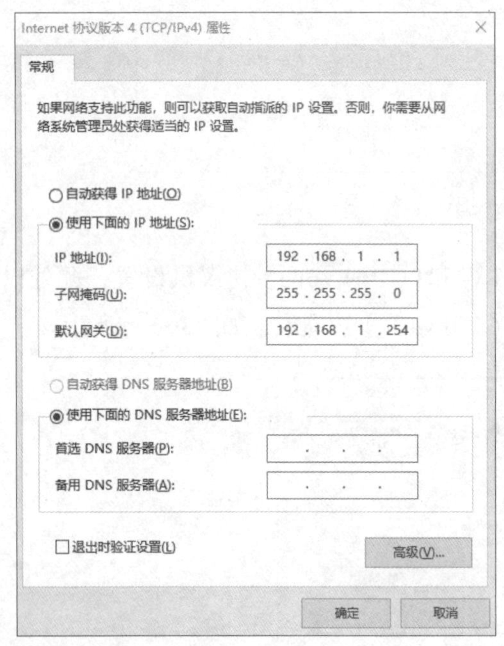

图3-1-6　手动设置IP地址

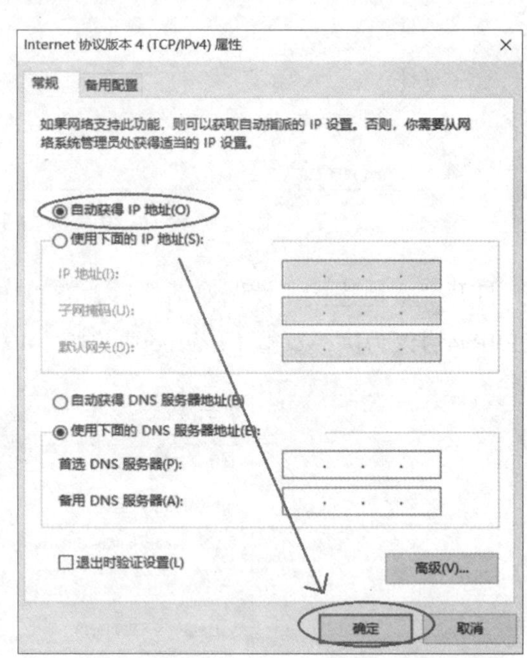

图3-1-7　自动获取IP地址设置

至此，终端计算机的IP地址就已经完成了配置，但还不能连接上网，因为还有一个关键设备没有做相应配置，那就是“无线宽带路由器”。

Step 3　无线宽带路由器配置

无线宽带路由器的访问方式一般是Web页面方式，打开连接路由器的电脑浏览器，在地址栏中输入默认的访问地址如192.168.0.1，看到如图3-1-8所示登录界面。

图3-1-8　无线宽带路由器登录界面

输入账号和密码正常登录后（通常路由器背面

会有默认的账号和密码），可将无线宽带路由器的内部局域网地址信息设置如图3-1-9所示，此处设置的IP地址即办公局域网内部终端主机的默认网关。

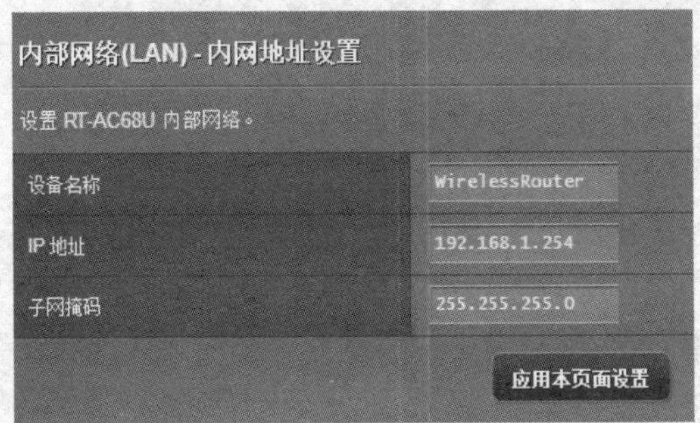

图3-1-9　无线宽带路由器内部LAN设置

无线宽带路由器的外部WAN设置如图3-1-10所示，将WAN联机类型设置为“PPPoE”的模式，公网地址的获取可设置为自动获取。

外部网络(WAN) - 互联网设置

RT-AC68U 可支持数种连结 WAN 的联机类型。这些类型可从 WAN 联机类型旁的下拉式选单中选取。设定字段会视您是选取那种联机类型而定。

配置 RT-AC68U 的以太网设置。

基本设置	
WAN 联机类型	PPPoE
启动 WAN	是 否
启动 NAT	是 否
启动 UPnP　UPnP FAQ	是 否
UPNP: Allowed internal port range	1024 to 65535
UPNP: Allowed external port range	1 to 65535
互联网 IP 设置	
自动取得远程网络地址	是 否

图3-1-10　无线宽带路由器外部WAN设置

无线宽带路由器的无线网络设置如图3-1-11所示，其中无线网络名称设置为“wirelessnetwork”，授权方式选择“WPA2-Personal”方式，WPA加密方案选择“AES”高级加密方案。对于无线终端来讲，需设置好同样的授权方式和加密方案以及正确的密钥才可以连接到该无线局域网。

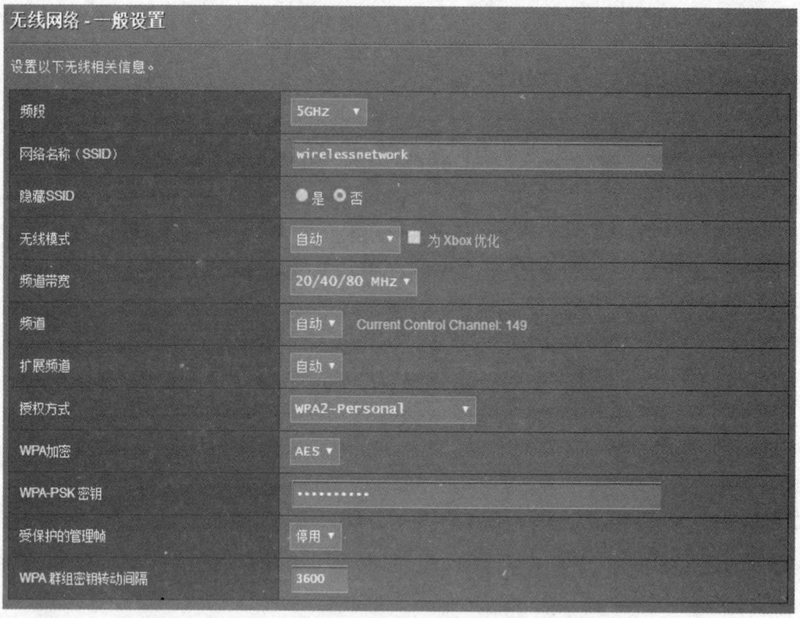

图3-1-11　无线宽带路由器无线网络设置

可开启无线路由器的DHCP服务器功能，设置IP Pool（即IP地址池）和租期，使具备无线网卡的终端计算机能够通过“自动获取IP地址”的方式连入无线局域网。

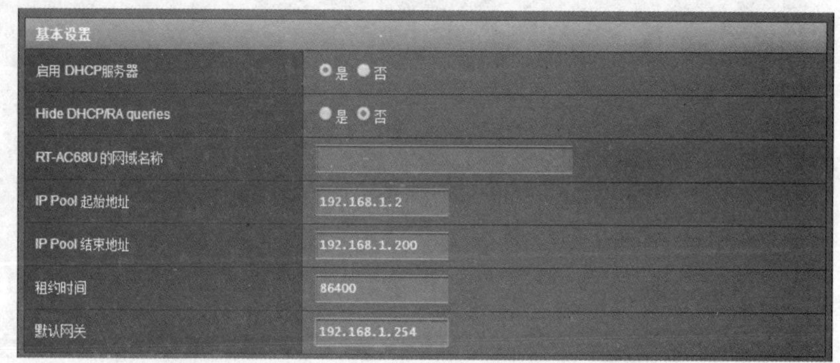

图3-1-12　无线宽带路由器IP地址池设置

任务总结与评价

通过完成本任务，认识了计算机网络相关的基本概念、基本知识，学习了终端计算机的IP地址、子网掩码、默认网关设置以及无线宽带路由器的有线设置和无线设置方法。通过该任务的实现，要求达成的学习目标见表3-1-1，请自我检测，你的评价等级达到优秀了吗？

表3-1-1　能力评价表

学习目标	评价内容	评价等级			
		A	B	C	D
能完成局域网终端计算机的IP信息设置	IP地址的设置				
	子网掩码的设置				
	默认网关的设置				
能完成无线宽带路由器的有线设置和无线设置	无线宽带路由器的内部LAN设置				
	无线宽带路由器的外部WAN设置				
	无线宽带路由器的无线网络设置				

任务拓展与训练

1. 搭建宿舍网络环境，并连接上网。

参考任务1，搭建宿舍网络环境，画出网络拓扑图，使用有/无线方式与无线路由器连接，设置宿舍网络名称和密码，使宿舍同学能利用手机、iPad、笔记本电脑和台式机电脑上网，查阅资料、QQ聊天和微信聊天等。

2. 开启手机热点。

某日，小王出差在外，领导通知小王将一份重要资料E-mail给他，但周围没有可连接网络，笔记本电脑没有办法上网。时间紧急，你帮小王想想办法，并给出具体操作。（提示：开启手机热点）

3. 在任务1基础上，假若给你一台打印机，该打印机安装有网卡，如何将打印机配置好，使协会的所有同学都能连接使用打印机。

任务2　保障“云计算协会”用户上网安全

任务描述

通过任务1，“云计算协会”的办公局域网已经接入了校园网。大家思考一下，小王现在可以浏览网页、发送邮件、网络支付、QQ或微信聊天了吗？当然不，在黑客、病毒泛滥的时代，没有做好防护措施，直接连接Internet绝对不是一个明智的选择。因此，为了免受黑客、病毒侵害，小王希望在连接Internet之前，选择安装一款杀毒软件和防火墙，以阻截各类网络攻击，保障协会用户上网安全。

任务分析

要保障用户上网安全，首先需要对网络安全有基本的了解，面对网络威胁，要制定网络安全的防护措施。主要考虑选择一款防火墙和杀毒软件，对电脑进行安全防护。可以通过“百度”等搜索引擎并搜索下载常用的防火墙和杀毒软件，下载安装后需对防火墙和杀毒软件进行简单配置。

任务实施

知识点梳理

1. 计算机网络安全的定义

计算机网络安全是指利用网络管理控制和技术措施，保证在一个网络环境里数据的保密性、完整性及可使用性受到保护。计算机网络安全包括两个方面，即物理安全和逻辑安全。物理安全指系统设备及相关设施受到物理保护，免于破坏、丢失等。逻辑安全包括信息的完整性、保密性和可用性。

2. 网络威胁

网络系统面临的威胁主要来自外部的人为影响和自然环境的影响，包括对网络设备的威胁和对网络中信息的威胁。这些威胁的主要表现有非法授权访问、假冒合法用户、病毒破坏、线路窃听、黑客入侵、干扰系统正常运行、修改或删除数据等。

（1）非授权访问

它是指对网络设备及信息资源进行非正常使用或越权使用等。如操作员安全配置不当造成的安全漏洞， 用户安全意识不强， 用户口令选择不慎， 用户将自己的账号随意转借他人或与别人共享。

（2）冒充合法用户

它主要指利用各种假冒或欺骗的手段非法获得合法用户的使用权限， 以达到占用合法用户资源的目的。

（3）破坏数据的完整性

它是指使用非法手段， 删除、修改、重发某些重要信息， 以干扰用户的正常使用。

（4）干扰系统正常运行， 破坏网络系统的可用性

它是指改变系统的正常运行方法， 减慢系统的响应时间等手段。这会使合法用户不能正常访问网络资源， 使有严格响应时间要求的服务不能及时得到响应。

（5）病毒与恶意攻击

它是指通过网络传播病毒或恶意Java、active X等，其破坏性非常大， 而且用户很难防范。

（6）软件的漏洞和“后门”

软件不可能没有安全漏洞和设计缺陷， 这些漏洞和缺陷最易受到黑客的利用。另外，

软件的“后门”都是软件编程人员为了方便而设置的，一般不为外人所知，可一旦“后门”被发现，网络信息将没有什么安全可言。

（7）电磁辐射

电磁辐射对网络信息安全有两方面影响：一方面，电磁辐射能够破坏网络中的数据和软件，这种辐射主要是网络周围电子电气设备产生的电磁辐射和试图破坏数据传输而预谋的干扰辐射；另一方面，电磁泄漏可以导致信息泄露。

3. 网络安全策略

（1）建立安全管理制度

提高包括系统管理员和用户在内的人员的技术素质和职业道德修养。对重要部门和信息，严格做好开机查毒，及时备份数据，是一种简单有效的方法。

（2）网络访问控制

访问控制是网络安全防范和保护的主要策略，主要任务是保证网络资源不被非法使用和访问，是保证网络安全最重要的核心策略之一。访问控制涉及的技术比较广，包括入网访问控制、网络权限控制、目录级控制以及属性控制等多种手段。

（3）数据库的备份与恢复

数据库的备份与恢复是数据库管理员维护数据安全性和完整性的重要操作。备份是恢复数据库最容易和最能防止意外的保证方法。恢复是在意外发生后利用备份来恢复数据的操作。有三种主要备份策略：只备份数据库、备份数据库和事务日志、增量备份。

（4）应用密码技术

应用密码技术是信息安全核心技术，密码手段为信息安全提供了可靠保证。基于密码的数字签名和身份认证是当前保证信息完整性的最主要方法之一，密码技术主要包括古典密码体制、单钥密码体制、公钥密码体制、数字签名以及密钥管理。

（5）切断传播途径

对被感染的硬盘和计算机进行彻底杀毒处理，不使用来历不明的U盘和程序，不随意下载网络可疑信息。

（6）提高网络反病毒技术能力

通过安装网络防火墙，进行实时过滤。对网络服务器中的文件进行频繁扫描和监测，在工作站上采用防病毒软件，加强网络目录和文件访问权限的设置。

任务实现

Step 1　360网络防火墙的设置

①搜索下载并安装“360安全卫士”，请同学们自行尝试用不同的搜索引擎搜索、下载并安装。

②打开360安全卫士，进入首页，点击“防护中心”，进入360安全防护中心界面，如图3-2-1所示。

图3-2-1　360安全卫士主界面

③在360安全防护中心点击【安全设置】选项卡，如图3-2-2所示，会打开“360设置中心”，如图3-2-3所示。

图3-2-2　360安全防护中心

④如图3-2-3所示防护条目较多，首先在网页安全防护条目的基本设置中勾选需要开启的选项，如果需要关闭某些选项，再次取消勾选即可。

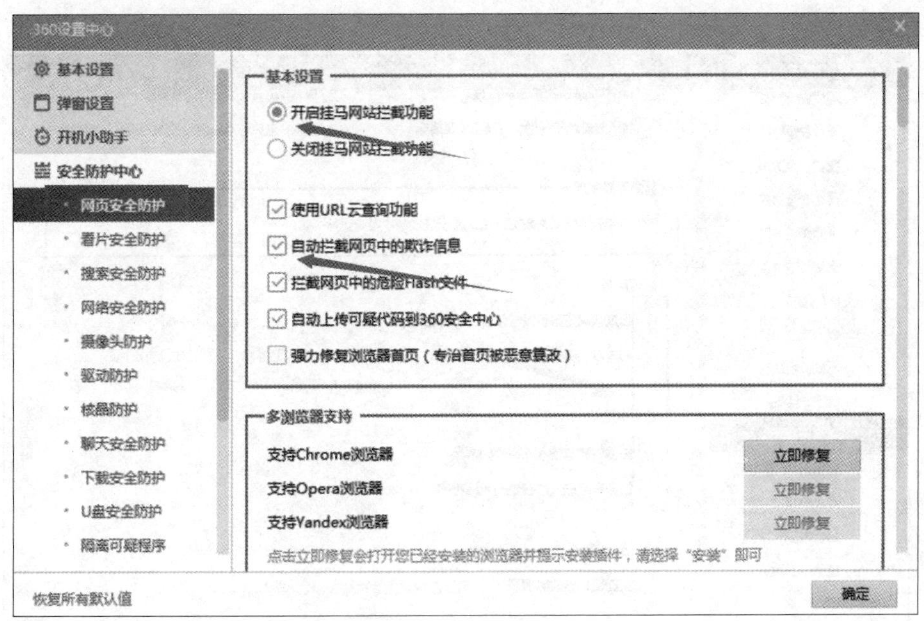

图3-2-3　360网页安全防护

⑤单击“网络安全防护”条目，如图3-2-4所示，可勾选“自动分析并拦截下列网络行为”。该设置可起到网页木马防护、防范流量挂马网站的作用，对于未知网站文件非常有用。去掉复选框即可关闭。

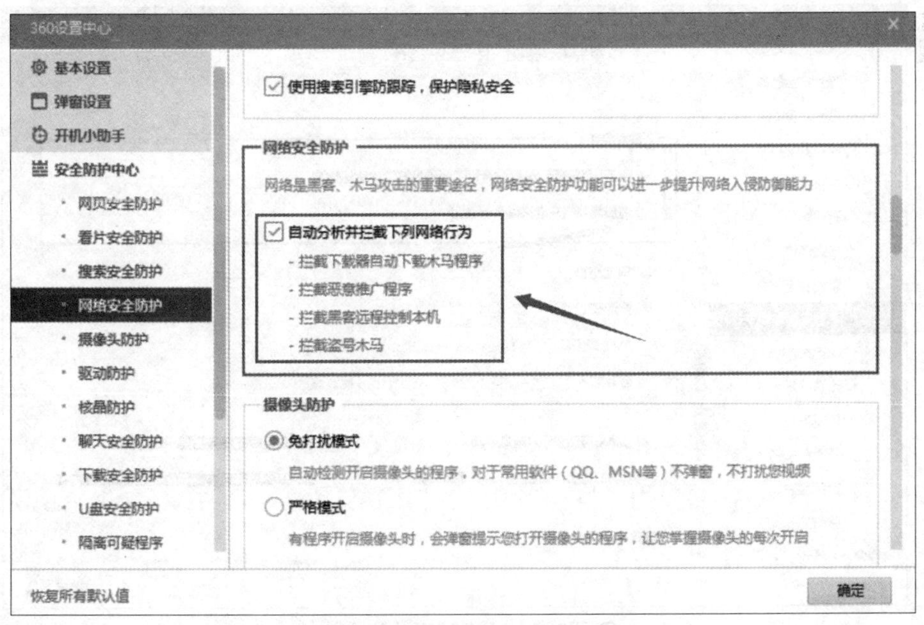

图3-2-4　360网络安全防护

⑥单击“隔离可疑程序”，如图3-2-5所示，在隔离可疑程序条目中进行设置，可防止有些安装软件篡改电脑的浏览器主页，同时可以拦截输入法木马。同样，取消复选框即可关闭。

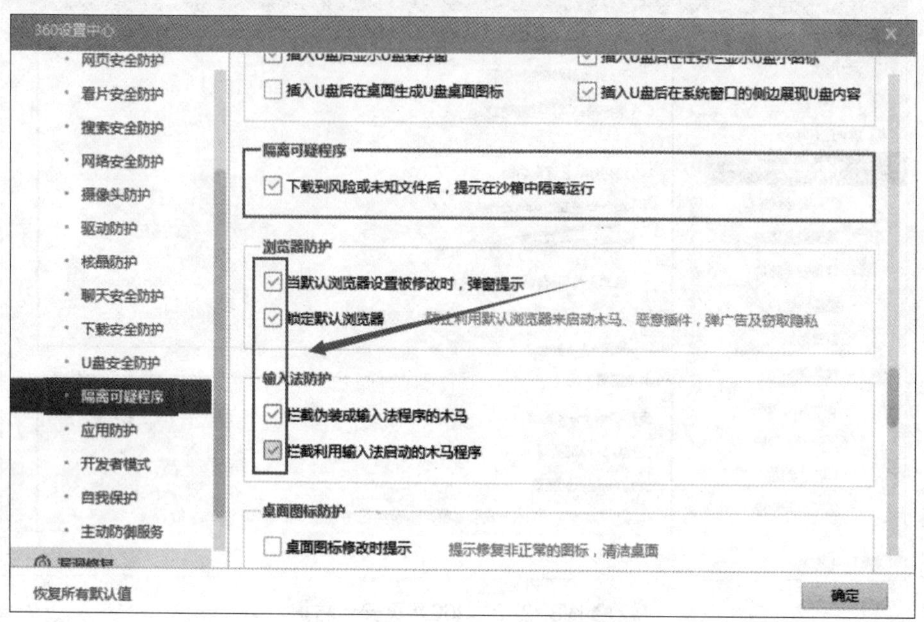

图3-2-5　360隔离可疑程序

⑦单击“下载安全防护”条目，如图3-2-6所示，该功能主要针对右键附件及其他工具下载文件的检查，也可选择关闭。

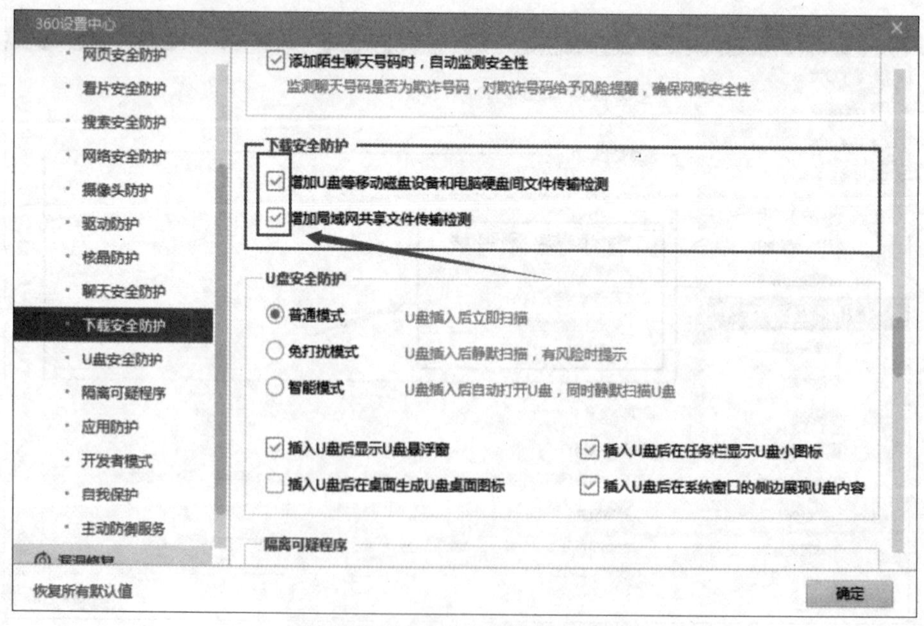

图3-2-6　360下载安全防护

⑧单击“主动防御服务”，如图3-2-7所示，全部开启选项后可实时监测文件，相对较占用计算机的内存和资源，也可选择关闭。

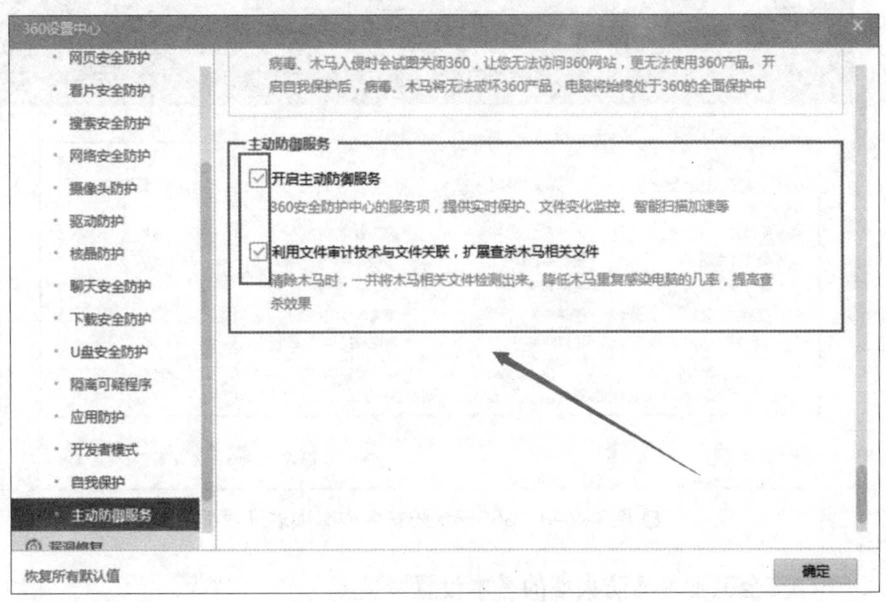

△图3-2-7　360主动防御服务

⑨另外，可在“360安全防护中心”设置总页面打开各防护条目的状态，如图3-2-8所示，进行快捷设置，点击“查看”会有选项出现。如图3-2-9所示，可以看到已经开启的防护和个别未开启的选项，在未开启的防护右侧点击“开启”，即可开启相应防护；点击“关闭”即关闭相应的防护。

△图3-2-8　360安全防护中心

图3-2-9　360安全防护中心选项展开界面

Step 2　360安全卫士木马防火墙的基本设置

木马的入侵会造成电脑被控制、隐私资料被窃取等严重后果，开启360木马防火墙可以保证用户电脑不被木马侵害。当安装360安全卫士之后360木马防火墙会根据用户的需要和网络环境自动开启需要的防护，也可根据用户的需要选择关闭全部或者其中的一部分防护功能，并设置电脑遭遇木马风险时的提示模式。

①打开360安全卫士，进入首页，点击“防护中心”，如图3-2-10所示。

图3-2-10　360安全卫士主界面

②打开如图3-2-11所示的界面，较新版本的360木马防火墙已集成在360安全防护中心。

图3-2-11　集成了木马防火墙的360安全防护中心

③在安全防护中心点击【安全设置】选项卡，打开“360设置中心”界面，在界面左侧最底端点击“木马查杀”，如图3-2-12所示，可根据用户需求进行相关选项的设置。

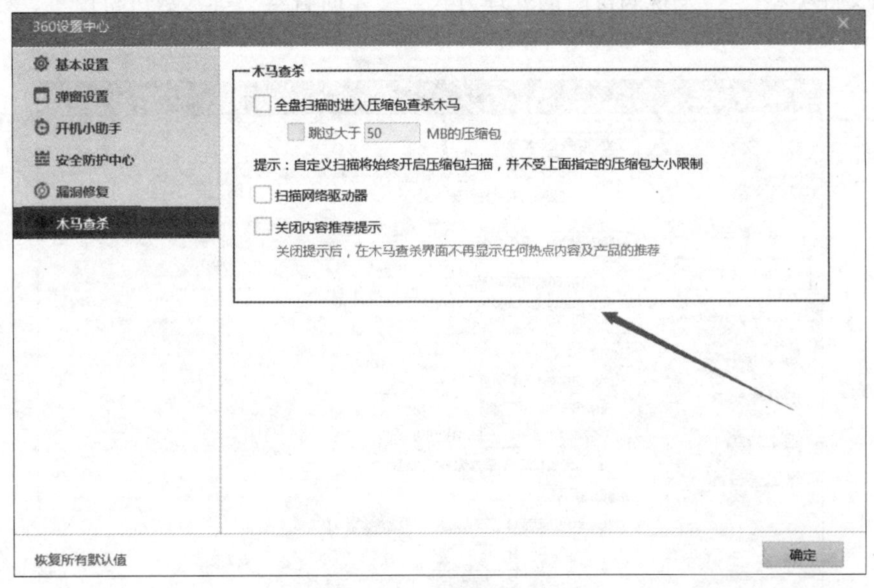

图3-2-12　360木马查杀设置

Step 3　360杀毒软件设置方法

①下载并安装“360杀毒”软件后打开，在360杀毒主界面中单击右上角的“设置”按

钮，打开“360杀毒-设置”对话框。选择【常规设置】选项卡，在展开的“常规设置”区域中可以对“常规选项”“自保护状态”“密码保护”进行设置，如图3-2-13所示。

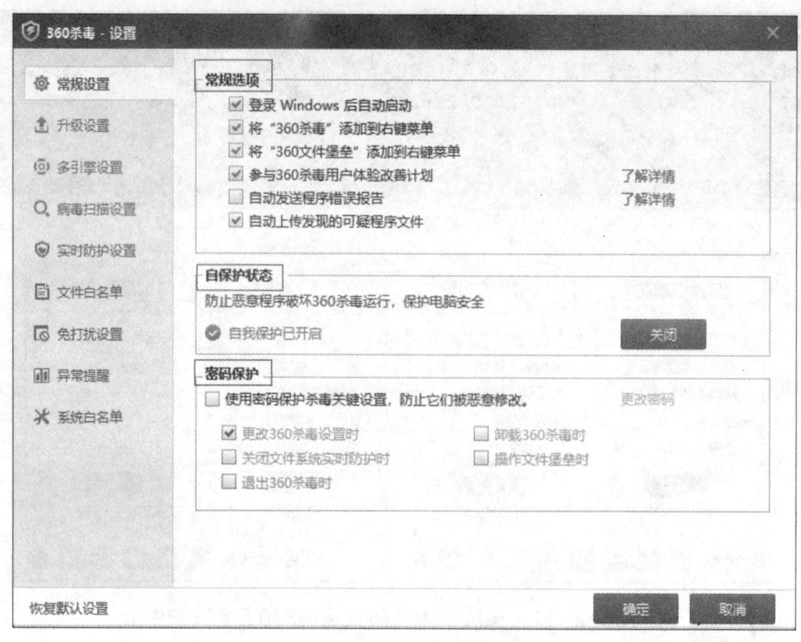

图3-2-13　360杀毒常规设置

②选择【病毒扫描设置】选项卡，在展开的“病毒扫描设置”设置区域中可以对“需要扫描的文件类型”“发现病毒时的处理方式”“定时查毒”等参数进行设置，如图3-2-14所示。

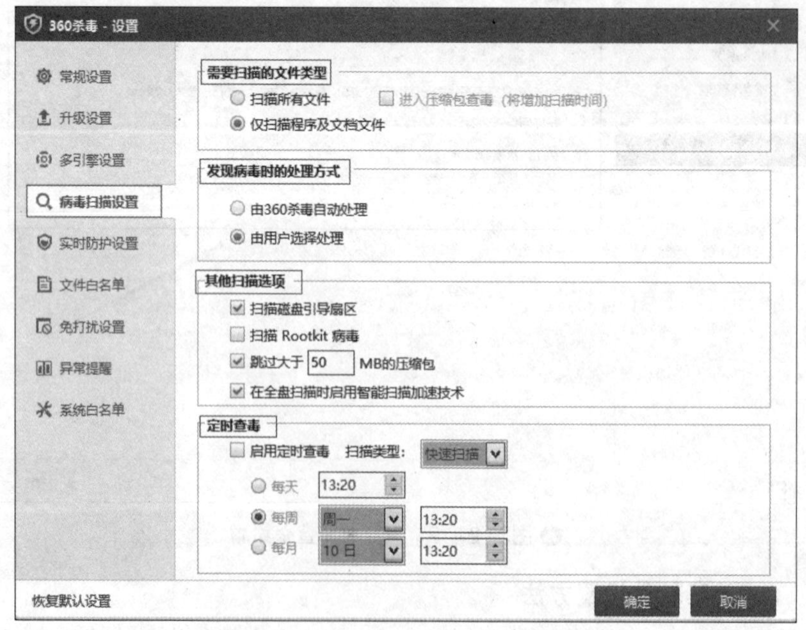

图3-2-14　360杀毒病毒扫描设置

③选择【实时防护设置】选项卡，在展开的“实时防护设置”设置区域中可以对“防护级别设置”“ 监控的文件类型”“发现病毒时的处理方式”“ 其他防护选项”进行设置，如图3-2-15所示。

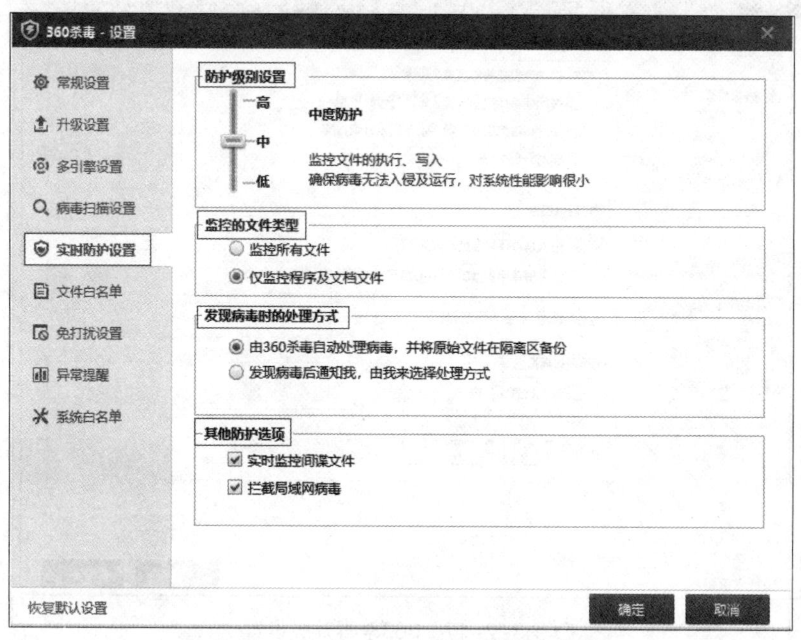

图3-2-15　360杀毒实时防护设置

④选择【异常提醒】选项卡，在展开的“异常提醒”设置区域中可以对“上网环境异常提醒”“进程追踪器”“系统盘可用空间监测”“自动校正系统时间”进行防护设置，如图3-2-16所示。

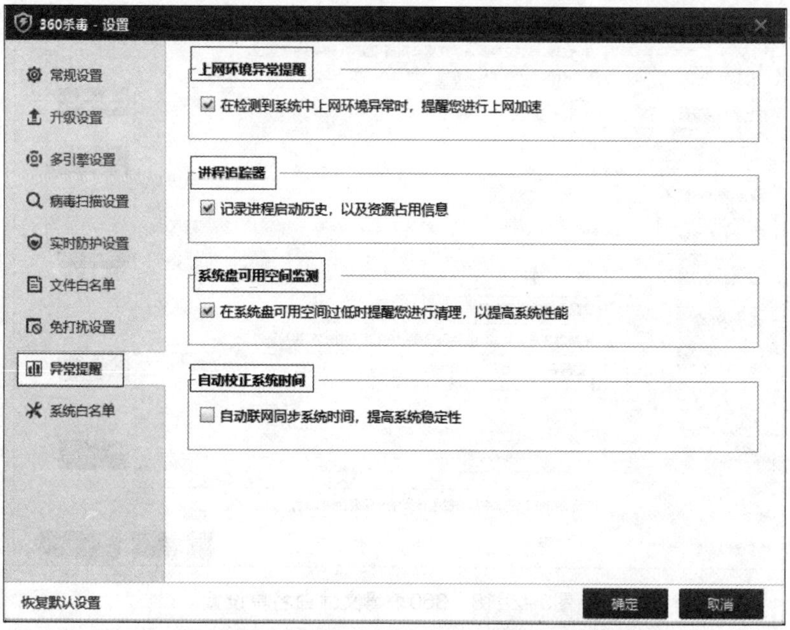

图3-2-16　360杀毒异常提醒设置

⑤选择【升级设置】选项卡，在展开的“升级设置”区域中可以对“自动升级”“代理服务器”等进行设置，如图3-2-17所示。

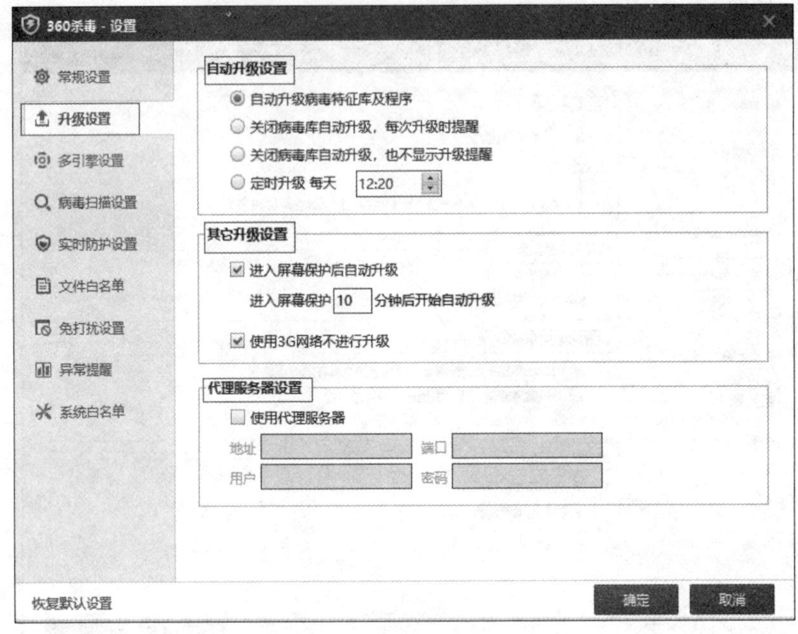

△图3-2-17　360杀毒升级设置

⑥选择【文件白名单】选项卡，在展开的“文件白名单”设置区域中可以对“文件及目录白名单”“文件扩展名白名单”进行添加和删除操作，如图3-2-18所示。

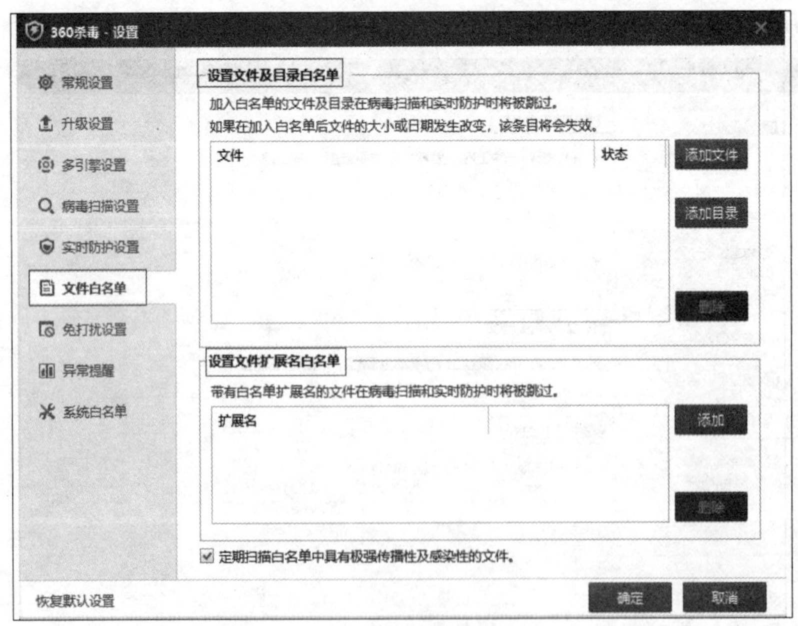

△图3-2-18　360杀毒文件白名单设置

⑦选择【免打扰设置】选项卡，在展开的“免打扰设置”区域中，通过勾选“在运行游戏或全屏程序时自动进入免打扰模式”选项，自动进入免打扰模式，如图3-2-19所示。

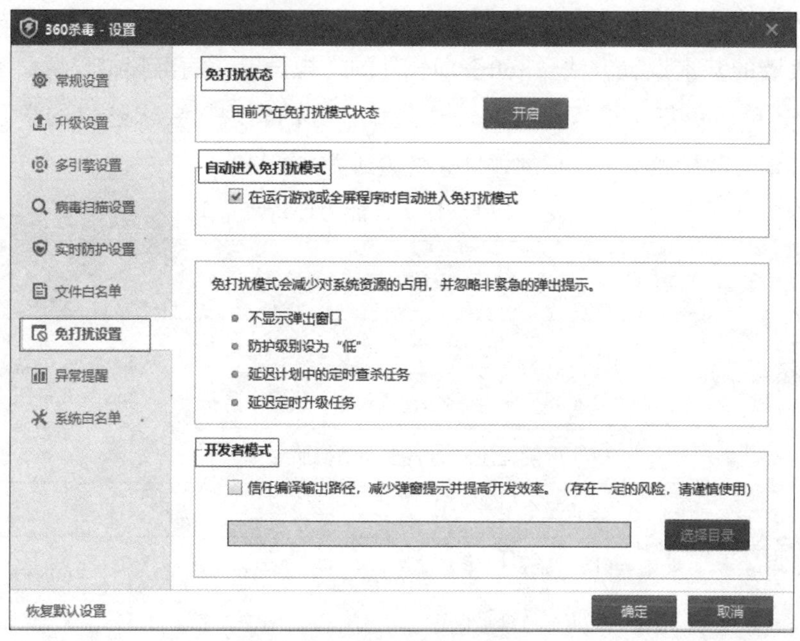

图3-2-19　360杀毒免打扰设置

⑧选择【系统白名单】选项卡，在展开的“系统修复设置”区域中可以对系统修复进行设置。设置完毕后，单击“确定”按钮，即可保存设置，如图3-2-20所示。

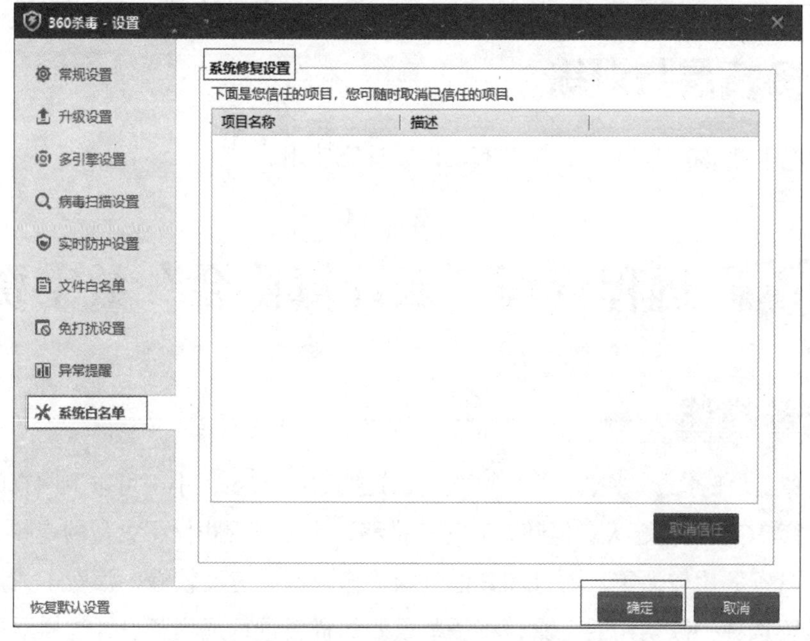

图3-2-20　360杀毒系统白名单设置

任务总结与评价

通过完成“保护‘云计算协会’用户上网安全”工作任务，学习了360网络防火墙、360木马防火墙的基本设置方法，360杀毒软件的常规设置、病毒扫描设置、实时防护设置、文件白名单、免打扰设置等方法。通过该任务的实现，要求达成的学习目标如表3-2-1所示，请自我检测一下，你的评价等级达到优秀了吗?

表3-2-1　任务三能力评价表

学习目标	评价内容	评价等级			
		A	B	C	D
能完成360网络防火墙基本设置	360安全卫士安装				
	360网页安全、网络安全、下载安全防护				
	360可疑程序隔离、主动防御服务				
能完成360木马防火墙基本设置	360安全卫士安装				
	防护条目快捷设置				
	360木马查杀设置				
能完成360杀毒软件基本设置	360杀毒常规设置				
	360杀毒病毒扫描设置、实时防护设置				
	360杀毒文件白名单、免打扰设置等				

任务拓展与训练

请同学们下载360文档卫士，了解其功能并探究使用。

任务3　远程管理“云计算协会”数字资源

任务描述

通过任务1和任务2，“云计算协会”已完成连接Internet，小王可以上网查阅资料、发送邮件、进行QQ或微信聊天。但随着时间的推移，小王发现积攒了大量的视频、音频等资料，占用硬盘资源比较严重，而且和其他电脑传输资源时速度较慢，浪费了大量时间。于是，小王希望选择一款实用的工具，将一些重要的资料进行远程备份，这样既可以保护这些重要资源，还可以方便成员之间进行资源的分享传输。

任务分析

要实现多个成员能共同方便地查询读取资源，采用目前流行的网络云盘工具不失为一种安全有效的选择，如360安全云盘，百度网盘等。360安全云盘可以安全存储个人文件，并为家人朋友、公司团队之间提供文件共享、成员管理等便捷的协同服务。利用360安全云盘可以较好地解决“云计算协会”成员的以上需求。可以先完成云盘账号的申请，然后通过熟悉上传、下载文件等功能的使用，实现该协会数字资源的远程管理。

任务实施

知识点梳理

云盘是一种专业的互联网存储工具，属于互联网云技术的产物，通过互联网为企业和个人提供信息的储存、读取、下载等服务，具有安全稳定、海量存储的特点。云盘相对于传统的实体磁盘来说更方便，用户不需要把储存重要资料的实体磁盘带在身上，却一样可以通过互联网，轻松从云端读取自己所存储的信息。

比较知名而且好用的云盘服务商有360安全云盘、百度网盘、微云等，这些都是当前比较热的云端存储服务。

任务实现

Step 1　360安全云盘账号申请

1. 云盘账号申请

在电脑端使用浏览器打开360安全云盘主页（https://yunpan.360.cn/），如图3-3-1所示。

图3-3-1　360安全云盘主页

使用有效的手机号码作为账号进行注册申请，输入短信获取的验证码即可顺利完成注册，如图3-3-2所示。

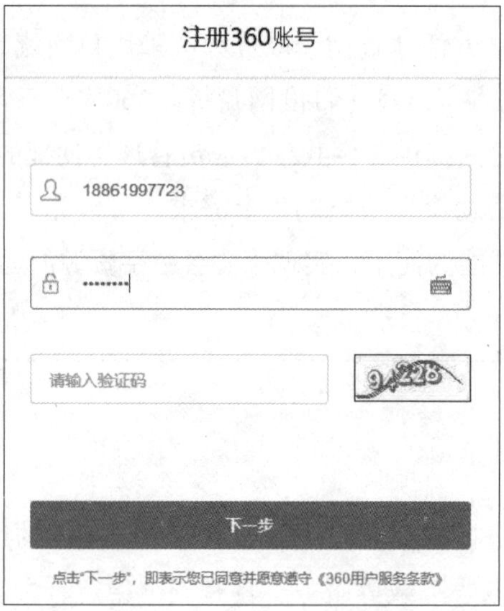

注册360账号

18861997723

请输入验证码

下一步

点击"下一步"，即表示您已同意并愿意遵守《360用户服务条款》

图3-3-2　注册360账号

成功完成注册后，使用正确的账号和密码登录后看到的界面如3-3-3所示，为了更快速地进行上传下载，也可在网页提示下点击“立即下载”，完成360安全云盘的PC客户端下载。

图3-3-3　360安全云盘网页版界面

2. 下载PC客户端安装程序

下载360安全云盘的PC客户端安装程序，按照提示进行安装。PC客户端程序安装完毕后，会立即出现登录界面，如图3-3-4所示，再次输入注册时填写的账号和密码进行登录，可看到360安全云盘登录后的PC客户端界面，如图3-3-5所示。

图3-3-4　360安全云盘PC客户端登录界面

图3-3-5　360安全云盘PC客户端界面

Step 2　利用360安全云盘上传文件

1. 新建文件夹

在PC客户端主界面中，点击【新建】选项卡，为“云计算协会”的不同数字资源创建不同的文件夹，如图3-3-6、图3-3-7所示。

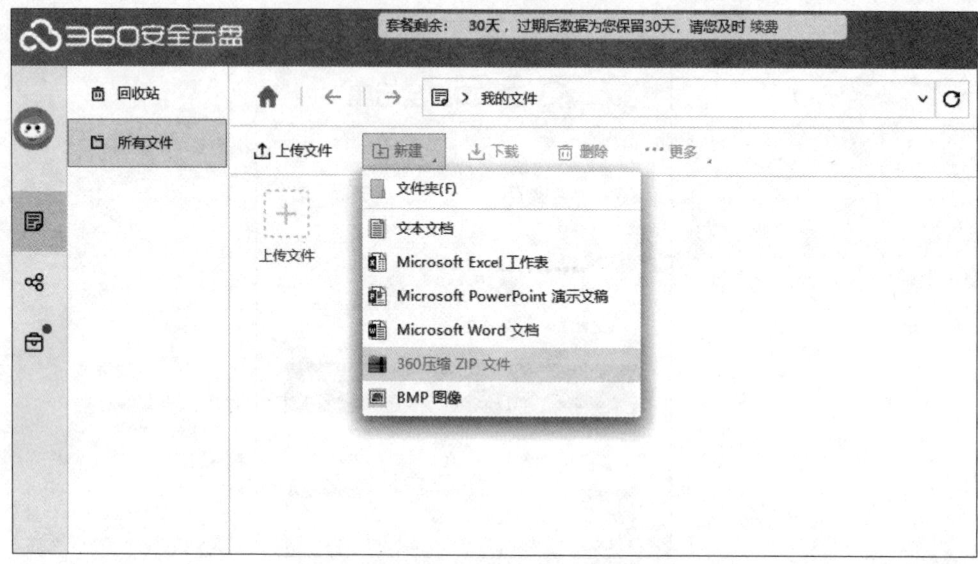

图3-3-6　云盘客户端新建文件夹

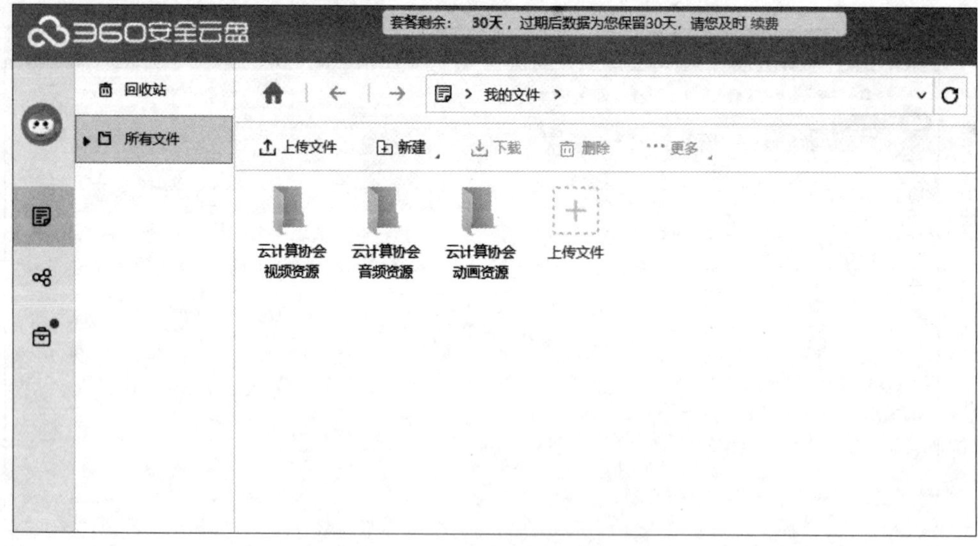

图3-3-7　资源分类后的文件夹

2. 上传资源

按照建好的文件夹，将本地资源上传到云盘的对应文件夹中。比如，将一个mp4格式的视频文件上传到“云计算协会视频资源”文件夹中，如图3-3-8所示。

图3-3-8　上传视频资源到云盘

文件较大则传输时间比较长，可点击客户端右上角箭头下拉菜单选择“本次传输完自动关机”选项进行挂机上传，如图3-3-9所示。

Step 3　利用360安全云盘下载文件

1. 云盘本地下载

云盘本地下载就是将云端现有的文件下载到本地存储设备。如图3-3-10所示，在云盘客户端选中需要下载的文件夹，点击鼠标右键选择下载到所需位置即可。如果文件较大也可以如图3-3-9所示设置“本次传输完自动关机”，进行挂机下载。

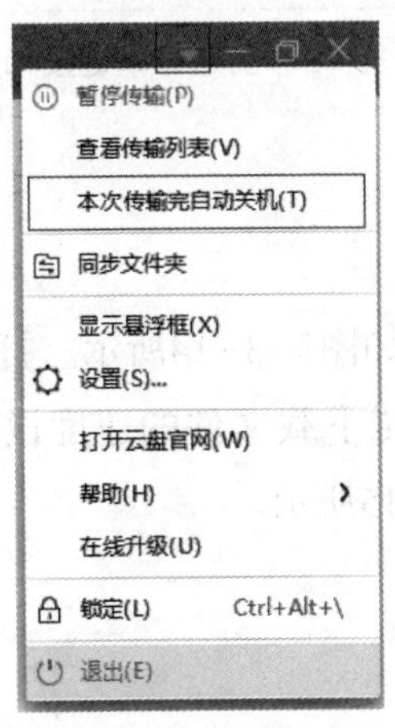

图3-3-9　挂机上传设置

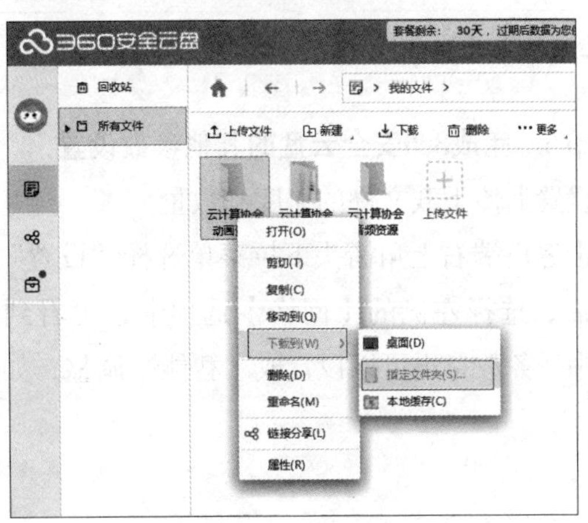

图3-3-10　云盘本地下载

2. 分享链接下载

假如好友分享了如下链接及提取码：https://yunpan.360.cn/surl_ycKCma9Aj6v（提取码：01dc），点击链接可看到如图3-3-11提示。

图3-3-11 分享链接下载

建议点击"转存到云盘"按钮，360安全云盘会把分享的文件保存到名为"保存到云盘文件"的文件夹里，然后按照云盘本地下载操作就可以了。

Step 4 利用360安全云盘进行文件分享

在云盘客户端里选中想要分享的文件，点击鼠标右键选择"链接分享"选项，如图3-3-12所示。接着可看到创建成功的分享链接和提取码，如图3-3-13所示，可点击"复制链接和提取码"，将其分享给好友。

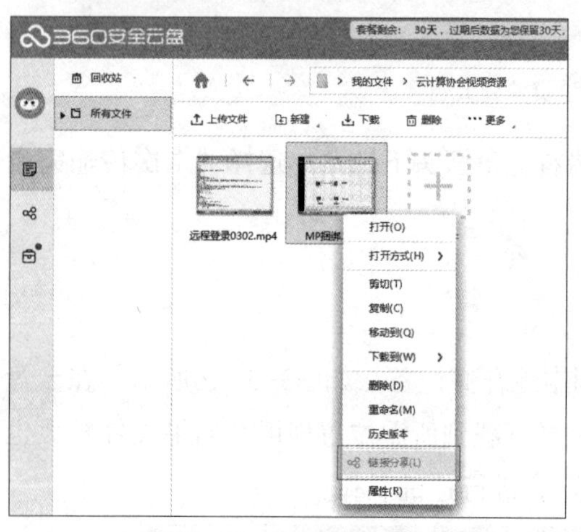

图3-3-12 选中待分享的资源

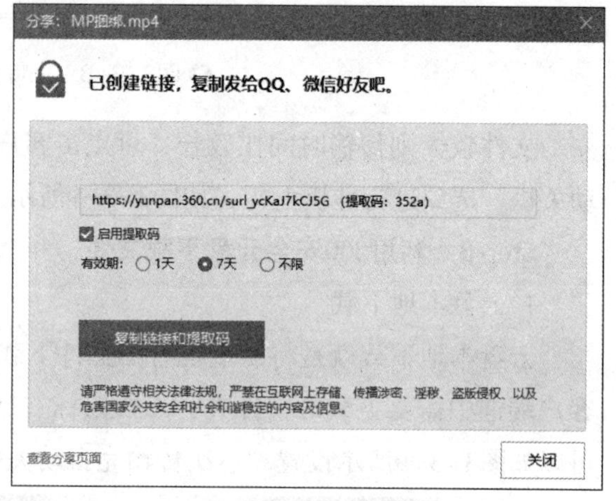

图3-3-13 创建分享链接和提取码

Step 5 完成360安全云盘的其他参数设置

1. 设置上传下载文件的速度和数量

点击客户端右上角箭头下拉菜单选择"设置"选项，如图3-3-14所示。打开"设置"对话框后，选择左侧的【网络】选项卡，可看到关于上传下载文件的速度设置和数量设置，其中任务数量也可以设置成"智能"调整，如图3-3-15所示。

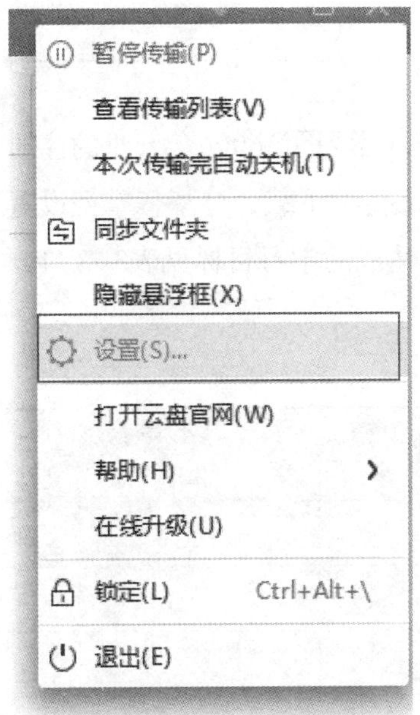

图3-3-14　选择下拉菜单的“设置”选项

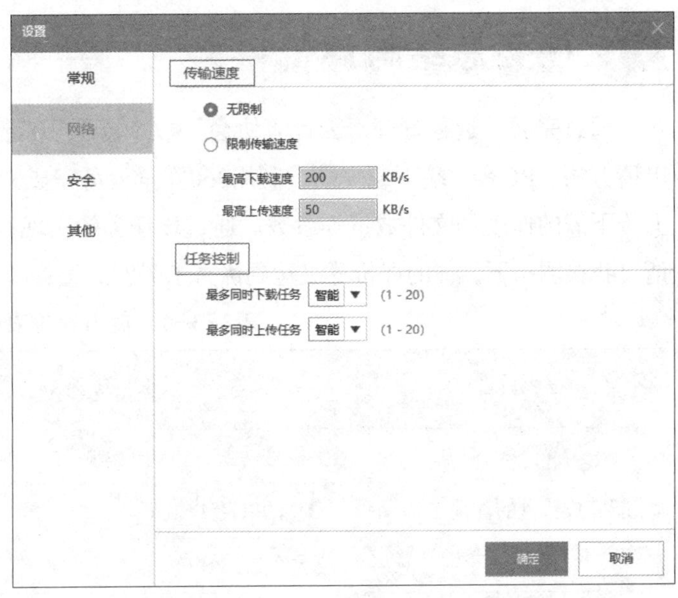

图3-3-15　任务速度和任务数量的设置

2. 云盘缓存文件路径设置

在打开的“设置”对话框中继续选择左侧的【其他】选项卡，可对云盘缓存文件的路径进行设置，也可开启“无痕使用模式”，保护用户隐私，如图3-3-16所示。

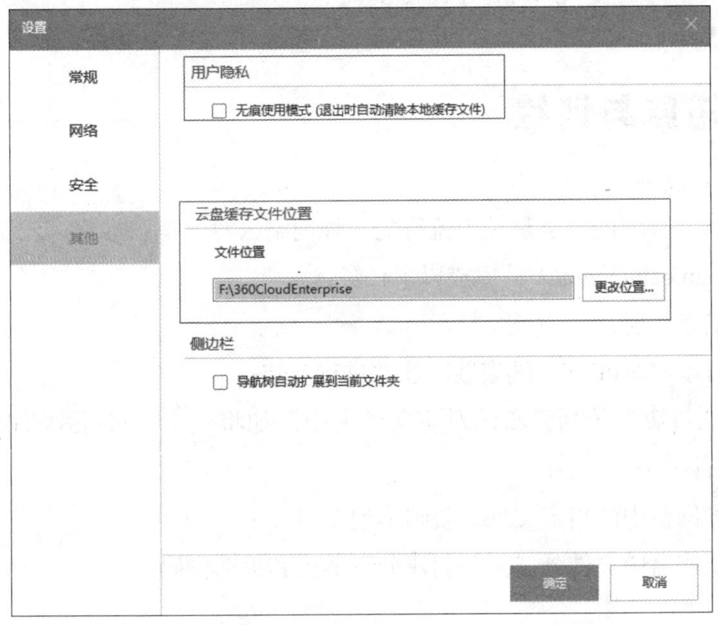

图3-3-16　云盘缓存文件路径设置

任务总结与评价

通过完成“远程管理‘云计算协会’数字资源”工作任务，学习了360安全云盘的注册申请方法、PC客户端下载安装，利用360安全云盘完成文件的上传、下载、分享，掌握设置上传下载的速度和文件数量等参数。通过该任务的实现，要求达成的学习目标见表3-3-1，请自我检测一下，你的评价等级达到优秀了吗？

表3-3-1　能力评价表

学习目标	评价内容	评价等级			
		A	B	C	D
能完成云盘的注册申请	手机号注册、申请云盘账号				
	云盘的PC客户端下载				
	云盘的PC客户端安装				
能完成文件的上传、下载和分享	将本地文件上传至云盘指定位置				
	将云盘上的文件下载到本地				
	创建云盘文件的分享链接及提取码				
能完成云盘的其他参数设置	云盘上传/下载速度设置				
	云盘上传/下载文件的数量设置				
	云盘缓存文件路径设置				

任务拓展与训练

1. 注册使用百度网盘。

除了360云盘，百度网盘也是较为流行的一种网络云盘。电脑端打开浏览器访问百度网盘主页（https://pan.baidu.com/），完成以下任务：

（1）完成信息注册；

（2）下载百度网盘PC客户端安装程序并进行安装；

（3）将本地资源上传到云盘的对应文件夹中，如将一个mp4格式的视频文件上传到“教学视频”文件夹中；

（4）将百度网盘中的指定文件下载到本地；

（5）将百度网盘中文件分享，并创建分享链接和提取密码。

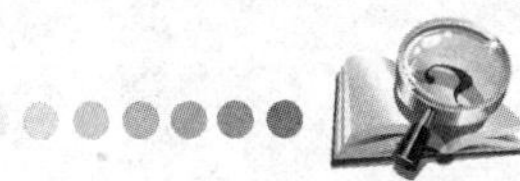

模块总结

本模块对学生目前缺乏和急需掌握的实用技能进行实战锻炼，从搭建局域网、网络安全防护到资源远程存取，这些技能的训练将对后续学习带来便利。

局域网环境搭建，使用了目前普遍流行的局域网组建介质（包括有线和无线两种方式）和网络连接设备，搭建“云计算协会”办公网络，方法简单并易于实现。

网络安全防护，选择目前流行的安全防护软件和杀毒软件，能够对“云计算协会”的站点网络提供实时监控，应用安全策略配置定制，可保证该站点网络的业务可用性、数据机密性、访问可控性和网络操作的可管理性。

资源远程存取，选择使用360安全云盘、百度网盘可以实现数字资源的远程备份与管理，善于利用网盘功能，资源分享也能省时省力地完成。

思考练习

一、填空题

1. 通常根据网络地理覆盖范围将计算机网络分为____________________、城域网和____________________。

2. 从网络逻辑功能的角度看，计算机网络分为__________和__________。

3. IPv4地址由________位二进制数组成，分成________段，使用________方式表示，每段用圆点“.” 隔开。

二、单选题

1. 全球最大的互联网是（　　）。

A. 因特网　　B. 局域网　　C. ATM网　　D. 交换网

2. 一座大楼内的一个计算机网络系统，属于（　　）。

A. PAN　　B. LAN　　C. MAN　　D. WAN

三、判断题

1. 计算机网络就是通过通信介质将地理位置分散的各种网络设备连接起来能够实现资源共享、信息传递的系统。（　　）

2. 双绞线是目前带宽最宽、传输衰减最小、抗干扰能力最强的传输介质。（　　）

3. 一个校园的计算机网络系统属于MAN。（　　）

四、简答题

1. 一个局域网的基本组成是什么？

2. 常见的360安全防护软件有哪些，各具备什么主要功能？

3. 列举一到两种你所了解的木马病毒及其防范措施。

4. 你所了解的网络云盘有哪些？

5. 请完整描述一遍利用云盘或网盘跟好友进行资源分享的过程。

模块4
多媒体数据的采集与编辑

学习导读

结婚庆典、同学聚会、生日Party、外出旅游……在这些有纪念意义的时刻或旅游景点，我们经常会拍很多照片或视频。有没有想过把这些多媒体素材做成电子相册或者短片，以更富感染力的方式再现这些精彩瞬间？本模块将围绕一个简单的“泉城风光”视频短片制作项目，带领大家认识了解各类媒体素材，学习各类媒体素材的采集方法，学习使用常用软件对媒体素材进行编辑处理，并最终能把这些素材加工合成一个视频。本模块学习任务和学习内容如图4–1所示。

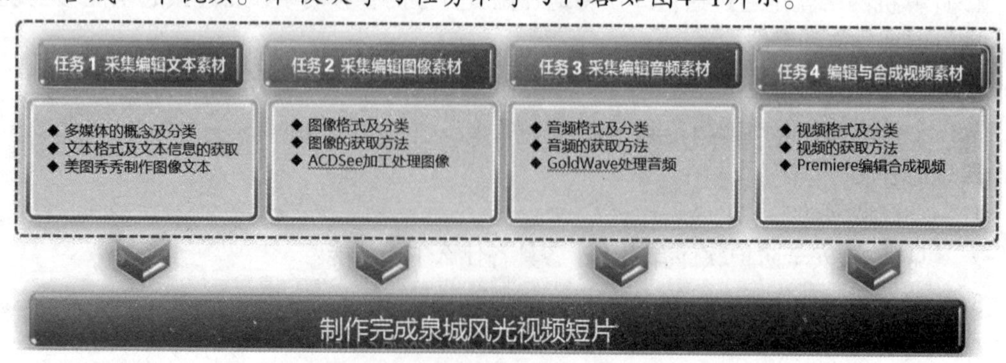

图4–1 本模块的学习任务及内容

知识目标	技能目标	素质目标
● 了解多媒体的概念及分类； ● 熟悉文本、图像、音频、视频文件的类型及格式； ● 掌握文本、图像、音频、视频素材的采集与编辑方法	● 能通过不同方法获取和采集文字、图像、音视频等多媒体素材； ● 会使用美图秀秀制作简单的图像文字； ● 会使用ACDSee组织管理图像素材并对图像进行简单的加工处理； ● 会使用GoldWave软件录制音频及对音频进行简单处理； ● 会使用Premiere软件对视频进行简单编辑合成	● 提升自主学习的能力和团队协作能力； ● 提升宣传策划能力、语言表达能力、审美能力等综合素质

任务1 采集编辑“泉城风光”文本素材

任务描述

“泉城风光”短片中包含文字、视频、音频等各类媒体素材。本任务在认识多媒体信息类型的基础上，带领大家首先学习采集编辑文本素材的方法，以准备短片中所需要的文本素材。

任务分析

要获取需要的文字资料，首先需要通过不同方式获取必要的文本资料；然后对文本资料进行筛选加工成需要的文本素材。

任务实施

知识点梳理

1. 媒体与多媒体技术

在日常生活中，媒体（Medium）是指文字、声音、图像、动画、音频和视频内容。多媒体（Multimedia）技术是指能够同时对两种或者两种以上的媒体进行采集、操作、编辑、存储等综合处理的技术。

2. 多媒体信息的类型及特点

（1）文本

文本是以文字和各种专用符号表达信息的形式，是现实生活中使用得最多的一种信息存储和传递方式。

（2）图像

图像是多媒体软件中最重要的信息表现形式之一，是决定一个多媒体软件视觉效果的关键因素。

（3）动画

动画是利用人的视觉暂留特性，快速播放一系列连续运动变化的图形图像，也包括画面的缩放、旋转、变换、淡入淡出等特殊效果。

（4）声音

声音是人们用来传递信息、交流感情最方便、最熟悉的方式之一。

（5）视频影像

视频影像具有时序性与丰富的信息内涵，常用于交代事物的发展过程。视频非常类似于我们熟知的电影和电视，有声有色，在多媒体中充当重要的角色。

任务实现↘

Step 1　了解文本格式及文本信息获取方法

多媒体信息中，文本是最基本的媒体信息。文本信息是指带特定格式的文字，即具有字体、字号、字型、颜色等效果的文字。Windows系统下的文本文件格式较多，主要类型见表4-1-1。

表4-1-1　常见的文本格式类型

文本格式	说　明
txt格式	纯文本格式，可用于任一种文字编辑软件
docx（doc）格式	word文字处理存储格式
rtf格式	rich text format 的缩写，主要用于各种文字处理软件之间的文本交换
wps格式	金山公司wps文字处理存储格式
pdf 格式	pdf格式文件通常用于技术规范文件、白皮书、研究报告和电子期刊等文档资料，用Adobe Reader阅读器打开（Adobe Reader可从Adobe公司网站免费下载）

获取文本信息的方法很多，可以直接录入，也可以间接获取。直接录入是指通过多媒体工具软件的文字工具或在文字编辑处理软件中用键盘直接输入或复制，一般在文本内容不多的场合下使用该方式。间接获取是指通过网络获取，或者用扫描仪或其他输入设备输入文本素材，常用于大量文本的获取。根据不同的需求可采用不同的方法，常见的文本信息获取方法有以下六种。

①利用通用文字处理软件录入。如利用文字处理软件WPS及Word等。

②利用多媒体开发工具制作图形图像文字。一般的多媒体开发工具均有文字制作功能，如 Photoshop、CorelDraw、Flash、COOL 3D等。

③笔式书写识别输入等方法录入。利用手写板或触摸屏幕进行汉字输入，例如用汉王手写板等。

④利用语音识别系统进行制作。将语音输入设备与计算机正确连接后，利用语音识别系统可以把声音信号直接转化成相应的文档，然后对文档进行编辑处理。

⑤从网络上搜集下载文字资料。在不侵犯版权的情况下，可以从互联网上搜集下载所需要的文字。

⑥扫描识别制作。用扫描仪对文字进行扫描，存储为图像文件，然后用ORC汉字识别系统将图像文件转化成word（*.doc）文件进行编辑处理。OCR软件的英文识别率可以高达90%以上，中文识别率可以高达85%以上。

Step 2　通过网络搜索采集文字素材

如果凑巧没有需要的文字资料，可考虑从网络上搜集整理。下面我们以搜集千佛山相关信息为例，介绍网络采集文本信息的方法。文字资料通过网络搜索来获取，下面我们通过搜索引擎获取关于千佛山的文字资料介绍。按如下步骤操作：

①打开浏览器，选择自己习惯使用的搜索引擎，在搜索文本框中输入“千佛山”，会看到搜索结果列表，从结果列表中找到最符合查找要求并且较为科学严谨的标题点击打开，如图4-1-1所示。

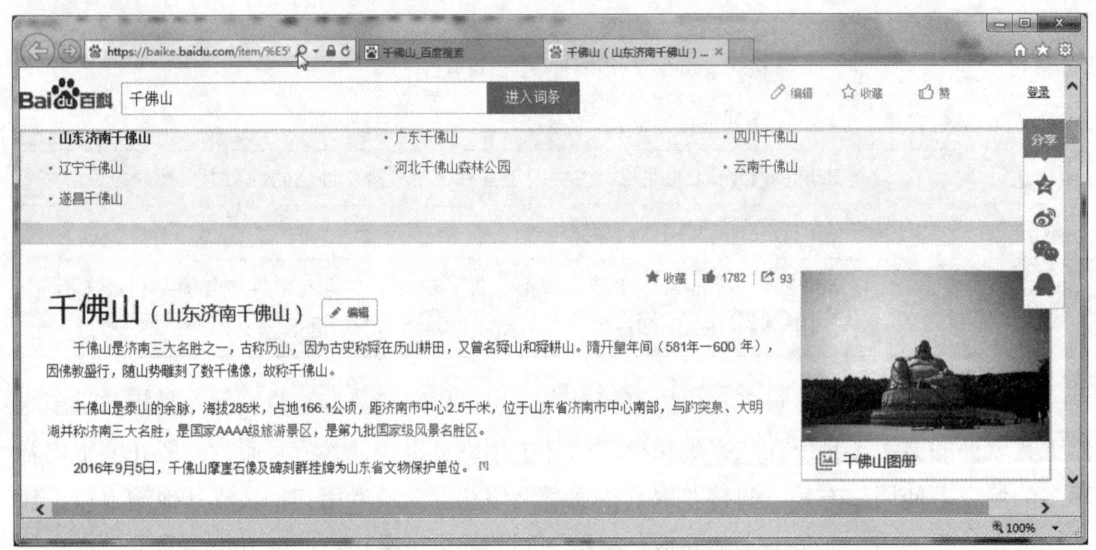

图4-1-1　“千佛山_百度百科”内容

②拖动鼠标选中需要的文字，右击选择“复制”，打开Windows附件中的记事本，右击鼠标选择“粘贴”，然后将文件保存为“千佛山文字介绍.txt”。

注意：有的网页不允许复制或者不允许使用鼠标右键，此时可以在单击浏览器的【查看】菜单中的“查看网页源代码”，在打开的网页源代码中搜索需要的文本资料，或者先截图再识别。

有关其他风景名胜的文字资料可以用同样的方法获取，请同学们自己尝试。

操作提示

若使用Word粘贴网页中复制的文本，右击鼠标时会看到“粘贴选项”中有“保留源格式”“合并格式”和“只保留文本”选项。其中，“保留源格式”即粘贴文本的同时保留了网页中文本的格式；“合并格式”是复制过来的内容将摒弃原来的格式，将自动匹配现有的格式（包括字体及大小）进行排版，不需要进行额外的设置就和当前格式保持一致，保持版面的整洁一致；“只保留文本”是指粘贴时只粘贴了纯文本，网页文本格式未保留。

如果将互联网上其他格式的文本文件（如：.pdf，.caj格式的文件）进行保存，然后使用部分有用文本，常用的方法是：选择“文件”菜单中的“另存为”命令，将文本文件进行保存，然后在打开的阅读器中选择工具栏上的“文字选择工具”，选取文字后选择“复制”命令，然后在文字处理软件中选择“粘贴”命令。

注意：对有些pdf、caj格式的文件，出于版权保护的考虑，不允许选取复制。

Step 3　制作需要的图像文字

很多情况下，为了起到美化效果，我们需要各具特色的图像文字。图像文字如何制作呢？此处以大家非常熟悉而又简单易上手的美图秀秀为例，介绍“泉城风光”图像文字的制作过程。

①打开美图秀秀软件，新建画布，具体图片大小根据自己的需求建立，如图4-1-2所示。

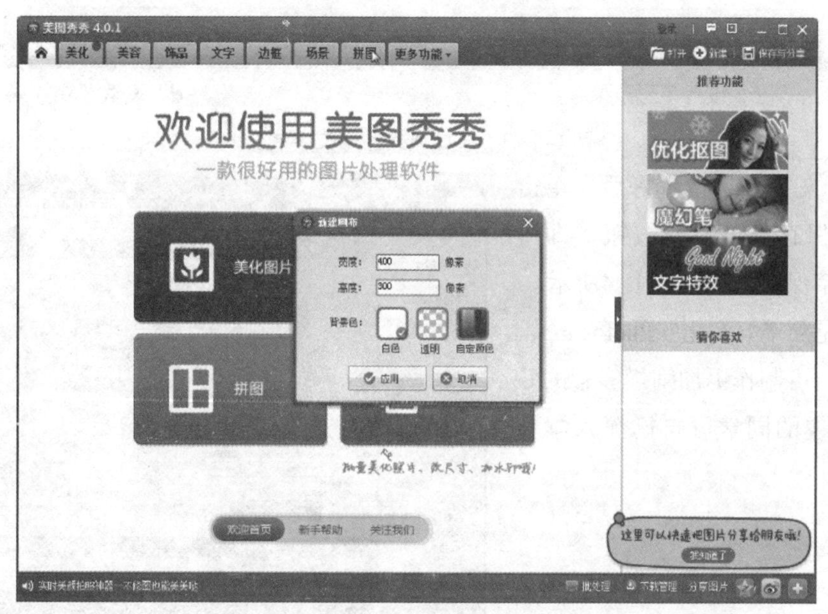

△图4-1-2　使用美图秀秀新建画布

②选择【文字】菜单的“输入文字”，字体有“本地”和“网络”，设置文字样式、字号、旋转、透明度、颜色等，根据自己的需求选择。单击“高级设置”按钮，可以进行文字横排、竖排和阴影设置，也可以在旁边的“文字特效”窗口设置相应的文字特效。图4-1-3分别为设置颜色、荧光、多彩、渐变的文字特效效果。

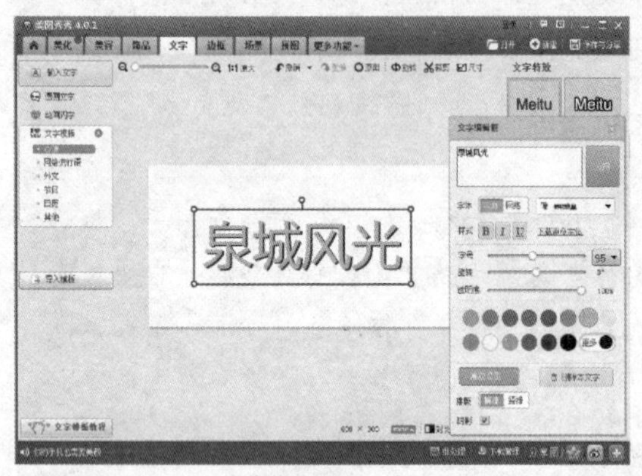

（a）设置颜色

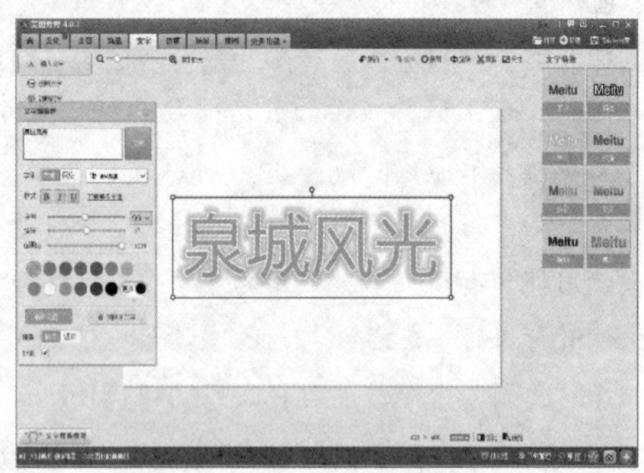

（b）设置荧光效果

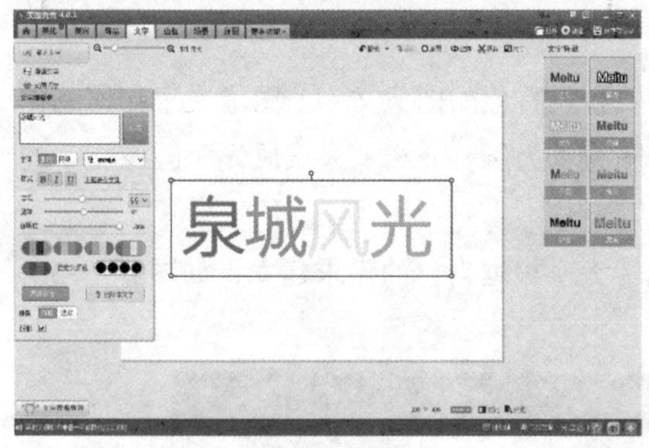

（c）设置多彩效果

（d）设置渐变效果

图4-1-3　泉城风光图像文字制作效果

（3）文字效果设置好后，单击右上角“保存与分享”按钮，即可将图像文字保存，如图4-1-4所示。

是不是简单又实用？Photoshop、CorelDraw可制作更加绚烂多彩的效果，感兴趣的同学可自己深入学习哟。

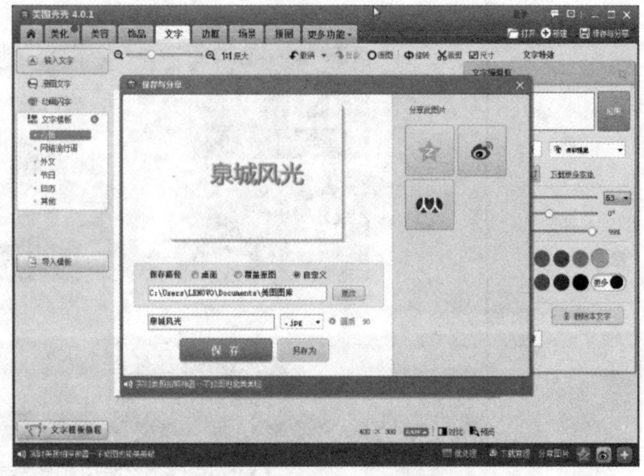

图4-1-4　保存图像文字

任务总结与评价

该任务在了解多媒体概念及文本信息格式的基础上，使用网络搜索、使用美图秀秀软件制作需要的文字素材。通过该任务的实现，要求达成的目标见表4-1-2。请自我检测一下，你的自我评价等级达到优秀了吗?

表4-1-2 能力评价表

学习目标	评价内容	评价等级			
		A	B	C	D
能根据学习工作需要录入搜集需要的文本资料	了解多媒体信息的概念及分类				
	了解常用的文本文件格式				
	会利用网络搜集需要的文字资料并下载				
	会使用美图秀秀制作图像文字				
	具有从网络资源中筛选和鉴别所需要信息的能力和总结概括能力				

知识卡片

有时候，需要将一本书中的大段文字录入成为可排版的文字。我们可以使用输入法直接录入，但是效率较低。若对大量文字进行录入，可以使用扫描仪和OCR识别软件来实现。OCR技术是光学字符识别（Optical Character Recognition）的缩写，是通过扫描等光学输入方式将各种报刊、书籍、文稿及其他印刷品的文字转化为图像信息，再利用文字识别技术将图像信息转化为可以使用的文字的计算机输入技术。OCR实际上是让计算机认字，实现文字自动输入，是一种非常快捷、省力的文字输入方法。正是由于它录入快、识别率高、操作简便、能大幅度提高文字录入工作效率，非常适合大批量录入文字的要求。

国内外常用的OCR软件主要有：

①汉王 PDF OCR 8.1 简体中文版。这是汉王 OCR 6.0 和尚书七号的升级版，是一个带有 PDF 文件处理功能的 OCR 软件；具有识别正确率高、识别快的特点；有批量处理功能；支持处理多种格式的图像文件；具有简单易用的表格识别功能；具有txt、rtf、htm和xls等多种输出格式，并有所见即所得的版面还原功能。具有打开与识别pdf文件功能，支持文字型pdf的直接转换和图像型pdf的OCR识别。

②清华紫光OCR（TH-OCR）V9.0。它的突出特点：汉英双语同时混排，识别率最高；可以识别黑白、灰度、彩色图像，可以读取多种图像格式；具有对识别结果进行

电子文档版面复原功能。

③赛酷OCR网络版识别软件。它是赛酷科技推出的国内首款网络OCR软件，集复杂版面分析、文字识别、表格识别、公式识别多项专有技术于一体，适合于日常文档录入的需要。

另外还有许多OCR软件可以下载，感兴趣的读者可以上网搜索。

任务训练

1. 完成大明湖风景区文字素材的整理。
2. 小组协作完成“校园风光”视频短片的策划设计及文本素材的搜集整理。

任务2 采集编辑“泉城风光”图像素材

任务描述

通过搜集文字资料，对泉城济南有了大致的了解，接下来根据需要搜集 “泉城风光”视频短片中另一重要素材——图像。那么，如何去搜集拍摄需要的图像素材并进行加工处理呢？本任务将引导你学习图像素材的获取方式以及使用ACDSee软件对获取到的图像素材进行编辑处理的方法。

任务分析

要搜集用于“泉城风光”视频短片中的图像素材并进行简单的处理，首先，要了解图像的类型及格式以及图像素材的获取方式；然后，使用合适的方式获取必要的图像素材；最后，使用简单的图像管理与编辑工具对图像素材进行加工处理成需要的素材。

任务实施

知识点梳理

1. 图像的分类

计算机图像可以分成两大类：位图和矢量图。

（1）位图

位图是通过像素排列组合来表示的图像，每个像素都有指定的位置和颜色数值。在处理位图图像时，编辑的是像素，而不是对象。位图色彩丰富形象，但所占用的存储空间较大，放大后容易失真。

（2）矢量图

矢量图形是由描边路径及填充组成的，这些路径是由称为矢量的数学对象定义的。矢量图放大后不失真，所占用的存储空间较小，色彩单调。

矢量图与位图的对比案例如图4-2-1所示。

图4-2-1　矢量图和位图

2. 常见图像格式

图像格式有很多种，表4-2-1中列举了几种常见的图像格式。

表4-2-1　常见的图像格式

图像格式	特　点
bmp	bmp位图文件是Windows操作系统中最通用的一种格式，几乎所有与图形图像有关的软件都支持这种格式。bmp文件一般是不进行压缩的，图像质量非常高。bmp支持黑白图像、16色和256色伪彩色图像及RGB真彩色图像，它的图像有丰富的色彩，是多媒体课件中使用最为广泛的静态文件格式之一，不足之处是数据量大
jpeg	jpeg格式是网络上比较流行的格式，其文件扩展名为.jpg或.jpeg。jpeg文件格式是所有压缩格式中最卓越的，它使用有损压缩方案，支持灰度图像、RGB真彩色图像和CMYK真彩色图像。这种格式的最大特点是文件占据存储空间非常小，而且可以调整压缩比，非常有利于网络传输，但由于是有损压缩，所以将一幅图像转换为jpeg格式后图像质量会降低

（续表）

图像格式	特　点
gif	gif格式也是网络上比较流行的格式，gif格式支持背景透明以及动画，主要用于在不同的图像处理平台上进行图像交流和传输。它同时支持静态和动态两种形式，使用无损压缩，文件体积比较小，支持黑白图像、16色和256色彩色图像
psd	psd（*.PSD）格式是Adobe公司开发的图像处理软件Photoshop专用的标准内定格式，也是唯一可以支持所有图像模式的格式，包括位图、灰度、索引颜色、RGB、CMYK、Lab等。可以存储图层、通道、路径等信息。但图像文件特别大，编辑完成后可以转换成其他占用磁盘空间较小、储存质量较好的格式以便多媒体创作工具调用
png	png图像称为可移植性网络图像，png能够提供长度比gif小30%的无损压缩图像文件。它也是网络上应用较多的一种图像格式，同时提供24位和48位真彩色图像支持及其他诸多技术性支持

3. 图像的关键属性

（1）分辨率

分辨率是指在单位尺寸内包含的像素数量。分辨率的单位是dpi（点/英寸），即每英寸显示的像素点数，如图像的分辨率是1 200 dpi，就表示该图像每英寸长度内包含1 200个像素。同一单位内包含的像素越多，图像分辨率就越高，图像细节就越丰富。如图4-2-2所示，300 dpi分辨率的图像比120 dpi、21 dpi分辨率的图像要清晰得多。

图4-2-2　图像分辨率对比

因此，在制作图像时应根据图片不同的用途，合理设置分辨率，用于印刷打印的分辨率需要高一些，只是用于屏幕显示的就可以低一些。

（2）颜色深度

颜色深度又称颜色位数，是表示色彩或灰度细腻程度的指标。色彩位数以二进制的位（bit）为单位，用位的多少表示色彩数的多少。如颜色深度为1位的像素有两个可能的值：黑色和白色。

在三原色R（红）、G（绿）、B（蓝）的颜色中，各自分为 2^8=256 级色彩梯度，组合出来的256 × 256 × 256=1677万色，2的24次方，也就是通常说的24位。常用的颜色深度有1位、8位、24位、32位等。颜色深度越大，意味着图像具有越多颜色信息可以用来显示或打印像素。

任务实现

Step 1　了解常用的图像获取方法

图像的获取有多种方法，如从Internet上下载，从计算机屏幕上直接截取，从动画、视频中捕捉，利用扫描仪或数码相机直接采集、数字化仪输入等。

（1）捕捉屏幕静止图像

①利用键盘是“Print Screen”键抓图。在Windows环境下，捕获当前屏幕上的图像，最简单的方法是：当屏幕出现需要的图像时，按键盘上的“Print Screen”键，屏幕图像即拷贝到Windows的剪贴板中。然后打开图像处理软件，如“附件”中的“图画”，选择“粘贴”，即可得到屏幕图像。图像分辨率大小与屏幕区域设置相同。也可以直接粘贴到应用软件中去，如打开Word、PowerPoint、Flash软件等直接“粘贴”即可。

②使用专门的抓图软件抓图。如果有较高的要求，如滚屏抓取、捕捉屏幕录像、并编辑图像等，可以利用专门的抓图软件。目前比较有影响力的主流抓图软件有HyperSnap、SnagIt、红蜻蜓抓图精灵和超级捕快等。

（2）用数码相机或手机拍摄

数码相机使用光电耦合器，并用存储卡（如记忆棒、软盘、SM卡、CF卡或CD-R）来保存拍摄的图像。目前的智能手机均具有拍照功能，可以很方便地利用手机拍摄后，将照片导入到计算机中，作为素材使用。

（3）扫描书本中的图像

课本、照片、杂志、宣传画、教学挂图是一些常见的、传统的承载图像的媒体，要想将这些图像作为素材使用，可以借助扫描仪扫描输入到计算机中。

（4）从Internet上下载图像素材

Internet是一个资源的宝库，从中可以得到很多有用的图像。既可以从专门的图像网站上下载图像，也可以到与素材内容相关的网站查找下载。有些图像文件直接显示在网页上，对于这些文件，可以直接右击鼠标，选择“图片另存为……”，将其保存在本地电脑文件夹中。

Step 2　通过网络搜索需要的图像

要获取需要的图像，首先考虑的是通过网络搜索，以百度搜索引擎为例，打开百度搜索网站，在搜索框中输入要搜索的关键词“趵突泉”，点击“图片”链接，显示搜索结果列表如图4-2-3所示。

图4-2-3 百度搜索“趵突泉”图片

选择符合需要的图片，在打开的页面图片上单击鼠标右键，选择“图片另存为……”选项，保存图片。

请同学们根据需要，从网络上搜集所需要的图像素材。如果从网络上搜索不到合适的图像素材，请拿起手机或者数码相机，走出去拍摄吧。

Step 3 使用ACDSee软件对图像素材进行编辑处理

我们根据任务需要搜集了大量的图片，如何对大量图片进行组织管理？如何对采集的部分图片进行简单处理，如布局不合理、模糊、曝光不足或曝光过度等问题。目前有很多专门的图片浏览和图片处理软件，可以对计算机中的大量图片进行更加有效的组织、浏览和处理。此处我们选择使用比较流行并且易于操作的图像处理软件ACDSee。

ACDSee是目前最流行的数字图像处理软件，它能广泛于图像的获取、管理、浏览和编辑处理。ACDSee具有强大的图片浏览、编辑功能，常用的编辑功能有去除红眼、剪切图像、锐化、浮雕特效、曝光调整、旋转、镜像等，并且还能进行批量处理。

（1）认识ACDsee操作界面

从网络上搜索下载ACDSee官方免费版软件，安装并启动后，打开如图4-2-4所示软件窗口。软件窗口包含菜单栏、工具栏、文件夹列表窗格、文件列表窗格、图片预览窗格、图片管理窗格等部分。

图4-2-4　ACDSee官方免费版界面

其中：

①菜单栏：提供了对图片的各种编辑操作命令。

②工具栏：包含常用的操作命令按钮。

③文件夹列表：用于显示文件夹及其子文件夹，可单击其下方的“收藏夹”进行切换。

④文件列表窗格：用于显示文件夹的具体内容，默认以“缩略”方式查看文件，可以通过区域上方的“过滤”“组”“排序”“查看”和“选择”选项改变查看的方式。

⑤图片预览窗格：单击文件列表窗格中的图片，会在此区域以浏览方式显示相应的图片。

⑥图片管理窗格：用于对图片进行分类管理。

（2）浏览图片

图片预览常用三种方式：目录式浏览、视图式浏览和幻灯片浏览。

启动ACDSee后，默认的预览方式是目录式浏览。即在“文件夹列表”中选择照片所在的文件夹，会在“文件列表窗格”中显示出该文件夹中所有照片的缩略图。单击要浏览的照片，可以在“图片预览窗格”中对照片进行预览。

视图式浏览可以将照片放大查看，点击窗口右上角工具栏的“查看”按钮，即进入视图式浏览状态，窗口中央显示大图，窗口底部胶片区显示所有的图片缩略图，拖动滚动条选择缩略图，即可展现出大图，可以点击“上一个”“下一个”浏览全部的图片。单击【视图】菜单中【自动播放】组的“开始/停止”，可以自动播放下一个图片。如图4-2-5所示。

单击【工具】菜单中的“幻灯片放映”，则可进入幻灯片放映方式。

图4-2-5 视图方式浏览图片

（3）编辑处理搜集的照片

熟悉了ACDSee的界面及其浏览组织图片的方式，下面使用ACDSee来对采集的效果不理想的照片进行简单处理和编辑。在图像的浏览模式，右击图像选择“编辑”即可进入ACDSee的图像编辑模式。编辑模式菜单中提供的编辑工具主要有修复、添加、几何形状、曝光度/光线、细节等，如图4-2-6所示。

图4-2-6　图像编辑模式

①调整曝光度。用数码相机在光照很足或者天气不好的时候拍摄照片，往往会因为曝光过度或曝光不足，使整个画面看起来很亮或者很暗，此时可以通过ACDSee来进行曝光度的调整。

素材“千佛山.jpg”在布局上比较合理，不足之处在于整体色调偏灰，略显曝光不足。如图4-2-7所示。在图像【编辑模式菜单】窗口中，单击“曝光/光线”→“曝光”，即可打开图4-2-8所示窗口，进行曝光、对比度和填充光线的调整；单击“自动”按钮，可以使图像自动调整到合适的曝光值。处理后的照片效果在右侧预览窗口中同步显示。单击“应

图4-2-7　图像曝光不足

用”按钮确认修改，单击 “完成”按钮保存修改后返回【编辑】主菜单，单击“取消”按钮不做任何修改，返回【编辑】菜单。

图4-2-8　对图片调整曝光度后

②剪裁图像。好的照片还需要合理的构图，使用ACDSee的裁剪功能可以实现照片的重新构图；有时，从网上搜集的照片中会有一些标志或Logo，如果想去掉，也可以使用剪裁功能。

素材“泉城广场.jpg”无论在构图还是在色调效果都很不错，美中不足是图片下方有昵图网Logo，如图4-2-9所示。我们需要处理一下，把Logo去掉。在【编辑模式】菜单中单击“几何形状”→“剪裁”，出现如图4-2-10所示的剪裁图片窗口。

在图像预览窗口中，有一个带八个黄色小方块和中心十字线的矩形方框。拖动黄色小方块，调整到合适的剪裁位置，在左侧【剪裁】组中勾选“限制剪裁比例”，剪裁时可保持宽度高度的比例，同时在拖动右侧窗口中的黄色小方块时，会看到左侧剪裁窗口中的宽度和高度等图像信息。单击“估计新文件大小”，可以显示出剪裁后文件的大小。剪裁好图像后，单击“完成”按钮，即可将剪裁好后的图像保存并显示剪裁后的图像。单击“取消”按钮，将取消剪裁操作。除了可以剪裁照片，还可以对图像进行翻转、旋转、调整大小等操作，进行几何形状的调整。

△ 图4-2-9　带有Logo的图像素材

△ 图4-2-10　对图像素材进行裁剪

③调整色彩平衡。在拍摄的过程中，由于光线或角度的问题，拍摄的照片有可能存在偏色的情况。如素材“泉标.jpg”，整体看上去比较模糊、阴暗、偏色，如图4-2-11所示，在【编辑模式】菜单中单击“颜色”→“色彩平衡”，出现如图4-2-12所示的窗口。

△图4-2-11　色调不均的素材“泉标.jpg”

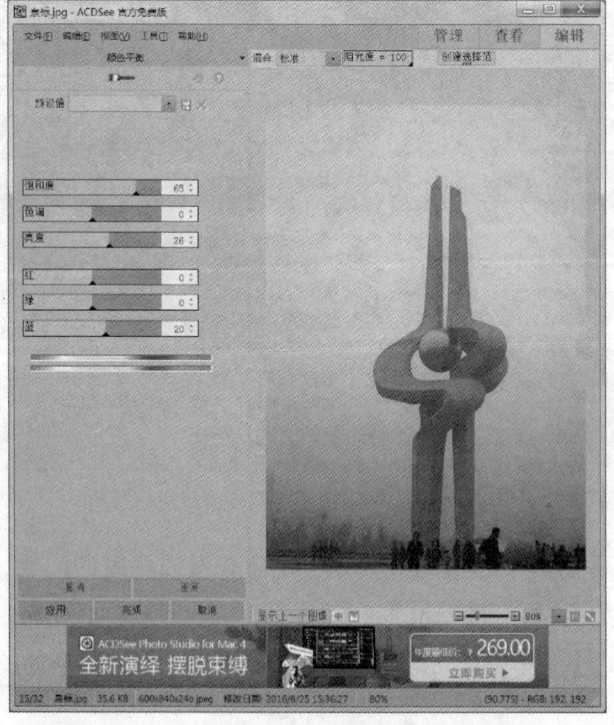

△图4-2-12　颜色平衡调整框及调整后效果

“色彩平衡”对话框有两组参数，分别为色调、亮度、饱和度和红、绿、蓝。通过调整第一组参数可以从色彩三要素——色调、亮度、饱和度来修整图像；通过调整第二组参数可以从三原色——红、绿、蓝来修整图像。

除了可以对图像进行调色之外，还可以为图像添加文字、边框、添加晕影或者特殊效果，ACDSee简单而又功能强大，有需要的读者可以自己尝试。

操作提示

在实际工作生活中，经常需要将搜集到的图片进行格式转换，转换为需要的图像格式。如将bmp图像、png图像转换为jpeg图像，将jpeg图像转换为png图像等。那么，如何进行图像转换呢？实际上，图像格式转换非常简单，可以使用系统附件中的画图、格式工厂、美图秀秀、ACDSee或Photoshop等多种工具完成。如在ACDSee的图像浏览窗口中，双击要修改格式的图像，单击“文件”→“另存为”打开“图像另存为”对话框。在保存类型下拉框中选择需要的文件类型后，单击“保存”按钮完成图像的格式转换。

任务总结与评价

该任务在介绍图像的相关概念和图像格式的基础上，通过最常用的直接拍摄和网络搜索资源的方法完成了图像素材的获取，并以简单易用的图像管理工具ACDSee为例，介绍了如何对搜集的资料进行浏览、管理和简单编辑。通过该任务的实现，要求达成的目标见表4-2-2。请自我检测一下，你的自我评价等级达到优秀了吗？

表4-2-2　能力评价表

学习目标	评价内容	评价等级			
		A	B	C	D
能根据学习工作需要拍摄搜集需要的图像资料	了解图像的分类及格式				
	会使用手机和相机拍照				
	会利用网络搜集需要的照片并下载				
	具有从网络资源中筛选和鉴别所需要信息的能力				
会使用ACDSee软件对图像素材进行组织管理和简单编辑	会利用常用的ACDSee进行浏览图片、管理图片				
	能利用ACDSee对图片调整曝光度、剪裁、调整色彩平衡，并会在图像上添加文字以及一些特殊效果				

任务训练

1. 完成千佛山、大明湖风景区图像素材的搜集与简单处理。
2. 小组协作完成“校园风光”视频短片的图像素材的搜集整理。

任务3 采集编辑“泉城风光”音频素材

任务描述

在视频中，音乐可以渲染情境，推动情节，而解说词可以开拓画面内涵，更加深刻地表达视频短片的主题。因此，我们可以为“泉城风光”视频短片添加背景音乐和解说词，以使其更富感染力。本任务引领大家学习利用GoldWave软件，采集编辑视频短片所需背景音乐并录制解说词。

任务分析

“泉城风光”视频短片中的音频素材主要是两部分：背景音乐和解说词。对于背景音乐，可以考虑通过网上下载，或者从视频文件、CD唱片中分离；解说词是用于解说画面，通常根据需要自己录制；最后需要对背景音乐和解说词进行简单的剪辑处理。

任务实施

知识点梳理

1. 音频的常见格式

音频格式有很多种，各有特点，下面列出几种常见音频格式，见表4-3-1。

表4-3-1 常见的音频格式

音频格式	特 点
wav格式	是标准数字音频，称为波形文件，文件的扩展名是.wav，记录了对实际声音进行采样的数据，也是最早的数字音频格式。wav格式支持多种压缩算法、音频位数、采样频率和声道，利用该格式记录的声音音质可以和原声基本一致。但需要的存储空间很大，不便于交流和传播

（续表）

音频格式	特 点
mp3格式	全称是 MPEG-1 Audio Layer 3，是现在最流行和通用的声音文件格式。这种格式在压缩时，削减音乐中人耳听不到的成分，在音质损失很小的情况下，把文件高度压缩。其具有占用空间小，传输速度快的特点
midi格式	midi 是英文 musical instrument digital interface（乐器的数字化接口）的缩写。midi音频是多媒体计算机产生声音（特别是音乐）的另一种方式，可以满足长时间播放音乐的需要。与波形文件相比，midi文件要小得多。例如，同样半小时的立体声音乐，midi文件只有200 kB左右，而波形文件（.wav）则差不多有200 MB
ogg格式	ogg支持多声道，在压缩技术上比mp3好，但稍逊于mp3 Pro，它的多声道，免费，开源这些特点，使其一度成为mp3播放器的流行格式
m4r格式	若你是一名“果粉”的话，一定对这种格式不陌生，它是iPhone专用的一种音频格式。因为其他格式的音乐铃声iPhone不支持，曾让多少喜欢个性化手机铃声的“果粉”们爱恨交加

2. 数字音频质量与文件大小

对音频质量要求越高，则为了保存这一段声音的相应文件就越大，也就是文件的存储空间就越大。采样频率、样本大小和声道数，这三个参数决定了音频质量及其文件的大小。

（1）采样频率

采样频率就是每秒钟采集多少个声音样本。采样频率越高，声音便会越真实，需要的存储空间也就越大。音频最常用的采样频率是44.1 kHz、22.05 kHz、11.025 kHz。

（2）样本大小

样本大小又称量化位数，反映多媒体计算机度量声音波形幅度的精度。位数越多，声音的质量就越高，而需要的存储空间也相应增大；反之，声音质量越差。

（3）声道

声道是指声音在录制或播放时在不同空间位置采集或回放的相互独立的音频信号。比较常见的有双声道、四声道、 5.1 声道等。更多的声道和更逼真的音响效果已经在计算机中出现。

任务实现

Step 1 采集视频短片背景音乐

采集获取背景音乐的方式有多种，下面通过三种不同方式来获取视频短片中用到的音频素材。

1. 从网上下载音频素材——视频短片片头音乐

如果你手头没有正好的音乐文件，可以通过百度搜索引擎搜索某个或某类声音文件，然后从网上下载，如图4-3-1所示。不过，出于对知识产权的保护，很多网站已经禁止随意下载。

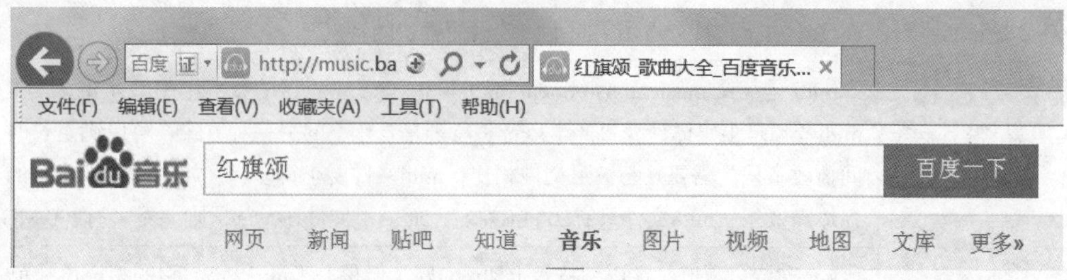

图4-3-1 在网上搜索“红旗颂”

2. 从CD盘上采集音频素材——视频短片中间背景音乐

从CD盘上采集音频素材，可以借助音频处理工具。GoldWave 是一个体积小巧、功能强大的汉化版数字音乐编辑软件，集声音播放、编辑、录制和格式转换于一体，支持多种格式的音频文件，包括wav、ogg、voc、 iff、aiff、 aifc、au、snd、mp3、mat、dwd、smp、vox、sds、avi、mov、ape等。它还可以帮你从CD、VCD和DVD或其他视频文件中提取声音。另外，GoldWave内含丰富的音频处理特效，如回声、混响、降噪、多普勒等，可制作出许多奇妙的声音效果。

假若你手头上正好有张班得瑞《寂静森林》的CD唱片，就可以利用GoldWave方便地提取所需音频素材。

操作步骤：将CD盘放入光驱；启动GoldWave，单击【工具】菜单中 “CD读取器”选项，如图4-3-2所示；打开“CD读取器”对话框，勾选需要保存的曲目，点击“保存”按钮，设定保存的位置、类型和音质，然后点击“确定”按钮即可将CD盘上所需要的音频提取出来，如图4-3-3所示。

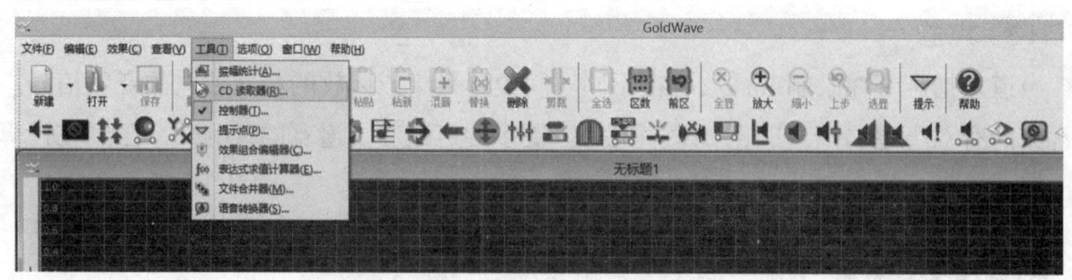

图4-3-2 CD读取器

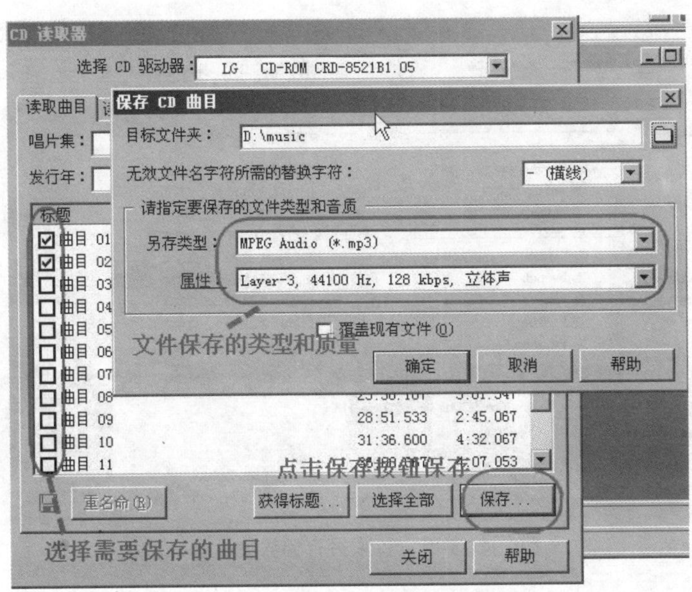

图4-3-3　将CD盘上所需音频提取出来

3. 从视频文件中提取音频素材——片尾音乐

有时我们观看某个影视剧，感觉里面的主题曲或伴音很好听，想把它们提取出来单独作为一个音频文件存放，比如视频短片中的片尾音乐就正好是一个视频文件《浪漫满屋》中的一段伴音，怎么办呢？

不用愁，如果你的视频文件是avi或dat格式，GoldWave可以很轻松地帮你解决这个问题。

操作步骤：运行GoldWave软件，将所需的视频文件“浪漫满屋.avi”拖入软件窗口，显示如图4-3-4所示；点击【文件】菜单中“另存为”命令，选择保存位置如桌面、保存类型为mp3、文件名为“浪漫满屋”，点击“保存”按钮即可，如图4-3-5所示。是不是很简单？

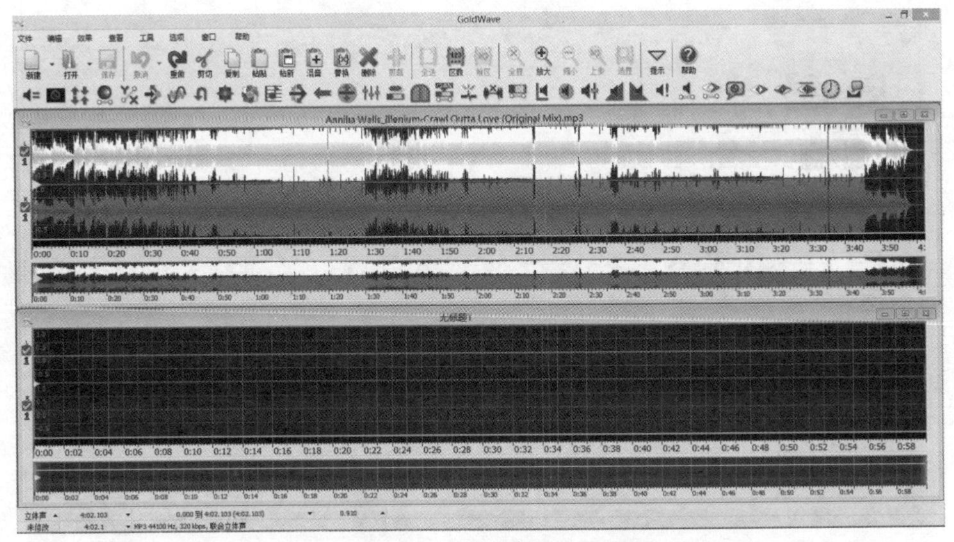

图4-3-4　GoldWave软件界面

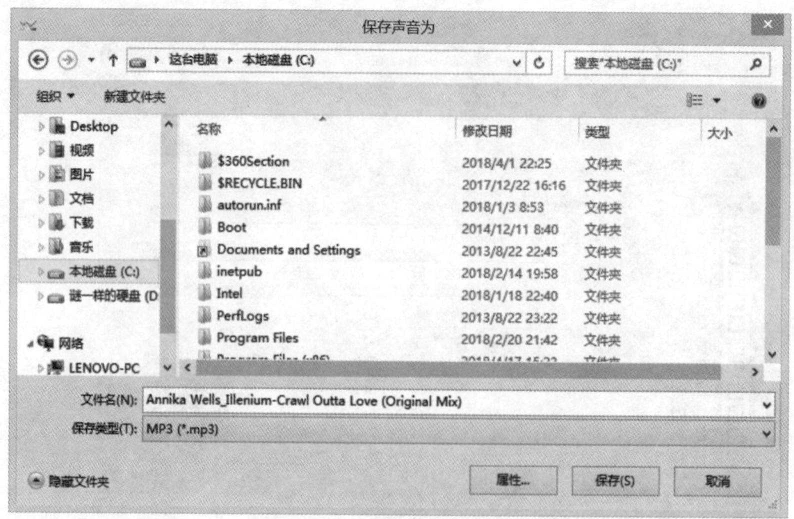

图4-3-5　音频另存为界面

如果你的视频文件是AVI或DAT外的其他格式，如flv、mp4、rm、rmvb、3gp等（事实上这些视频格式更常见），GoldWave无法直接完成音频的提取，那该怎么办呢？在这儿给你们介绍多媒体采编中另一个常用的“法宝”——“格式工厂”。

格式工厂可以完成各种音频、视频和图片的格式转换、截取、合并、混音等，简单易学，非常实用。下面我们就看一下如何利用“格式工厂”从视频文件中提取音频。

操作步骤：运行“格式工厂”软件，界面如图4-3-6所示。窗口分为左右两部分，左侧是功能选项按钮，包括视频、音频、图片、文档、工具集；右侧是任务属性描述。将“浪漫满屋.FLV”拖入右侧窗口，弹出如图4-3-7所示对话框。拖动滑块，选择【音

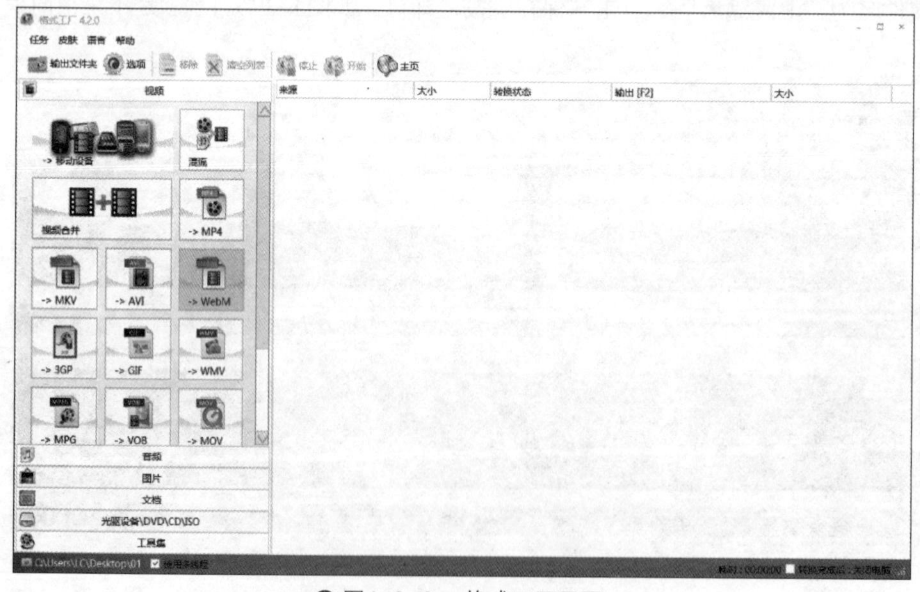

图4-3-6　格式工厂界面

频】列表下的“MP3”，意即提取视频中的音频生成mp3格式；单击“改变”按钮，更改输出音频的存放位置，默认为源文件目录；单击“确定”按钮，返回主界面，如图4-3-8所示。单击工具栏的“开始”按钮，开始转换，直到转换进度条为100%即标志完成，然后到指定的音频输出位置找到生成的音频文件，如图4-3-9所示。

图4-3-7　选择转换类型与存储位置

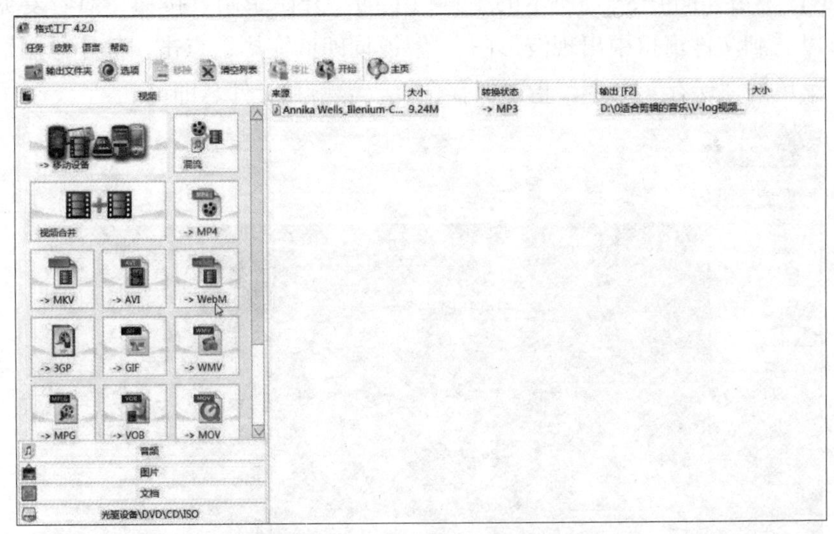

图4-3-8　准备进行格式转换

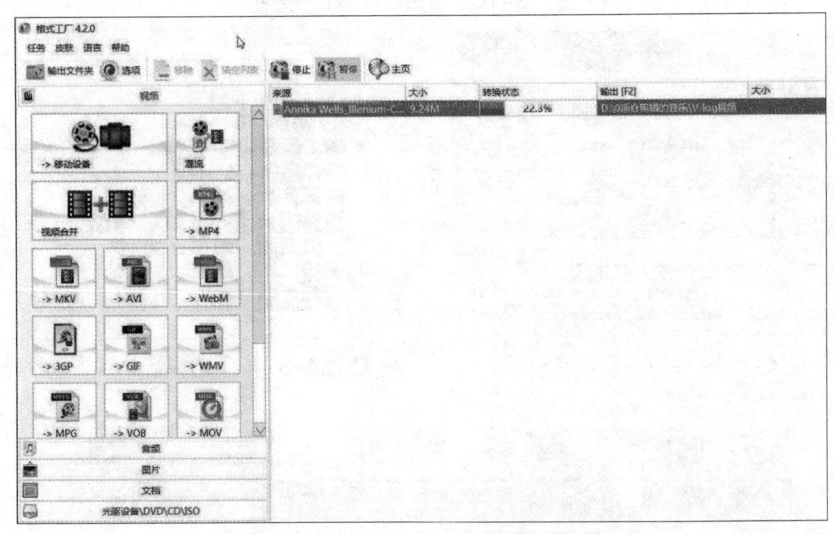

图4-3-9　音频格式转换成功

Step 2　**录制“泉城风光”解说词**

视频短片一般要加配音解说。解说词能发挥对视觉的补充作用，使观众在观看实物和形象的同时从听觉上得到形象的描述和解释，从而受到感染或教育，达到情感上的共鸣。下面我们就看一下怎样利用GoldWave录制“泉城风光”视频短片的解说词。

操作步骤：确保你的麦克正确连接并工作良好，调整好音量，保持录音环境安静；运行GoldWave软件，点击【文件】菜单中的“新建”命令（或直接按CTRL+N），如图4-3-10所示；在弹出的“新建音频”对话框中设置相应参数：声道数为2、采样频率为44.1 KH、初始文件长度为5.0（即录制的音频时长为5 min，此处时长应比实际需要略长，以便于后面编辑）；然后单击“确定”按钮，即生成一个默认名称为“无标题1”的声音文件，如图4-3-11所示；也可单击“预设”下拉列表框，直接选择某种音质和时长，如图4-3-12所示；单击如图4-3-13所示的工具栏上的“开始录制”按钮，对着麦克朗诵解说词，此时可以看到文件窗口中出现波形图； 解说词朗诵完毕，点击“停止录制”按钮；单击“文件”菜单的“保存”命令，指定保存位置、类型和文件名即可。

图4-3-10　新建GoldWave文件

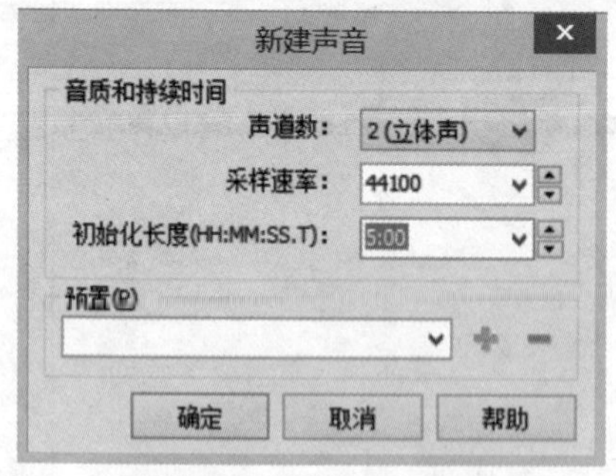

图4-3-11　新建音频

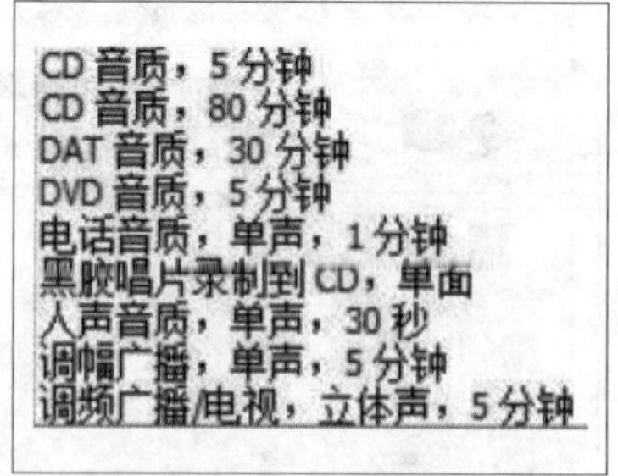

图4-3-12　选择音频格式与时长

图4-3-13　工具栏上各按钮功能

操作提示

播放按钮有两个，默认状态绿色是从当前光标处开始播放；黄色是选区内播放。也可以点击“控制器属性”按钮对播放按钮的功能重新定义。

Step 3 音频编辑与格式转换

采集的音频有可能我们只需要其中某一部分，有可能格式与我们需要的不一致；录制的解说词可能有点噪音，可能需要加点特殊效果如回声、变调等。这对GoldWave来说都是小case。一起来看一看怎么操作吧。

1. 格式转换——将网上下载的“红旗颂.wma”转换为mp3格式

操作步骤：启动GoldWave，点击工具栏“打开”按钮（或直接按“CTRL+O”）；找到需要转换格式的音频文件“红旗颂.wma”，单击“打开”按钮（或直接双击文件名）；点击【文件】菜单中的“另存为”命令，在弹出的“另存音频为”对话框中选择“保存类型”为*.mp3，点击“保存”按钮，如图4-3-14所示。

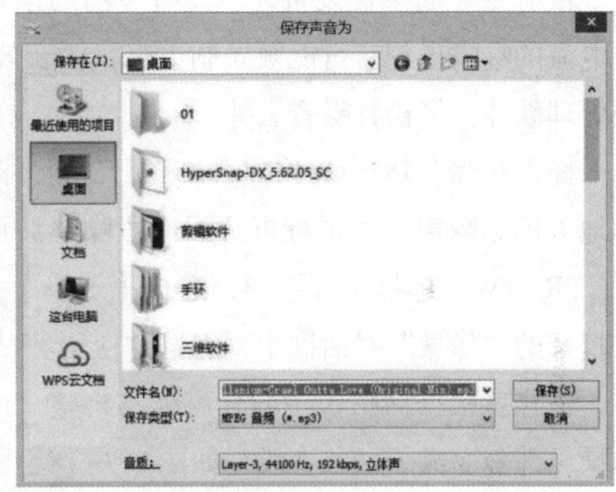

图4-3-14 打开音频与音频另存为

2. 音频截取——截取“红旗颂.mp3”前10 s作为片头音乐

假若现在我们只需要“红旗颂.mp3”的前10 s，利用GoldWave可以方便地完成音频的任意截取。

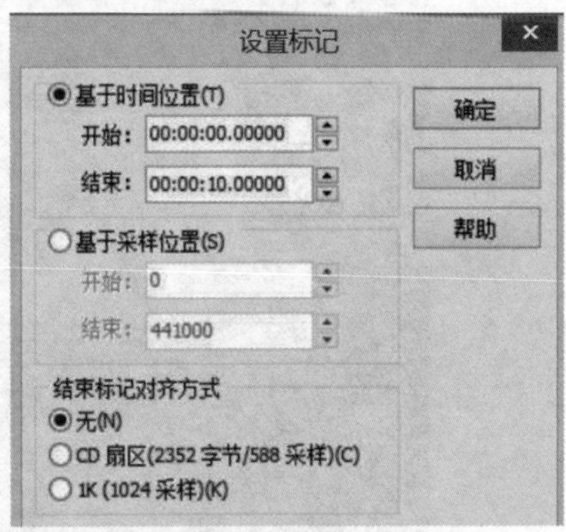

图4-3-15 设定要选取的音频起始和终止时间

操作步骤：启动GoldWave，打开“红旗颂.mp3”；选择【编辑】菜单下【标记】项中“设置……”命令；在弹出的“设置标记”对话框中点选“基于时间的位置”，设定“起始”值：00:00:00，“完结”值：00:00:10，单击“确定”按钮；返回主界面后可以看到，前10 s波形被选定，单击【文件】菜单“选定部分另存为”命令，设定保存位置、类型和文件名。

这样前10 s就被作为一个独立的音频文件被保存起来了，如图4-3-15、图4-3-16所示。

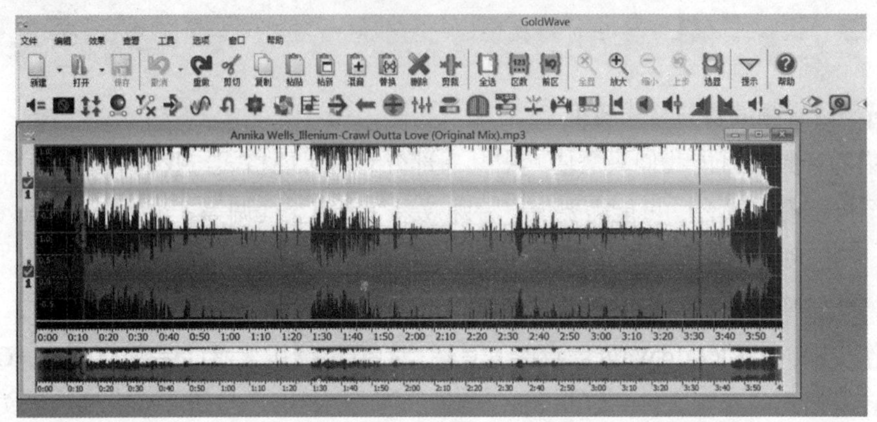

图4-3-16 前10 s波形被选定

3. 音频降噪——降低解说词的噪声

没有专业的录音设备，也没有专门的录音室，通过麦克风录制声音时，环境噪音或设备电流的嗡嗡声都有可能被录制下来，录音效果就大打折扣了。我们可以借助GoldWave音频处理软件，轻松将噪音去掉。

操作步骤：运行GoldWave，打开前面录制的解说词，如图4-3-17所示，红色框标记的地方即为噪声；用鼠标框选一小段噪声波形，按CTRL+C复制，作为噪声样本；然后按“CTRL+W”选择全部波形；选择【效果】菜单【滤波器】选项中的“降噪……”命令；在打开的“降噪”对话框中，点选“使用剪贴板”，点击“确定”按钮。

这样就根据剪贴板中的噪声样本将整个声音波形中的相同噪声去掉了，你会发现原来的噪声部分变成了一条直线，如图4-3-18至图4-3-19所示。

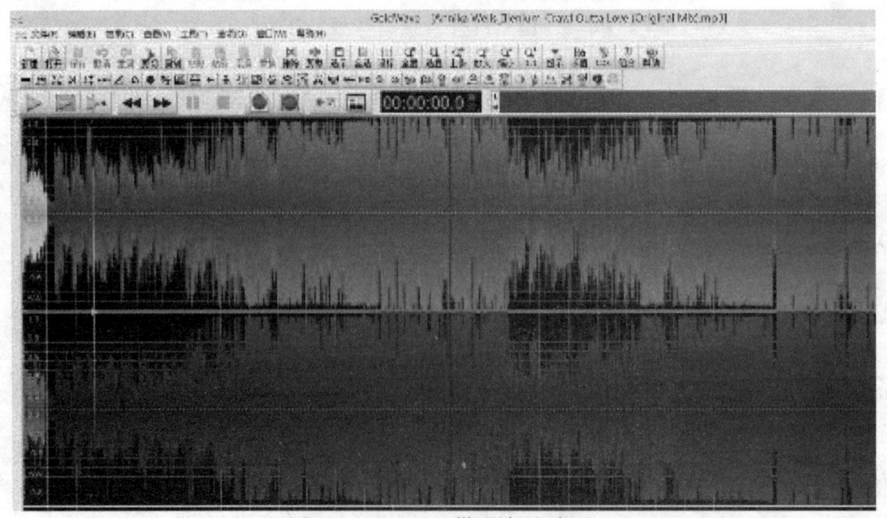

图4-3-17 带噪声的波形

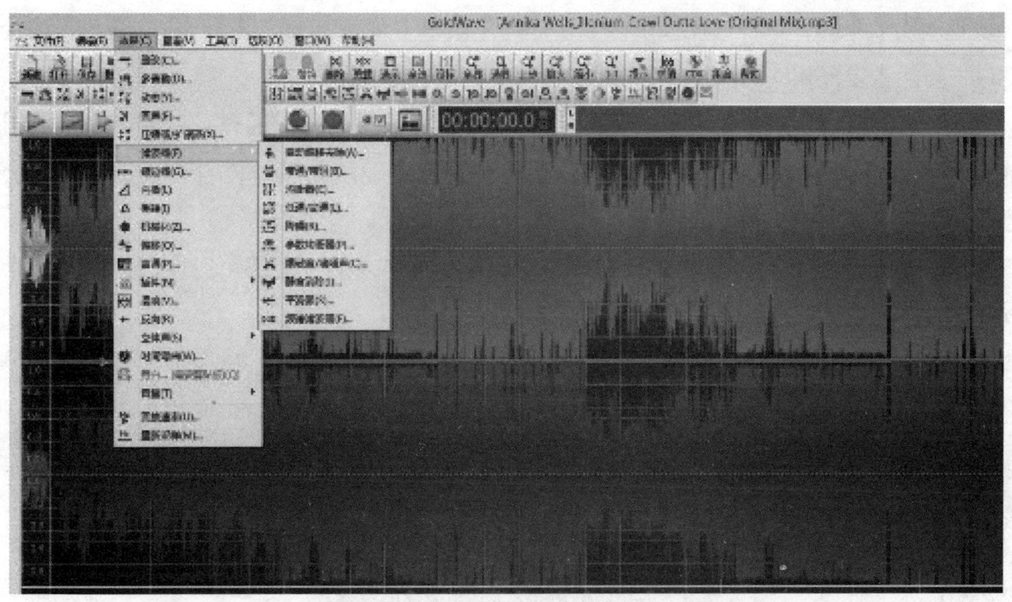

图4-3-18　降噪命令

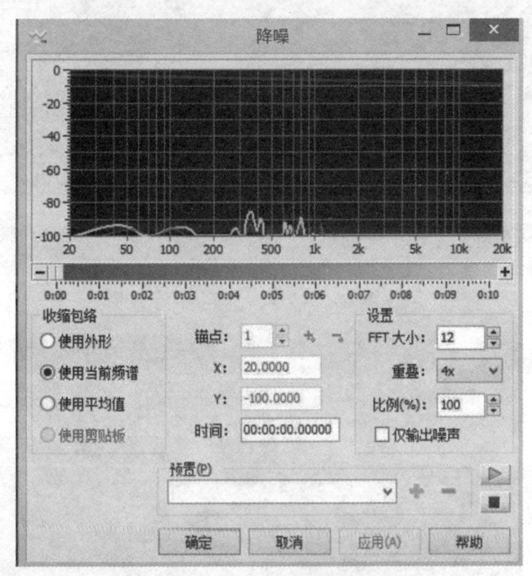

图4-3-19　“降噪”对话框

4. 设定淡入淡出效果——为片头片尾音乐设定淡入淡出

我们截取的音频片断开始和结束声音有可能会感觉突兀，这时候我们可以通过添加声音的淡入淡出效果，使其听起来更加自然。

操作步骤：将需处理的音频素材拖入GoldWave窗口；选定开始部分，准备做淡入效果，如图4-3-20所示；点击【效果】菜单中【音量】项的“淡入”命令，如图4-3-21所示；在弹出“淡入”对话框中，拖动“初始音量”滑块或直接输入数值，期间可以单击绿色播放按钮预览效果，如图4-3-22所示；单击“确定”按钮，我们发现原来选定的波形发生了变化，此时声音变成由低到高过渡得更加自然，如图4-3-23所示。

设置淡出效果时，选择片尾波形区域，选择【效果】菜单中【音量】项中“淡出”命令，其他过程与淡入设置相同。

利用GoldWave还可添加“回声”“混响”等多种效果，可以通过“音调”命令将男声变成女声或卡通音调。这些都在“效果”菜单中，感兴趣的同学可以自己尝试使用，会收到意想不到的效果呢。

作为一款优秀的声音编辑软件，GoldWave还有很多功能，大家可以在以后的使用中慢慢探索。

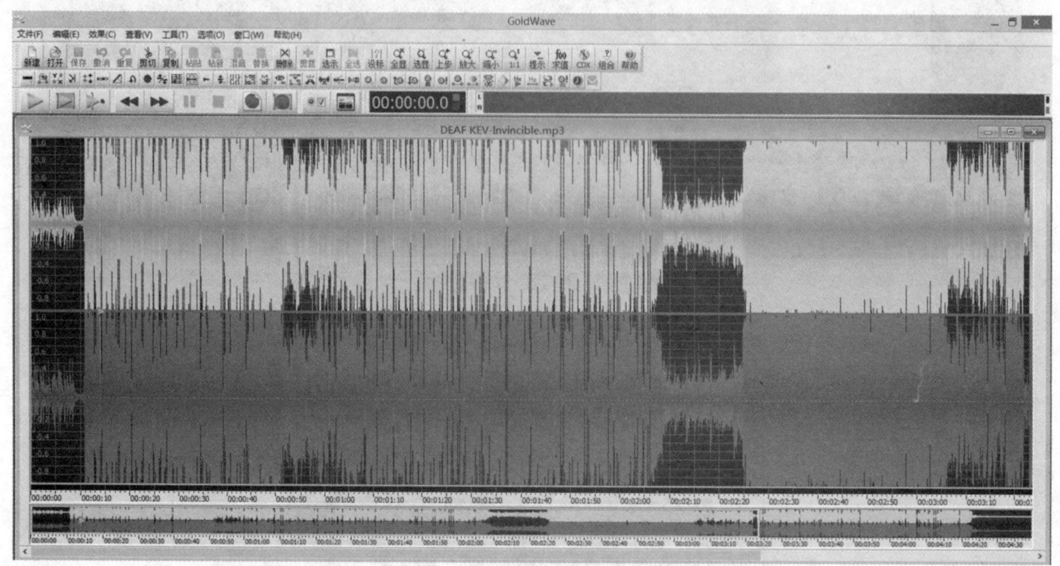

图4-3-20　选定部分音频

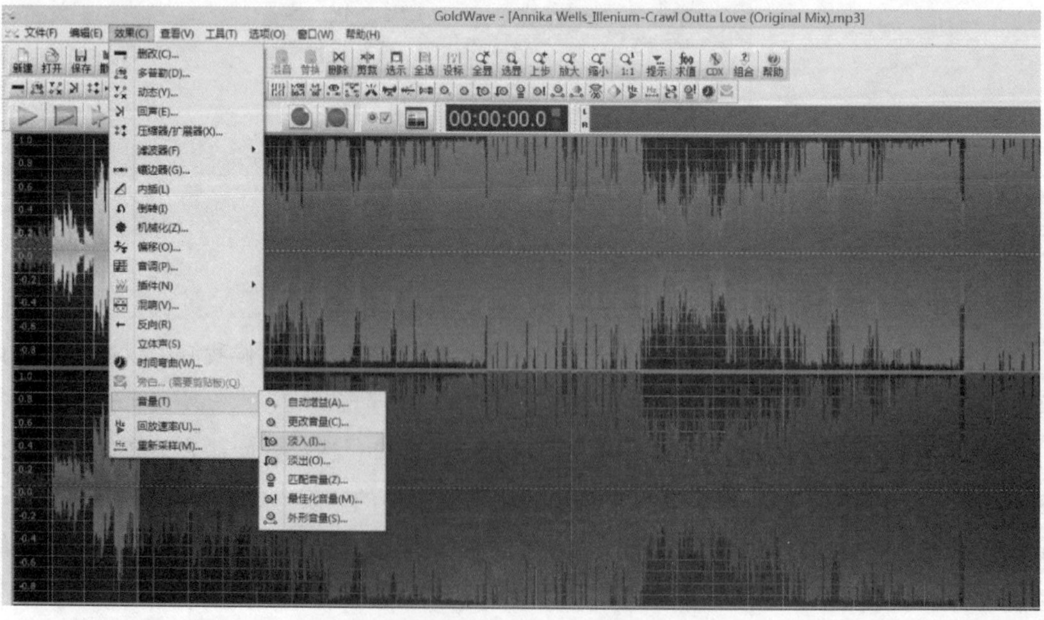

图4-3-21　添加淡入效果

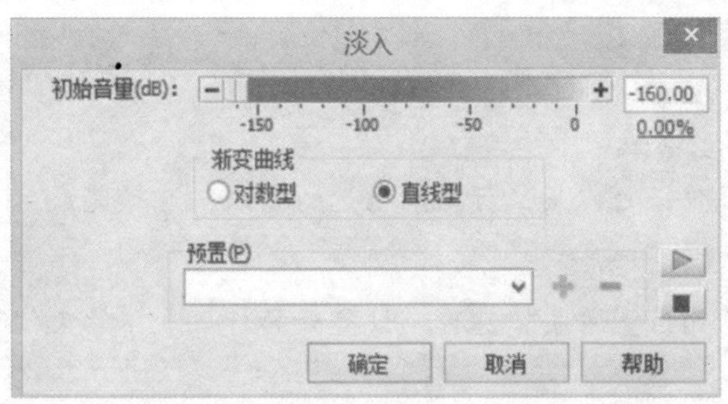

图4-3-22　设置淡入效果

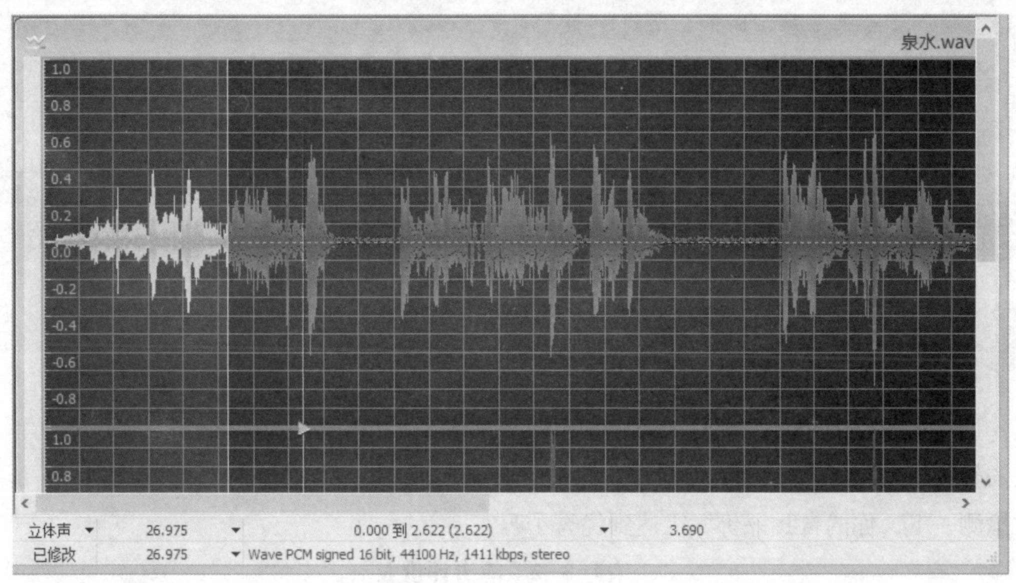

图4-3-23　修整后的波形

知识卡片

在GoldWave中有几个功能初学者容易混淆，可要注意区分哟。

剪切：同普通意义上的剪切，将选定波形从文件中删除，同时放到粘贴板；

剪裁：删除未选定区域；

删除：删除选定区域；

粘贴：将复制或剪切的部分波形，由选定插入点插入，等于加入一段波形；

粘新：将复制或剪切的部分波形，粘贴到一个新文件中，等于保存到新文件；

混音：将复制或剪切的部分波形，与由插入点开始的相同长度波形混音。

操作提示

（1）GoldWave波形区域的选定

如果不是要求很精确，可以用鼠标拖动框选的方法，选择完成后也可以在区域边界拖动鼠标扩大或缩小选择区域。

也可在待选区域开始位置右击，选择“设置开始标记”，结束位置右击选择“设置结束标记”。

如果是对选区的开始和结束要求精确设定，就用【编辑】菜单中【标记】项的“设置”命令，点选“基于时间位置”，设置起始和结束时间。

注意：按“CTRL+W”可选定全部波形区域。

（2）剪切和剪裁的区别

选定一段波形区域后，按“剪切”，是去掉选定的波形区域；“剪裁”则是去掉选定波形外的其他区域，保留选定区域。

任务总结与评价

通过本任务的学习，我们了解了音频的常见格式，并借助GoldWave软件完成了音频格式的转换、截取、降噪、淡入淡出。通过该任务的实现，要求达成的目标见表4-3-2。自我检测一下，你的自我评价等级达到优秀了吗？

表4-3-2　能力评价表

学习目标	评价内容	评价等级			
		A	B	C	D
能根据学习工作需要录入搜集需要的音频素材	了解音频的格式				
	了解获取音频的方法				
	会利用网络搜集需要的音频并下载				
	具有从网络资源中筛选和鉴别所需要信息的能力				
会使用GoldWave软件对音频素材进行编辑处理	会使用GoldWave获取唱片、视频中的音频素材				
	会使用GoldWave录制需要的音频				
	会使用GoldWave对现有音频素材进行剪裁、格式转换、降噪、设置过渡效果				
	了解使用格式工厂对音频进行格式转换的方法				

小组协作完成“校园风光”视频短片音频素材的搜集、录制编辑。

任务4　编辑合成“泉城风光”视频

任务描述

通过前面几个任务的实现，已经搜集整理了“泉城风光”视频短片相关的文本、图像和音频素材。除了这几类素材，视频也是重要的信息表达方式。那么，如何获取需要的视频素材呢？接下来的任务是通过常用的视频编辑软件Premiere将已获取的各类素材进行整合，完成“泉城风光”视频短片的制作。

任务分析

目前为止，我们获取的素材都是分别独立的文本、图像和音频素材，另外一种常用的视频素材还没有获取，获取后需要对各类分别独立的素材进行整合编辑，完成“泉城风光”视频短片。因此，该任务实现分为如下步骤：首先，了解视频素材格式及视频素材的获取方法；然后使用常用的视频采集方法获取需要的视频并进行简单的加工处理；最后，对各类分别独立的文本素材、图像素材、音视频素材进行整合编辑，最终完成“泉城风光”视频短片。

知识点梳理

1. 视频简介

视频是与图像紧密联系的，由一系列单独图像（称之为帧）组成，当每秒钟连续放映若干帧图像时，在人眼视觉暂留效应以及心理作用的共同作用下，就会产生动态的画面效果。任何数字视频文件都以一定的格式存储，不同的视频格式有不同的特点。表4-4-1简单介绍了几种常见的视频格式。

表4-4-1 常见的视频格式

视频格式	特 点
avi格式	avi（Audio-Video Interleaved，音频-视频交错）格式是一种音／视频交错记录的数字视频文件格式，同QuickTime和mpeg并称为三大主流视频格式。avi格式具有通用性好的特点，几乎所有的视频编辑软件都可以直接操作非压缩的avi文件
mpeg格式	mpeg（Moving Pictures Experts Group）格式是由国际标准化组织制定的数字化多媒体视频信息的压缩编码标准，是采用有损压缩方法减少冗余信息的视频格式。mpeg标准包括mpeg视频、mpeg音频和mpeg系统（视／音频同步）三部分。mpeg格式中的mpeg-1、mpeg-2和mpeg-4被广为使用。mp3音频是mpeg音频的典型应用，VCD、SVCD、DVD是采用 mpeg标准的电子产品
rm格式	rm（Real Media）格式是流式视频文件格式，可以通过 RealPlayer或 Realone Player软件对符合Real Media技术规范的网络音／视频资源进行实况转播，可以在不下载音／视频内容的情况下实现在线播放
wmv格式	wmv是一种独立于编码方式的在Internet上实时传播多媒体的技术标准，Microsoft公司希望用其取代QuickTime之类的技术标准以及.wav、.avi之类的文件扩展名。wmv的主要优点在于可扩充的媒体类型、本地或网络回放、可伸缩的媒体类型、流的优先级化、多语言支持、扩展性等
asf格式	asf 是 Microsoft 为了和 Real Player 竞争而发展出来的一种可以直接在网上观看视频节目的文件压缩格式。asf使用了 mpeg4 的压缩算法，压缩率和图像的质量都很不错。因为 asf 是以一个可以在网上即时观赏的视频“流”格式存在的，所以它的图像质量比 VCD 差一点点并不出奇，但比同是视频“流”格式的 ram 格式要好
mov格式	mov格式源于美国Apple公司，用于Macintosh计算机上，后移植到PC的 Windows操作系统上，成为QuickTime支持的活动影像文件格式，具有较高的压缩率，属于流式文件格式

2. 视频获取方式

（1）获取已有的视频资源

视频采集最便捷的方法是获取已有的视频资源，一方面，可以通过网络搜索需要的视频资源；另一方面，可以利用视频播放软件或者视频编辑软件如Adobe Premiere将VCD光盘中的视频片段进行截取。

（2）视频采集卡采集

通过视频卡采集传统模拟摄像机拍摄出来的视频信号，进行模拟/数字信号的转换，由视频采集软件控制采集设备，设定存储格式等视频参数，负责记录从采集卡传回的数据，存储为视频文件。

（3）用数码摄像机直接拍摄

随着数码摄像机的发展与普及，现在可以使用其直接拍摄得到数字化视频文件，不再需要视频采集设备，仅需应用USB线与电脑连接，就可以轻松完成素材导出。

（4）利用屏幕捕捉工具捕捉计算机上的动态画面

使用 SnagIt/32 、CamStudio等工具能够捕捉 Windows 窗口中连续活动的画面（如记录屏幕的动态显示及鼠标操作），最后储存成 avi、mpg、mov等影像格式文件，一些计算机教学光盘中的示范操作就是这样制作的。这与利用视频捕捉卡采集视频信号有些类似，只不过这种 “软捕捉” 的形式要经济的多。但此方法对电脑的硬件配置要求很高，否则只能用降低帧速或缩小抓取范围等办法来弥补。

任务实现

Step 1　从网络获取视频素材

打开百度搜索引擎，输入要搜索的关键字，如“泉城风光”，选择搜索的类型“视频”，单击“百度一下”，便打开了百度视频搜索网站，列出所有符合搜索关键字的搜索结果，如图4-4-1所示。在搜索结果列表中，可以根据“时长”“发布时间”“站点来源”等进行筛选，筛选出需要的视频。还可以按相关性和发布时间对搜索结果进行排序。

▲图4-4-1　百度视频窗口

要将搜索到的视频文件下载到本地电脑，可以有多种方法。

（1）从系统临时文件中复制

在搜索结果中单击需要的视频，播放视频，待视频缓冲完毕或播放完毕后，记下系统当前时间，单击浏览器窗口右上角的图标，选择“Internet选项”，打开Internet选项窗口，在“常规”选项卡中，单击“设置”按钮，打开“网站数据设置”对话框，在对话框中单击“查看文件按钮”，可以打开系统临时文件夹，将文件信息查看方式更改为“详细信息”，然后点击“上次访问时间”，找到和记下的时间相同的flv文件复制出来即可。复制的文件为flash文件，需要使用视频转换器转换为对应的视频文件格式才能使用。有关视频文件的格式转换，在后续任务中有介绍。

该方法由于系统临时文件较多，相对麻烦，用户并不常用。

（2）使用视频网站的下载播放器

视频文件主要由一些专门的视频网站发布，可以直接打开视频网站，如优酷网、土豆网等。例如打开优酷官网，在搜索框中输入“泉城风光”，单击“搜库”按钮，即可将搜索到的有关“泉城风光”的视频结果列表展示，可以根据需要对视频文件依据时长、画质、时间、分类等关键字进行筛选，搜索选择自己需要的视频后单击即可播放。在播放窗口的下方有“下载”按钮，单击后，可以选择“下载至电脑”或者“扫码用手机看”选项进行下载到电脑或者手机，如图4-4-2所示。如可以将本视频下载保存至“E:\计算机基础教材\模块四\素材\视频素材 ”中。请注意：下载时需要安装优酷客户端，才可以进行下载。

图4-4-2 专用播放器下载视频

该方法是较为常用的从网上下载视频文件的方法。其他视频网站视频文件的下载方法类似，请同学们自己实践。

Step 2　视频编辑与整合

拍摄视频很讲究技巧，作为一个初学者，很难拍出非常令人满意的视频。同样，网上搜索到的视频可能也不尽如人意。如何通过视频的后期处理，截取视频中的某一段，或者通过一些编辑处理，加入特效，制作出令人满意的视频呢？我们可以采用一些非线性编辑软件进行编辑处理。

非线性视频编辑的工具软件很多，如Adobe Premiere、会声会影等都是功能较完善的专业非线性编辑软件。

知识卡片

非线性编辑是相对传统的线性编辑而言的。多年前视频编辑是通过至少两台录像机对编的，采用数字信号控制、模拟信号传输，称为线性编辑。非线性编辑是传统的视听设备与计算机技术相结合的产物。就是我们现在用的电脑编辑，把视频先采集为数字化的文件（现在大多直接录制为数字视频文件了），然后导入到非线性编辑软件中在电脑上进行编辑处理，处理完直接制作光盘、播出或者上网等。

下面以视频编辑软件Adobe Premiere CS6为例，说明对“泉城风光”视频素材的加工处理过程。

启动Adobe Premiere，新建“泉城风光”项目，设置为DV PAL，标准48 kHz，序列名称为默认的项目文件名。

（1）制作片头——关键帧动画

①双击【项目】面板，打开“导入”对话框，将所有素材导入到【项目】面板中，如图4-4-3所示。

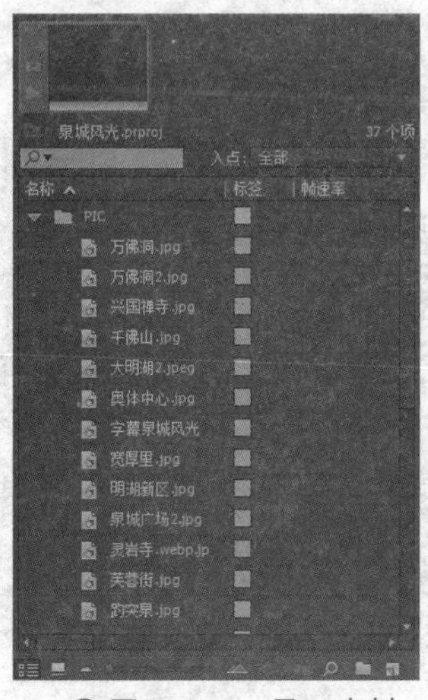

图4-4-3　导入素材

图4-4-4　将素材拖拽到时间线上

②将【项目】面板上的视频素材“背景.mov”拖放到“视频1”轨道中，音频素材“红旗颂.mp3”拖放到“音频1”轨道中，将图片“奥体中心.jpg”拖放到“视频2”轨道中，如图4-4-4所示。

③选中素材“奥体中心.jpg”，在【特效控制台】面板中，单击“运动”选项前面的三角折叠按钮，展开“运动”选项的参数，单击“位置”前面的“切换动画”按钮，在“00:00:00:00”处设置“位置”为“870，265”（此数值可根据个人情况而定，不必完全一致，下同），在“00:00:07:06” 处设置“位置”为“-137，265”，这时会自动添加此处的位置关键帧，如图4-4-5所示。

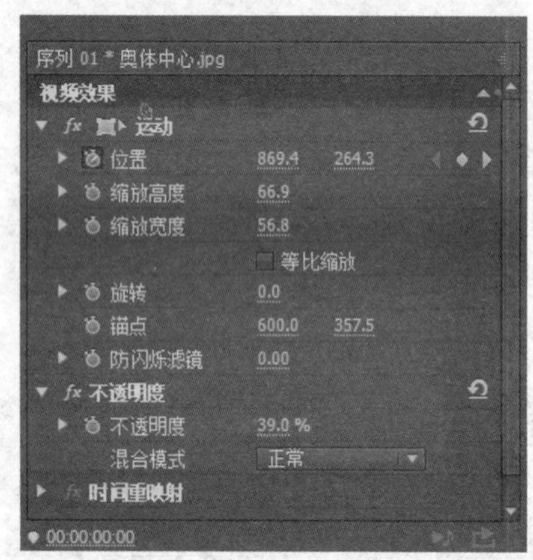

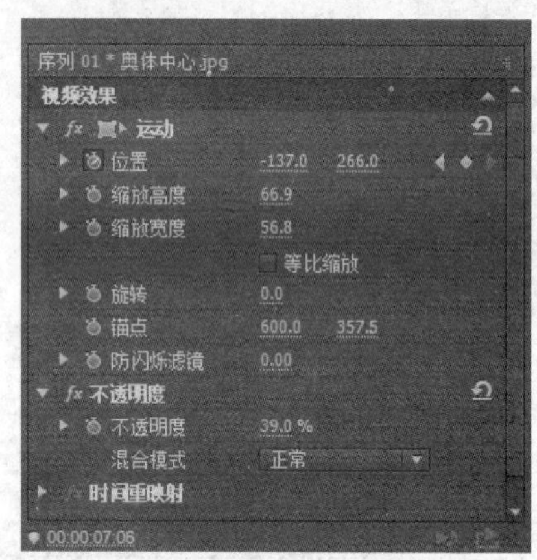

图4-4-5 素材“奥体中心.jpg”的参数设置

④在“轨道3”上方的空白处（图4-4-6）右键单击，在弹出的快捷菜单中选择“添加轨道”，弹出“添加轨道”对话框，设置视频轨道10条、音频轨道0条，如图4-4-7所示。

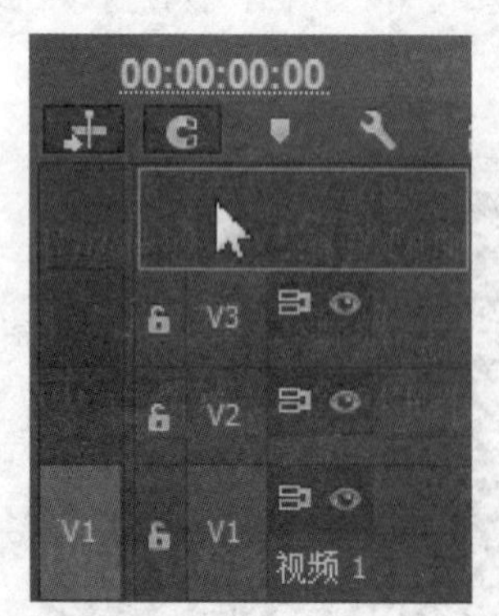

图4-4-6 轨道上方空白处

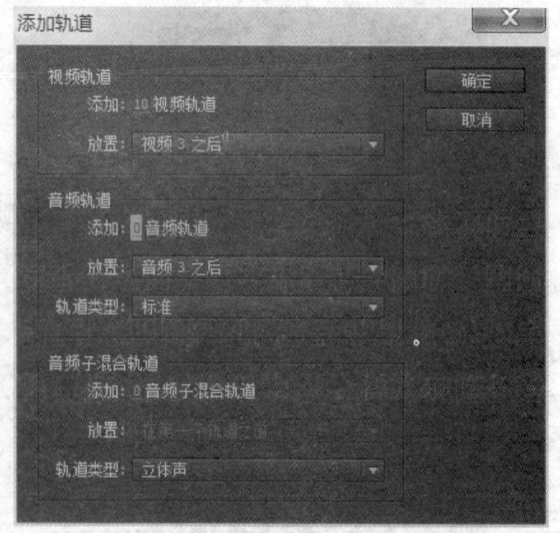

图4-4-7 “添加轨道”面板

⑤分别将素材“胶片.psd”“泉城广场.jpg”“大明湖.jpg”“宽厚里.jpg”“明湖新区.jpg”“芙蓉街.jpg”“趵突泉.jpg”拖动到“视频3”—“视频9”轨道中，且形成一定的时间间隔，如图4-4-8所示。参照第③步设置位置关键帧的方法，分别制作出图片由下到上的运动效果。

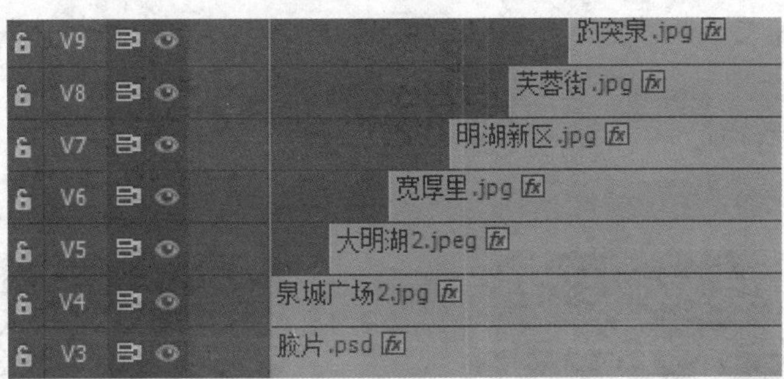

图4-4-8　时间线上素材的排列

（2）制作标题——字幕系统

①单击【字幕】菜单中【新建字幕】项中的“默认静态字幕”，打开“新建字幕”对话框，在“名称”文本框中输入“泉城风光”，“视频设置”选项组中的各选项使用默认值，然后单击“确定”按钮，如图4-4-9所示。

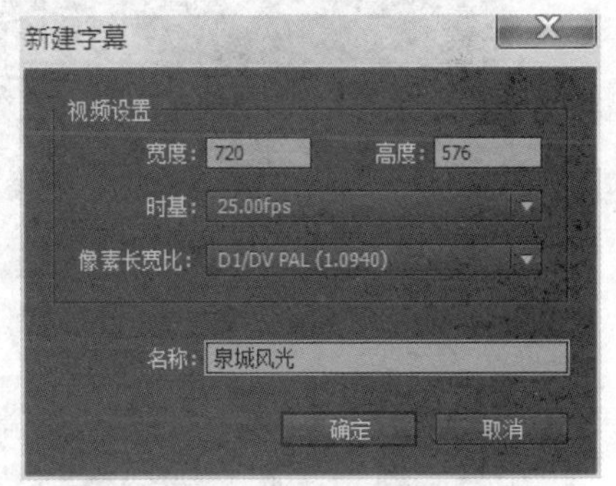

图4-4-9　“新建字幕”对话框

②在窗口中央打开【字幕】面板，选择【字幕工具】面板上的“文字工具” T，在字幕面板中单击，在光标处输入文字“泉城风光”，在右侧的“字幕属性”面板上，设置相关属性，如图4-4-10所示。

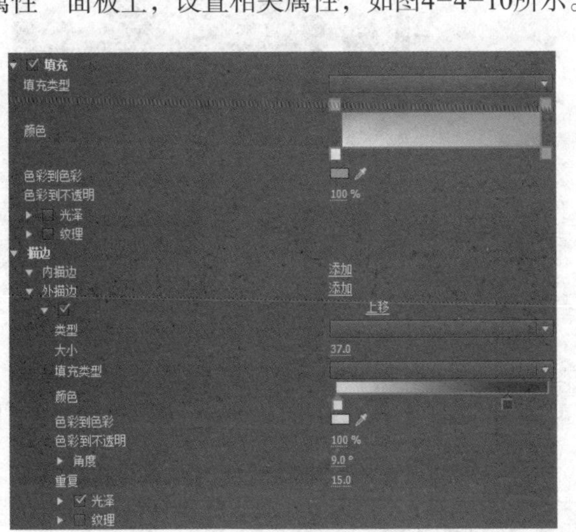

图4-4-10　设置“字幕属性”面板

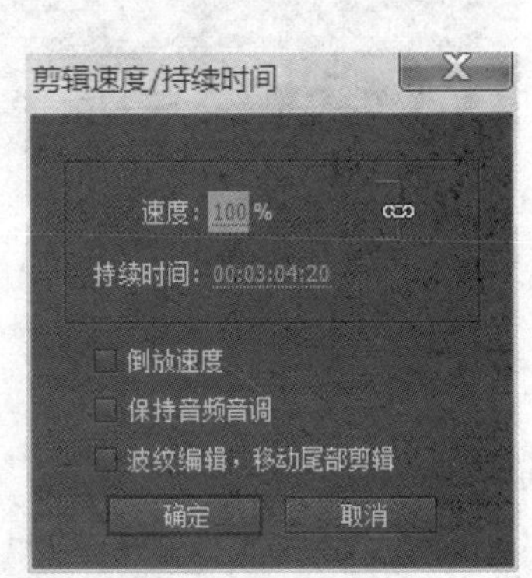

图4-4-11　“速度/持续时间”面板

③关闭【字幕】面板，把【项目】面板中的“泉城风光”字幕拖拽到“视频9”轨道中“趵突泉.jpg”的结尾处（00:00:06:05）。在“泉城风光”字幕上右键单击，在弹出的快捷菜单中选择“速度/持续时间”，弹出“剪辑速度/持续时间”对话框，设置持续时间为“00:03:04:20”，如图4-4-11所示。

④为字幕添加关键帧动画。分别在“00:00:06:20”“00:00:09:10”“00:00:09:24”“00:00:10:21”设置“位置”和“缩放”的关键帧数值分别为“（80，275）、0%”、“（362，275）、118%”“（362，275）、118%”“（587，551）、35%”，如图4-4-12至图4-4-15所示。

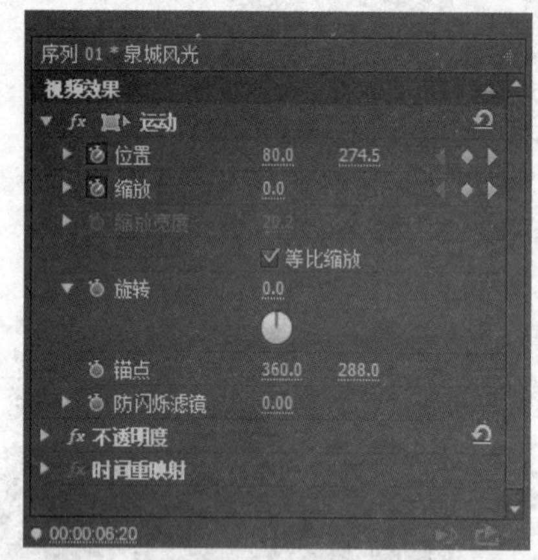

图4-4-12　字幕在“00:00:06:20”时参数设置

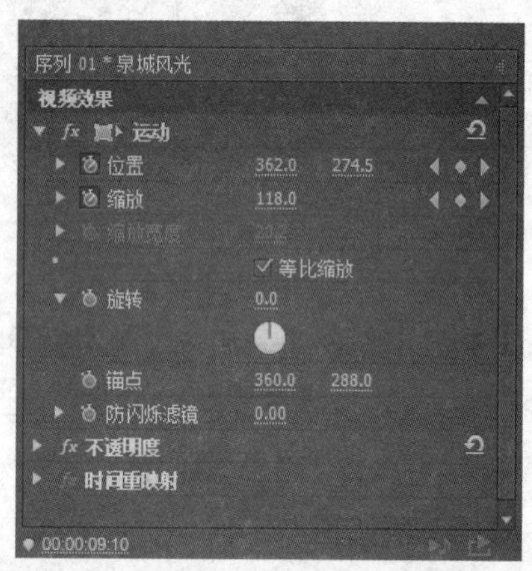

图4-4-13　字幕在“00:00:09:10”时参数设置

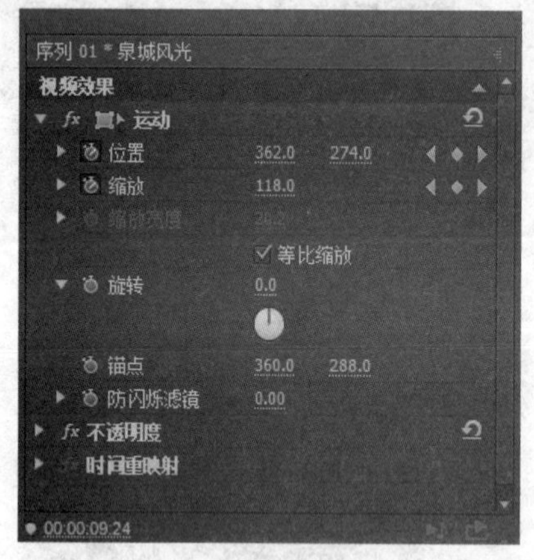

图4-4-14　字幕在“00:00:09:24”时参数设置

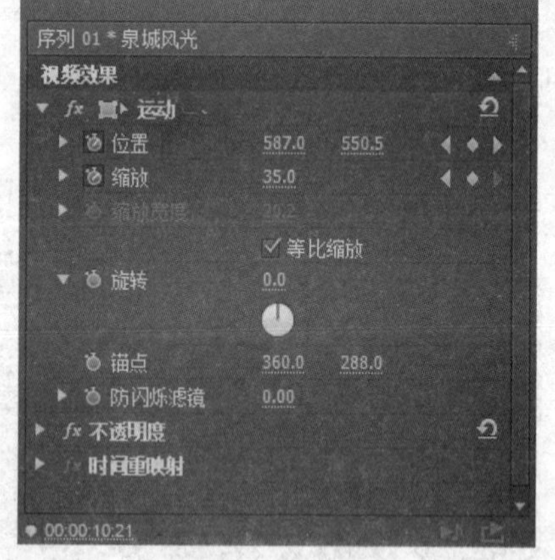

图4-4-15　字幕在“00:00:10:21”时参数设置

（3）制作视频主体——剪辑影片

①将时间指示器定位到“00:00:11:07”，将【项目】面板上的视频素材“天下泉城.mp4”拖放到“视频3”轨道中，对齐时间指示器。

②将时间指示器定位到“00:00:13:22”，按C键切换到“剃刀工具”，在时间指示器位置单击，将视频切割为两部分，如图4-4-16所示。

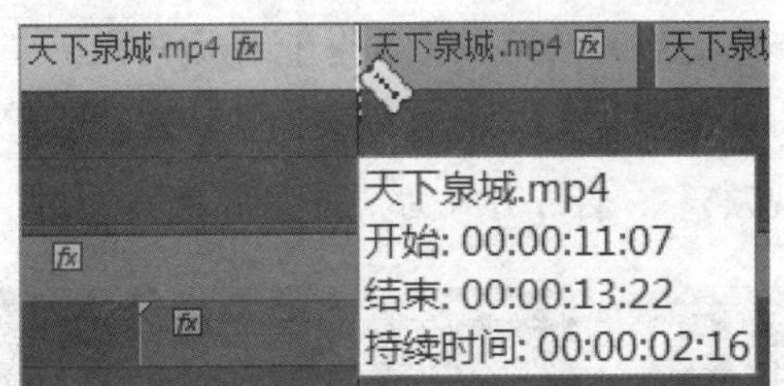

图4-4-16　使用剃刀工具切割视频

③参照样片效果，分别在“00:00:16:05”“00:00:24:20”“00:00:29:13”“00:00:37:01”“00:00:43:20”“00:01:06:09”等时间点将视频切割，选取视频片段进行重新组接，完成一段体现泉城风貌且有观赏感的视频。

（4）润色视频——添加视频切换特效

①在【效果】面板中选择“视频过渡→溶解→交叉溶解”转场效果，拖至“视频3”轨道上“天下泉城.mp4”任一个切割点上，为其中两个切割片段添加“交叉溶解”视频切换特效，如图4-4-17所示。

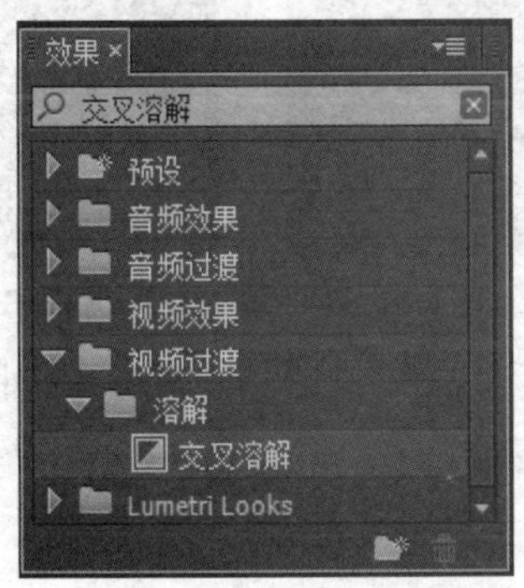

图4-4-17　为视频添加视频切换特效

②以同样的方法为“天下泉城.mp4”的其他切割片段添加视频切换特效。

（5）制作角标——蒙版的应用

①在视频“天下泉城.mp4”中选择适合作为角标的小片段（时间长度最好不超过1秒），将剪好的小片段拖至“视频4”轨道“00:00:10:16”处。

②选中视频片段，按“Ctrl+C”复制，“Ctrl+V”粘贴多次，直至“00:03:10:19”。

③将素材“蒙版3.psd”拖至“视频5”轨道“00:00:10:16”处，长度同“视频4”轨道。取部分截图如图4-4-18所示。

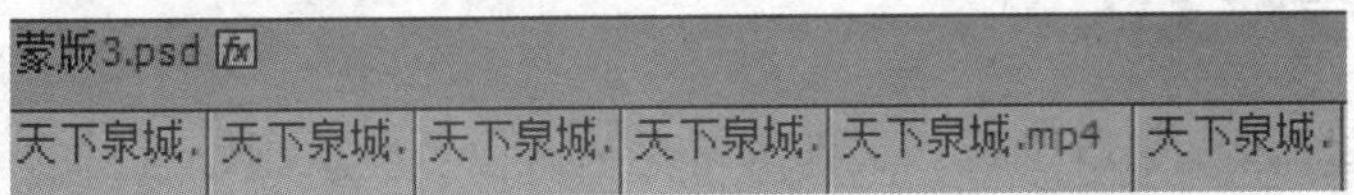

图4-4-18　由“天下泉城.mp4”和“蒙版3.psd”所组成的时间线部分截图

④选中视频“天下泉城.mp4”片段，在【效果】面板中双击 “视频效果→键控→轨道遮罩键”，这时便为视频“天下泉城.mp4”片段添加了特效“轨道遮罩键”。在【效果控件】面板选择遮罩层为“视频5”，合成方式为“亮度遮罩”，如图4-4-19所示。

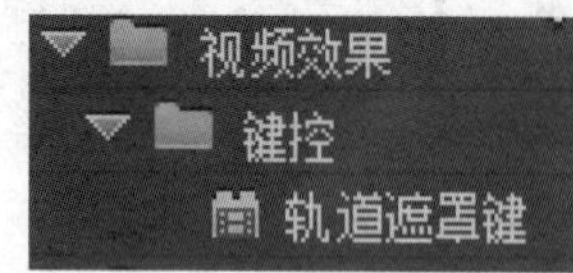

图4-4-19 “轨道遮罩键”面板

⑤为“视频4”轨道上所有视频片段执行第④步操作。

（6）制作片尾——视频特效

①将素材“影集封面.psd”“影集封面蒙版.psd” 分别拖至“视频7”“视频8”轨道“00:03:10:19”处。

②选中 “影集封面.psd”，在【效果】面板中双击 “视频效果→键控→颜色键”，这时便为 “影集封面.psd” 添加了特效“颜色键”。在【效果控件】面板中选择“颜色键→主要颜色”旁边的吸管，在“节目”面板吸取要去掉的颜色，调整“颜色宽容度”的值直到背景色全部去掉，如图4-4-20所示。

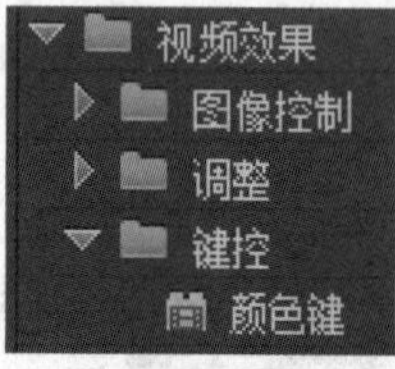

图4-4-20 设置视频特效“颜色键”

③在【效果】面板的“搜索”框中输入“边角固定”，则会直接定位到该特效。为“影集封面蒙版.psd”添加“边角固定”特效，在“特效控制”面板中设置边角固定特效的各参数值，如图4-4-21所示。

边角固定		
左上	0.0	0.0
右上	339.0	-10.0
左下	0.0	288.0
右下	352.0	288.0

图4-4-21 设置视频特效“边角固定”

④参照样片效果添加字幕，至此“泉城风光”视频短片制作完毕。按“Ctrl+M”渲染导出。

任务总结与评价

通过该任务的实现，了解了视频文件的常见格式以及获取视频素材的方法，学会了在Premiere中如何创建一个项目，将各类素材导入并会进行简单的视频剪辑、添加视频切换特效以及会使用Premiere的字幕系统添加字幕。本任务要求达成的目标见表4–4–2。请自我检测一下，你的自我评价等级达到优秀了吗？

表4–4–2 能力评价表

学习目标	评价内容	评价等级			
		A	B	C	D
能根据学习工作需要制作视频短片	了解常见的视频文件格式				
	会进行视频剪辑				
	会添加视频切换特效				
	会添加视频特效				
	会使用Premiere的字幕系统				
	具有快速、准确制作具有观赏性视频的能力				

任务训练

1. 小组协作完成“校园风光”视频短片的录制编辑及合成处理。
2. 练习视频切换特效，制作电子相册。

图4–4–22 电子相册

3. 练习视频特效，制作马赛克效果。

图4–4–23 马赛克效果

模块总结

本模块以“泉城风光”视频短片的制作为主线，介绍了文本、图像、音频、视频等信息的获取与编辑方法，以及多媒体信息的合成。其中各类素材的编辑是难点，主要涉及ACDSee、GoldWave和Premiere等软件的使用方法和技巧。通过学习，读者可以设计并制作出一段具有独特视角、富有感染力的视频。

思考练习

一、填空题

1. 视频编辑方式可分为__________和__________两种。

2. 传统电影播放画面的帧速率为________帧/秒，NTSC制式规定的帧速率为________帧/秒，而我国使用的PAL制式的帧速率为________帧/秒。

3. 经常用到的图像格式有______、_______、______、gif、_______和tiff等。

4. 经常用到的音频格式有______、_______、______、midi、_______和RealAudio等。

5. 经常用到的视频格式有______、_______、______、mov、tga、______和asf等。

二、选择题

1. PAL制式帧尺寸为（　　）。

A. 720*576像素　B. 640*480像素　C. 320*288像素　D. 576*720像素

2. 构成动画的最小单位为（　　）。

A. 秒　B. 画面　C. 时基　D. 帧

3. 在Premiere中默认的情况下，为素材设定入点、出点的快捷键是（　　）。

A. I和O　B. R和C　C. < 和 >　D. + 和 −

4. 在Premiere中，粘贴素材是以（　　）定位的。

A. 选择工具的位置　B. 编辑线

C. 入点　D. 手形工具

5. 在Premiere中，透明度的参数越高，透明度（　　）。

A. 越透明　B. 越不透明　C. 与参数无关　D. 低

模块5 图文排版与展示

学习导读

本模块主要介绍了Microsoft Office Word 2016在图文排版与展示中的应用，以“泉城韵味”旅游画册作为学习引导项目。通过学习，不仅可以完成完整的旅游画册制作，还能完成相应的拓展项目。通过设计创建“泉城韵味”画册任务，学习输入文字、段落并进行编辑、美化及封面的插入和使用样式进行快速排版；通过创建与美化“泉城韵味”画册表格任务，学习Word表格的制作及编辑美化；通过插入与编辑“泉城韵味”画册的图形图像任务，学习图形图像的编辑和美化及图文混排；通过整合排版打印“泉城韵味”文档任务，学习文档目录的制作、页眉页脚的设置及整体排版预览并调整。本模块学习任务和学习内容如图5-1所示。

图5-1　本模块学习任务和学习内容

知识目标	技能目标	素质目标
● 掌握文字及段落的基本排版操作； ● 掌握表格的编辑及美化操作； ● 掌握图形图像的编辑及美化操作； ● 掌握页面的整合排版及打印操作	● 能使用字体和段落格式对文本进行美化排版； ● 能使用样式进行快速排版； ● 能插入文档封面； ● 能使用表格“布局”和“设计”进行编辑和美化； ● 能使用图形图像格式美化，进行图文混排； ● 能设置页面页眉页脚，添加目录，设置打印	● 培养可迁移学习的能力，树立自主学习、终身学习的理念； ● 培养严谨的工作作风和追求精益求精的工匠精神； ● 培养团结协作的观念和创新意识； ● 提高审美能力，陶冶高尚情操

任务1　设计创建“泉城韵味”画册

任务描述

本任务主要完成旅游画册（如图5-5-1所示）中第一页“泉城韵味”页中文字部分及封面的制作，任务1的完成效果如图5-1-2所示。

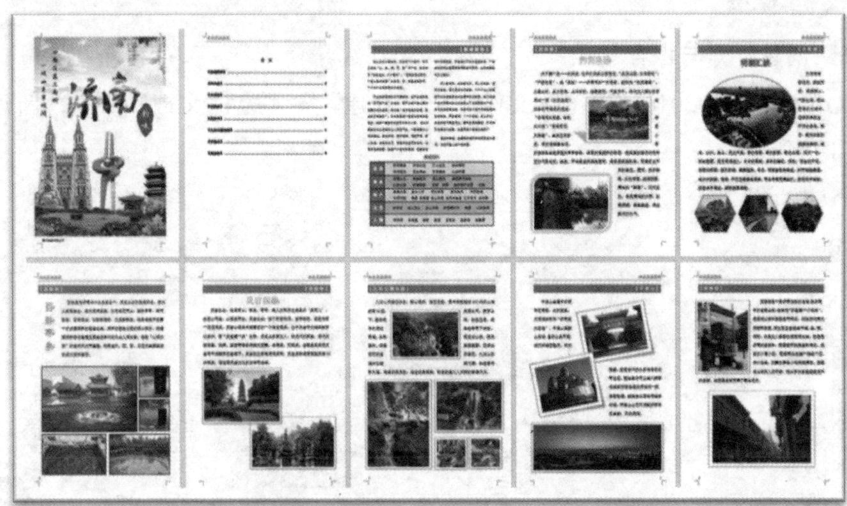

图5-1-1　旅游画册项目效果

图5-1-2　任务1的效果

任务分析

完成本节任务，需要先输入文字，特别是特殊字符的插入，然后使用字体和段落进行格式设置，对文字进行美化。使用封面库封面并能自定义封面，可以插入封面，编辑和使用样式，并实现快速排版。

任务实施

任务实现↘

STEP 1　创建打开与保存文档

①启动Office Word 2016，单击“文件”→“新建”→“空白文档”命令，新建Word文档，如图5-1-3所示。

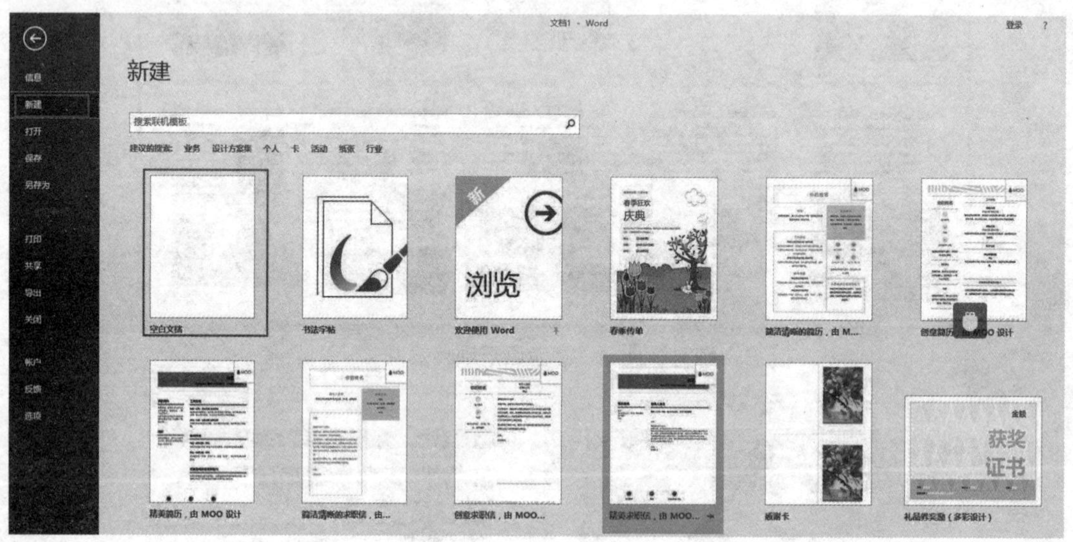

图5-1-3　新建空白文档

②单击“文件”→“保存”→“浏览”命令，选择文件存放的地址，在弹出的对话框中，输入文件名“泉城韵味旅游画册”，如图5-1-4所示。

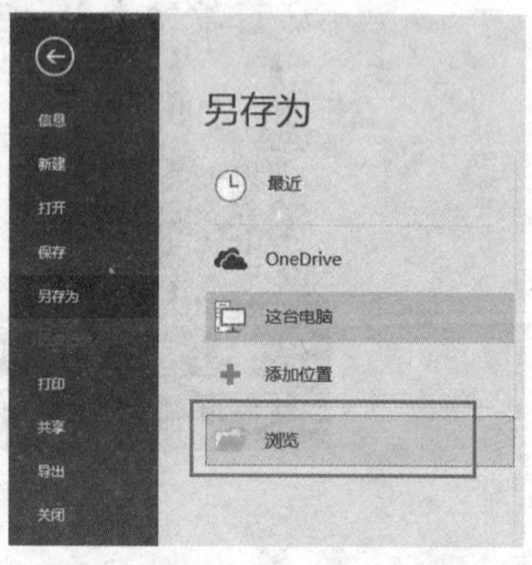

图5-1-4　保存文档为“泉城韵味旅游画册”

STEP 2　**设置文档的页面布局**

①单击“布局”→“页边距”→“自定义页边距”命令，打开“页面设置”对话框，在“页边距”选项卡设置文档上、下、左、右页边距和纸张方向等，如图5-1-5所示。一般情况，可根据文件装订位置设置具体的页边距值。在“纸张”选项卡设置纸张大小，如图5-1-6所示。

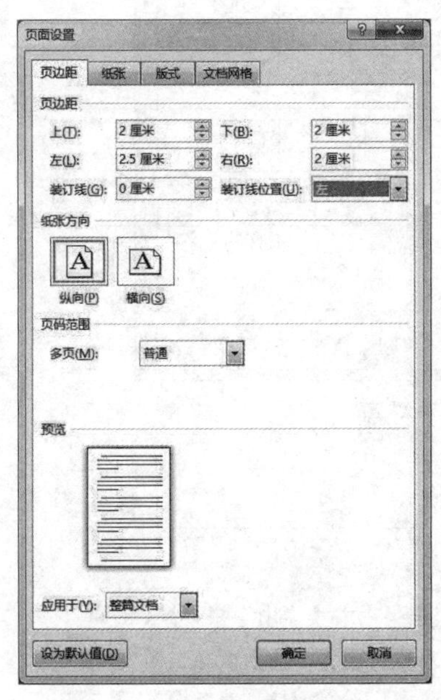

图5-1-5　设置文档的页边距

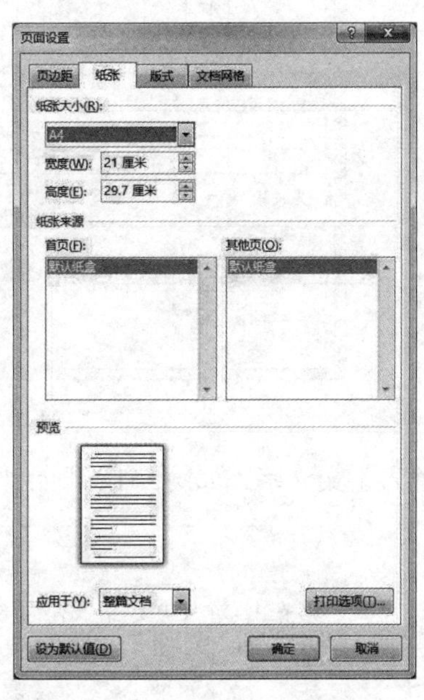

图5-1-6　设置文档的纸张大小

②设置页边距、纸张方向、纸张大小等页面布局，可以通过访问“布局”选项菜单下的工具栏，来进行快速设置，如图5-1-7所示。

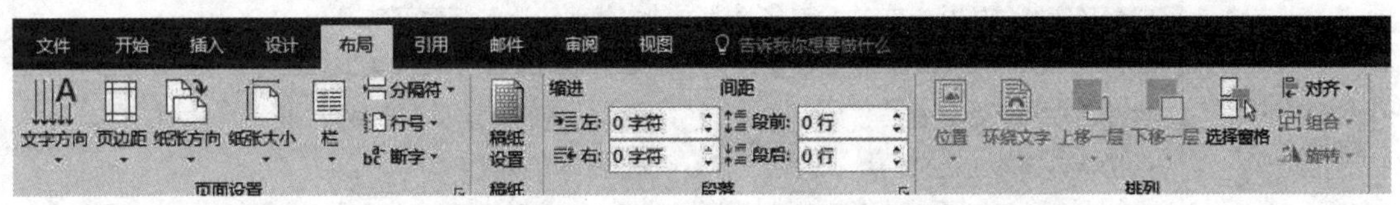

图5-1-7　通过快速工具栏设置

STEP 3　**输入普通文本及特殊字符**

①选择合适的中文输入法，输入标题“【泉城韵味】”，符号“【】”通过单击“插入”→“符号”→“其他符号”命令，打开“符号”对话框，选择字体为普通文本，子集为CJK符号和标点，单击符号“【”“】”就会插入到文档中，如图5-1-8所示。

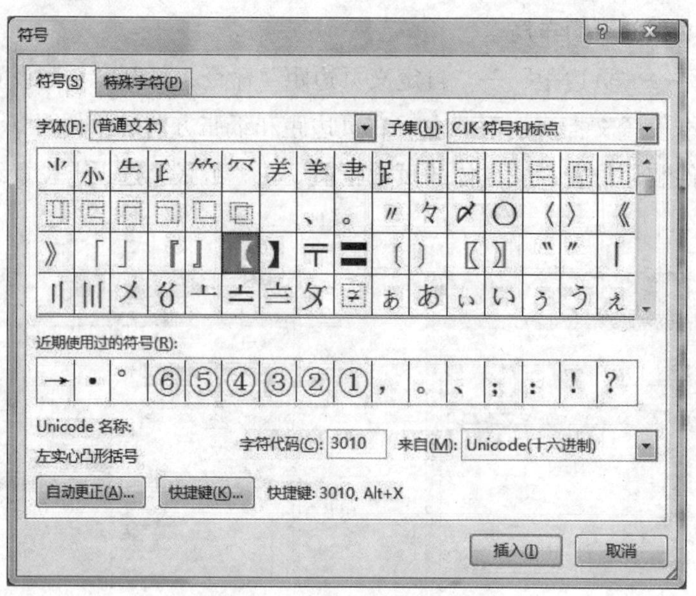

图5-1-8　插入特殊符号

②输入正文文字，如图5-1-9所示。

【泉城韵味】

在山东省心脏地带，有这样一个城市，它罕见地集“山、泉、湖、河、城”于一体，自古就有“家家泉水，户户垂柳”“四面荷花三面柳，一城山色半城湖”的美誉。它，就是济南，一个古朴与灵动融合的老城。

不必说大明湖畔的雨后新荷，也不必说趵突泉“天下第一泉”的盛名，更不必提千佛山摩肩接踵的庙会盛况。端的是“泉含城色柳如烟，碧幽新月钟鼓声”。单单就是在一条条古街中穿梭漫步，走过一幢幢青砖黛瓦的古朴小巷， 去追忆那逝去的岁月就能让人沉静下来，一颗浮躁的心洗去铅尘。曲水亭街、明府城巷，旧城不旧，新人未老，古城的岁月，都是青砖黛瓦的诗句，让日子生动雀跃。这是一个城市的脉搏，循着这悠悠的青石板路，听着泉水叮咚声缓缓走去，一座老城的前尘往事隐隐浮现在你面前，让你感受到了它的心跳声。

词人李清照、文学家曾巩、词人辛弃疾、贤相房玄龄还有明代兵部尚书铁铉，一个个让人如雷灌耳的名字在历史的尘烟中渐次鲜明起来，他们为这个城市厚重的文化底蕴添上了浓墨重彩的一笔。老舍先生客居此地，有感于这个城市闲适温馨的独特韵味，不禁感慨:“一个老城，有山有水，全在天底下晒着阳光，暖和安适地睡着，只等春风来把它们唤醒，这是不是个理想的境界?”

是啊，漫步济南城，在理想的境界中偷得浮生半日闲，何尝不是人生一大幸事。

图5-1-9　输入的标题及文本

STEP 4　**利用字体与段落格式进行排版**

（1）设置标题文字格式

①选中标题文字“【泉城韵味】”，单击“开始”选项卡菜单，在字体工具栏组中，选择字体为微软雅黑，字号为四号，文字颜色为白色。字体工具栏选项组可以快速设置文字的字体、字号、加粗、上标、下标等格式，如图5-1-10所示。

文件
开始
插入
设计
布局
引用
邮件
审阅
剪切
复制
粘贴
格式刷
剪贴板
微软雅黑
四号
Aa
字体

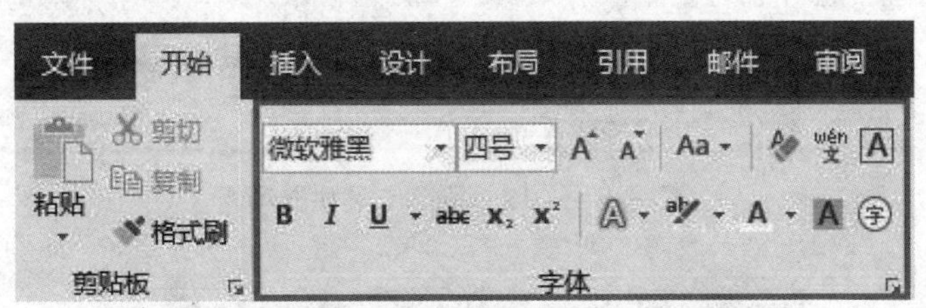

图5-1-10　字体工具栏选项组

②选中标题文字“【泉城韵味】”，单击字体工具栏组，右下角的箭头，打开“字体”对话框，选择“高级”选项卡，选择间距“加宽”“3磅”，如图5-1-11所示。

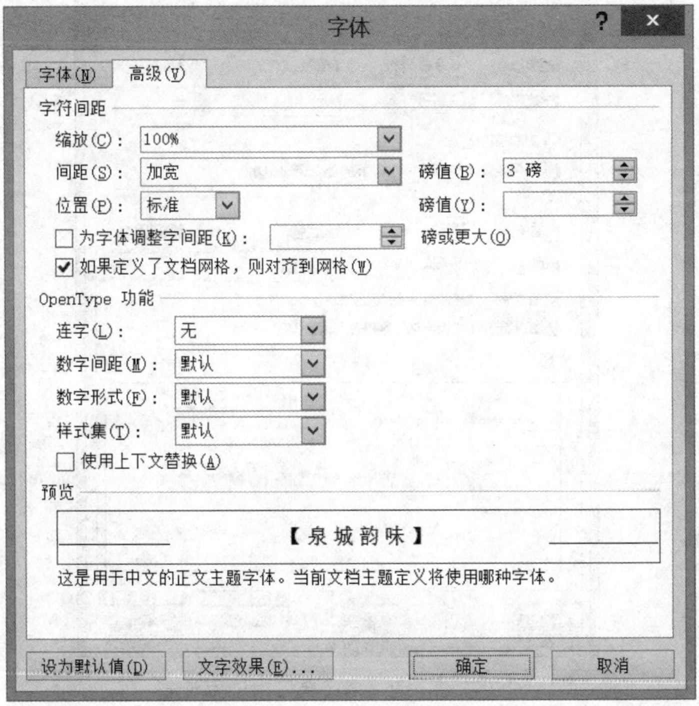

字体
字体(N)
高级(V)
字符间距
缩放(C)：
100%
间距(S)：
加宽
磅值(B)：
3 磅
位置(P)：
标准
磅值(Y)：
为字体调整字间距(K)：
磅或更大(O)
如果定义了文档网格，则对齐到网格(W)
OpenType 功能
连字(L)：
无
数字间距(M)：
默认
数字形式(F)：
默认
样式集(T)：
默认
使用上下文替换(A)
预览
【泉城韵味】
这是用于中文的正文主题字体。当前文档主题定义将使用哪种字体。
设为默认值(D)
文字效果(E)...
确定
取消

图5-1-11　“字体”对话框设置

③选中标题文字“【泉城韵味】”，单击“开始”选项卡菜单，在段落工具栏组中，如图5-1-12所示，单击边框后的下拉箭头，选择“边框和底纹”命令，打开“边框和底纹”对话框，选择“底纹”选项卡命令，选择填充颜色为“蓝色”，应用于“段落”，

设置完成后单击“确定”，关闭对话框。单击段落工具栏组右下角的箭头，打开“段落”对话框，设置对齐方式为“右对齐”，段前间距为“自动”，段后间距为1行，效果如图5-1-13所示。

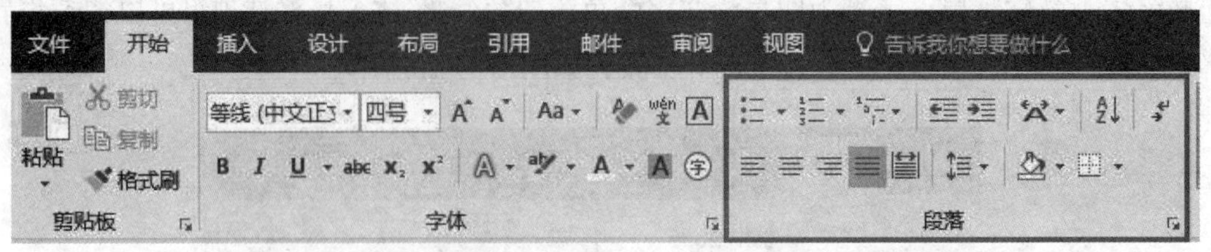

图5-1-12　段落工具栏选项组

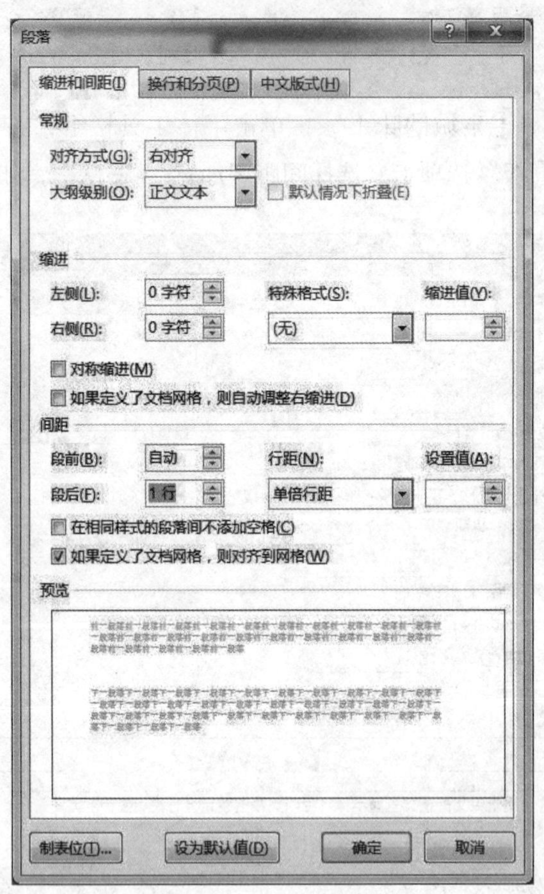

图5-1-13　“段落”对话框设置

（2）设置正文文字及段落格式

①选中正文文字“在山东省心脏地带，有这样一个城市……何尝不是人生一大幸事。”在字体工具栏组，设置字体为宋体，字号为五号；在“段落”对话框，设置段后间距为0.5行，1.5倍行距，首行缩进2字符。

②中正文文字“在山东省心脏地带，有这样一个城市……何尝不是人生一大幸事。”单击“布局”选项卡菜单，单击“栏”命令下的下拉箭头，选择“两栏”命令，设置完成后，效果如图5-1-14所示。

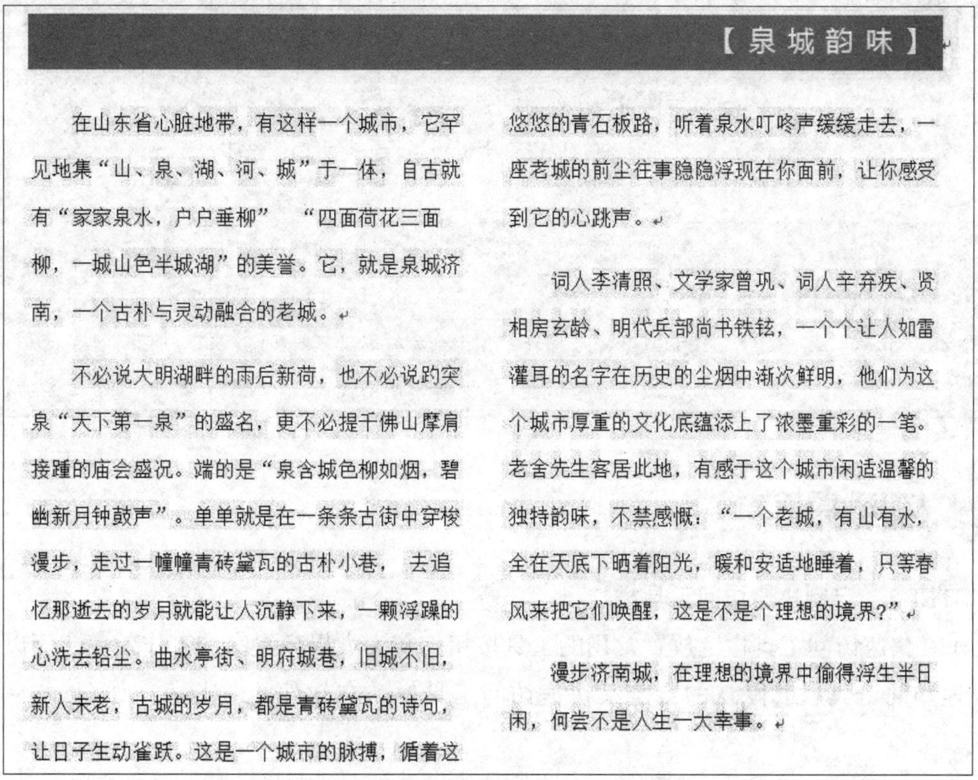

【泉城韵味】

在山东省心脏地带，有这样一个城市，它罕见地集“山、泉、湖、河、城”于一体，自古就有“家家泉水，户户垂柳”“四面荷花三面柳，一城山色半城湖”的美誉。它，就是泉城济南，一个古朴与灵动融合的老城。

不必说大明湖畔的雨后新荷，也不必说趵突泉“天下第一泉”的盛名，更不必提千佛山摩肩接踵的庙会盛况。端的是“泉含城色柳如烟，碧幽新月钟鼓声”。单单就是在一条条古街中穿梭漫步，走过一幢幢青砖黛瓦的古朴小巷，去追忆那逝去的岁月就能让人沉静下来，一颗浮躁的心洗去铅尘。曲水亭街、明府城巷，旧城不旧，新人未老，古城的岁月，都是青砖黛瓦的诗句，让日子生动雀跃。这是一个城市的脉搏，循着这悠悠的青石板路，听着泉水叮咚声缓缓走去，一座老城的前尘往事隐隐浮现在你面前，让你感受到它的心跳声。

词人李清照、文学家曾巩、词人辛弃疾、贤相房玄龄、明代兵部尚书铁铉，一个个让人如雷灌耳的名字在历史的尘烟中渐次鲜明，他们为这个城市厚重的文化底蕴添上了浓墨重彩的一笔。老舍先生客居此地，有感于这个城市闲适温馨的独特韵味，不禁感慨：“一个老城，有山有水，全在天底下晒着阳光，暖和安适地睡着，只等春风来把它们唤醒，这是不是个理想的境界?”

漫步济南城，在理想的境界中偷得浮生半日闲，何尝不是人生一大幸事。

图5-1-14 “段落”对话框设置

任务总结与评价

通过完成“设计创建‘泉城韵味’画册”工作任务，学习了文字及特殊字符的输入，字体和段落属性的设置，字体的常用属性有字体、字号、字体颜色、加粗、斜体、加下画线、上标、下标、字距等，段落的常用属性有段落对齐、段落缩进、段前段后间距、行距、段落边框和底纹、首行缩进或悬挂缩进等；学习了页面布局的设置，页面设置常用的属性有纸张大小、纸张方向、页边距等，分栏属性可以调整文字的排版位置。通过该任务的实现，要求达成的目标见表5-1-1。请自我检测一下，你的自我评价等级达到优秀了吗?

表5-1-1 学习能力自我评价

学习目标	评价内容	评价等级			
		A	B	C	D
能够根据工作需求创建文档并输入文字及特殊字符	掌握Word文档的新建、打开、保存等操作				
	会使用恰当的输入法，输入文字和一般字符				
	会使用插入符号命令，插入特殊字符				
能够简单设置文档的页面布局	掌握页面布局设置中页边距、纸张方向、纸张大小的操作				
能够根据工作需求设置字体和段落的格式	能够设置文字字体、字号、颜色、加粗等常用格式				
	能够设置段落对齐方式、首行缩进、段落缩进、段前段后间距、行距等常用格式				

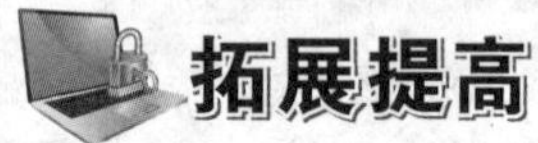

拓展提高

STEP 1　定制快速访问工具栏

①在快速访问工具栏上放置常用的工具按钮，能大大提高大家的工作效率，可以自定义快速访问工具栏。默认的自定义快速访问工具栏，在软件的左上角，如图5-1-15所示。

图5-1-15　自定义快速访问工具栏

②单击自定义快速访问工具栏后的下拉箭头，可以设置在功能区下方显示，如图5-1-16所示。

③根据个人的工作任务和习惯，可以定制个性快速访问工具栏，具体操作如下：单击“文件”→“选项”命令，打开“Word选项”对话框，单击左侧“快速访问工具栏”命令，将常用命令添加到右侧“自定义快速访问工具栏”，如图5-1-17所示；定制好的自定义快速访问工具栏，可以显示在功能区的下方，如图5-1-18所示。

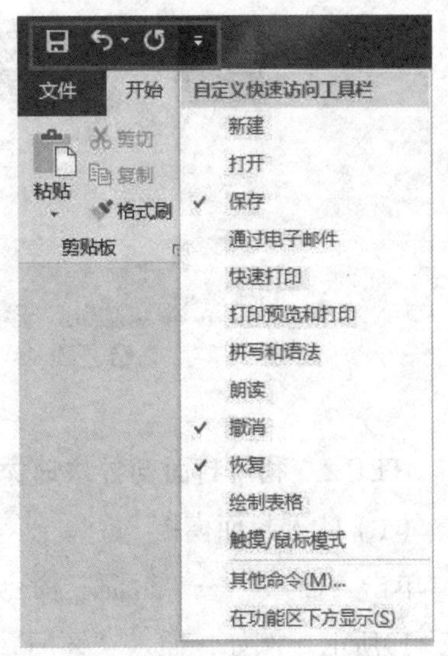

图5-1-16 自定义快速访问工具栏设置

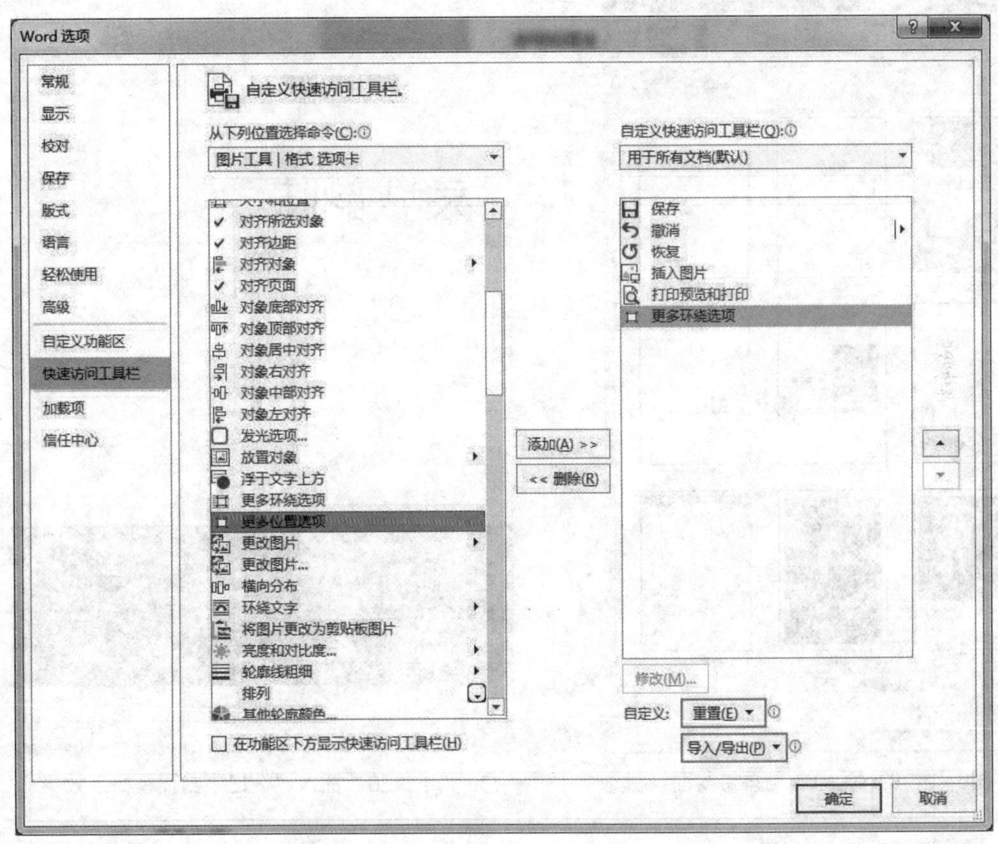

图5-1-17 定制自定义快速访问工具栏

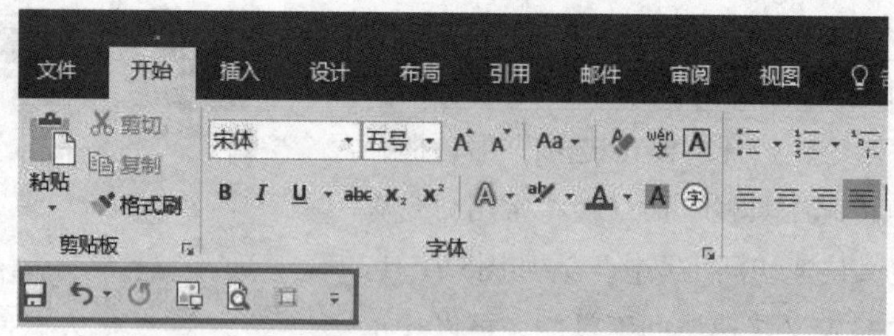

图5-1-18　定制好的自定义快速访问工具栏

STEP 2　利用封面向导快速添加封面

（1）插入封面模板

单击“插入”→“封面”命令，单击下拉箭头，选择一个封面模板，插入文档，如图5-1-19所示。例如，插入“怀旧”封面，修改标题等，效果如图5-1-20所示。

图5-1-19　插入Word自带封面模板

图5-1-20　插入“怀旧”封面模板后效果

（2）设置自定义封面

除了使用Word 2016自带的封面模板以外，还可以将自己设计的封面保存到封面库，将制作好的封面图片插入到文档中，如图5-1-21所示。

图5-1-21　插入自定义画册封面图片后效果

选中画册封面图片，单击“插入”→“封面”命令，单击下拉箭头，选择“将所选内容保存到封面库”命令，弹出“新建构建基块”对话框，填写名称“画册封面”，如图5-1-22所示。保存到封面库后，效果如图5-1-23所示，下次可以直接作为模板来使用。

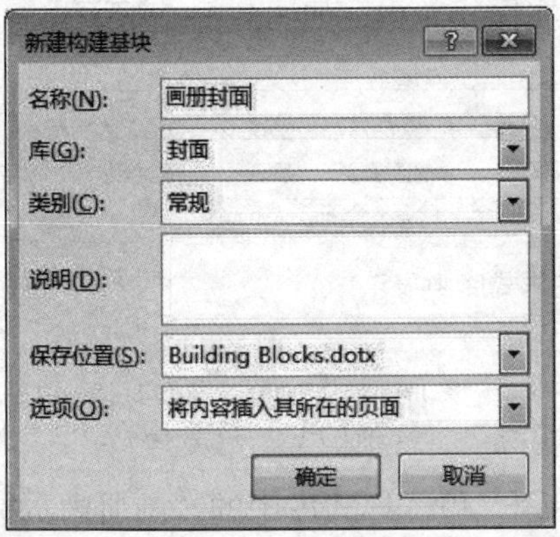

新建构建基块

名称(N):　画册封面

库(G):　封面

类别(C):　常规

说明(D):

保存位置(S):　Building Blocks.dotx

选项(O):　将内容插入其所在的页面

确定　取消

图5-1-22　将所选封面图片保存到封面库

图5-1-23　保存到封面库后效果

STEP 3　**使用样式提高工作效率**

Word中使用样式，可以快速设置同样格式的文字。在济南旅游画册中，每个景点的标题，格式设置是一样的，可以将画册内页第一页的标题“泉城韵味”的格式，自定义为新的样式，其他内页标题使用这个样式即可。

（1）创建新样式

选中设置好格式的标题文字“泉城韵味”，单击功能区“样式”工具栏右侧图标，打开扩展命令，选择“创建样式”命令，如图5-1-24所示。

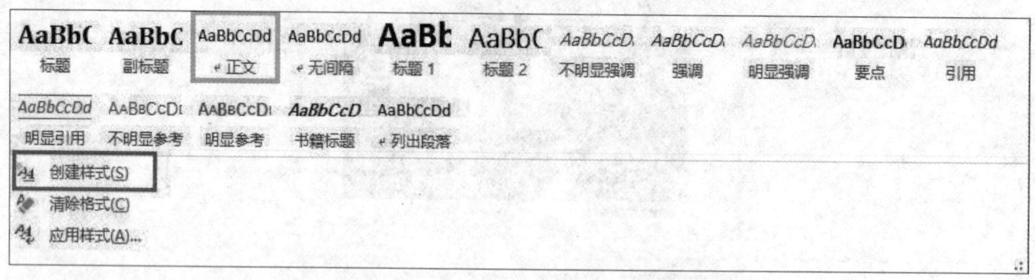

图5-1-24　创建样式命令

打开“根据格式化创建新样式”对话框，输入样式名称“画册内页标题样式”，如图5-1-25所示。

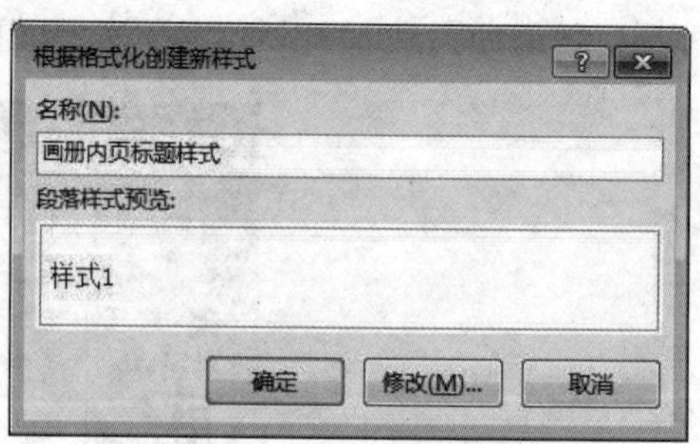

图5-1-25　设置样式名称

单击“确定”，样式就创建好了，并且会显示在样式库中，如图5-1-26所示。

图5-1-26　新建样式在样式库中显示

（2）样式的应用

在正文中输入其他内页标题“趵突泉”“大明湖”“百脉泉”“灵岩寺”“九如山瀑布群”“千佛山”“芙蓉街”，选中这些内页标题，单击样式库中的“画册内页标题样式”，就快速设置了所有画册内页标题格式，如图5-1-27所示。

样式创建好后，可以在“样式”任务窗格中进行管理，可以修改，也可以清除。单击样式库右下角，打开“样式”窗格，如图5-1-28所示。

图5-1-27　文字应用样式后效果

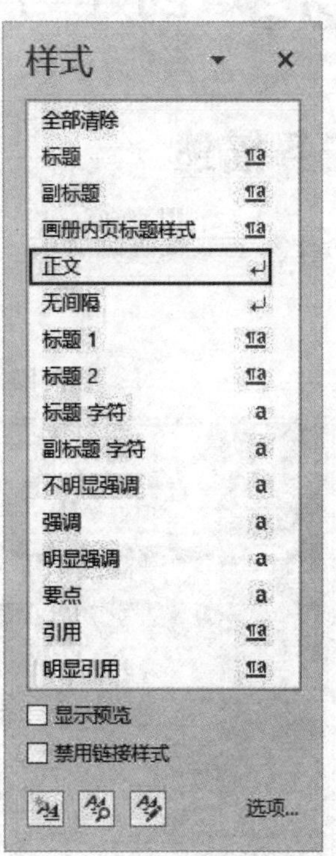

图5-1-28　“样式”任务窗格

任务拓展与训练

1. 完成国庆节放假通知。
2. 小组协作完成“校园生活”画报策划设计及文本美化。

任务2 创建与美化“泉城韵味”画册表格

任务描述

本任务主要完成旅游画册第一页“泉城百科”表格的制作及美化，任务2完成效果如图5-2-1所示。

泉城百科

景 点	趵突腾空　明湖汇波　历山览胜　泺水棹歌 清河烟岚　灵岩探幽　百脉寒泉　九如听瀑
美 食	泉城大包　黄家烤肉　爆炒腰花　糖醋黄河鲤鱼 九转大肠　奶汤蒲菜　甜沫　酥锅　老济南打卤面　油旋
特 产	章丘大葱　龙山小米　明水香稻　黄河大米　平阴玫瑰 平阴阿胶　鲁绣　红玉杏　龙山黑陶　长清木鱼石　仁凤西瓜　长清茶
文 化	济南话　龙山文化　龙山黑陶　新石器时代　鲁绣　山东快书
人 物	李清照　辛弃疾　秦琼　铁铉　房玄龄　张养浩　赵孟頫

图5-2-1　任务2的效果

任务分析

完成本节任务，需要先插入表格，根据内容设计表格行数和列数，然后使用表格“布局”工具组编辑表格，最后使用表格“设计”工具组美化表格。

任务实施

任务实现

STEP 1　插入表格

①输入表格标题“泉城百科”，设置字体为“微软雅黑”，字号为四号，设置段落居中。

②单击“插入”选项卡下的“表格”命令，展开创建表格命令选项，有快速插入表格、插入表格、绘制表格、文本转换为表格等创建表格命令，选择快速插入2×5表格，所见即所得，如图5-2-2所示。

③插入表格后，单击表格任意位置，在菜单选项卡后，会增加“设计”和“布局”两个表格工具组，使用其中的工具命令，可以快速对表格进行编辑和美化。表格工具菜单选项如图5-2-3、图5-2-4所示。

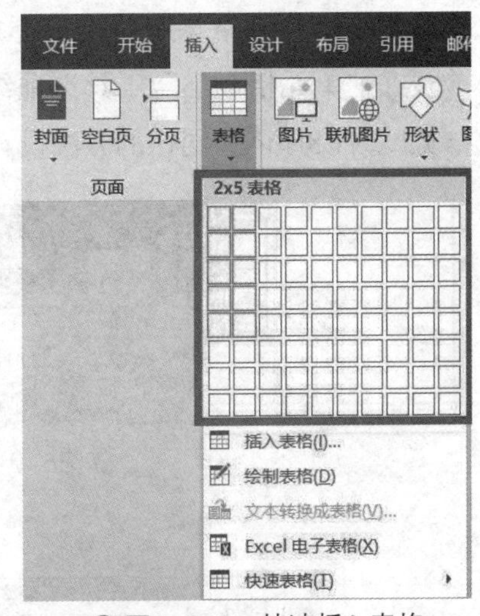

图5-2-2　快速插入表格

图5-2-3　表格工具“设计”菜单工具选项组

图5-2-4　表格工具“布局”菜单工具选项组

STEP 2　表格“布局”工具组编辑表格

①输入表格内文字，并设置第一列列标题格式为黑体四号，第二列文字格式为宋体小四号，如图5-2-5所示。

泉城百科

景 点	趵突腾空　明湖汇波　历山览胜 泺水悦歌 清河烟岚　灵岩探幽　百脉寒泉 九如听瀑
美 食	泉城大包　黄家烤肉　爆炒腰花 糖醋黄河鲤鱼 九转大肠　奶汤蒲菜　甜沫　酥锅 老济南打卤面　油旋
特 产	章丘大葱　龙山小米　明水香稻　黄河大米　平阴玫瑰 平阴阿胶　鲁绣　红玉杏　龙山黑陶　长清木鱼石　仁风西瓜　长清茶
文 化	济南话　龙山文化　龙山黑陶　新石器时代　鲁绣　山东快书
人 物	李清照　辛弃疾　秦琼　铁铉　房玄龄　张养浩　赵孟頫

图5-2-5　表格内输入文字后效果

②设置单元格宽度。将鼠标定位在表格第一列任意位置，单击“布局”表格工具菜单，在“单元格大小”工具选项组设置单元格的宽度，如图5-2-6所示。设置第一列单元格宽度为1.8厘米，同样的方法设置第二列单元格的宽度为14厘米，效果如图5-2-7所示。

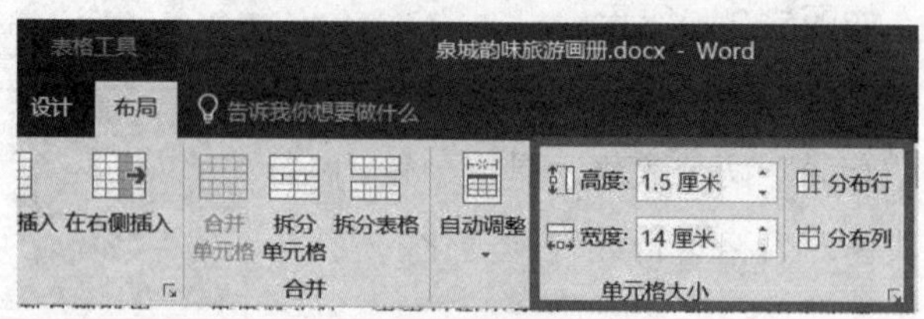

图5-2-6 “单元格大小”工具选项组

泉城百科

景 点	趵突腾空　明湖汇波　历山览胜　泺水棹歌 清河烟岚　灵岩探幽　百脉寒泉　九如听瀑
美 食	泉城大包　黄家烤肉　爆炒腰花　糖醋黄河鲤鱼 九转大肠　奶汤蒲菜　甜沫　酥锅　老济南打卤面　油旋
特 产	章丘大葱　龙山小米　明水香稻　黄河大米　平阴玫瑰 平阴阿胶　鲁绣　红玉杏　龙山黑陶　长清木鱼石　仁风西瓜　长清茶
文 化	济南话　龙山文化　龙山黑陶　新石器时代　鲁绣　山东快书
人 物	李清照　辛弃疾　秦琼　铁铉　房玄龄　张养浩　赵孟頫

图5-2-7 单元格宽度设置好后效果

③设置表格及单元格对齐方式。

一是设置表格对齐方式：单击表格左上角的⊞，选中整个表格，单击段落工具选项的居中对齐按钮，即可设置整个表格居中。也可以右键单击快捷菜单的“表格属性”命令，在“表格属性”对话框中，选中“表格”选项卡，单击“居中”即可，如图5-2-8所示。

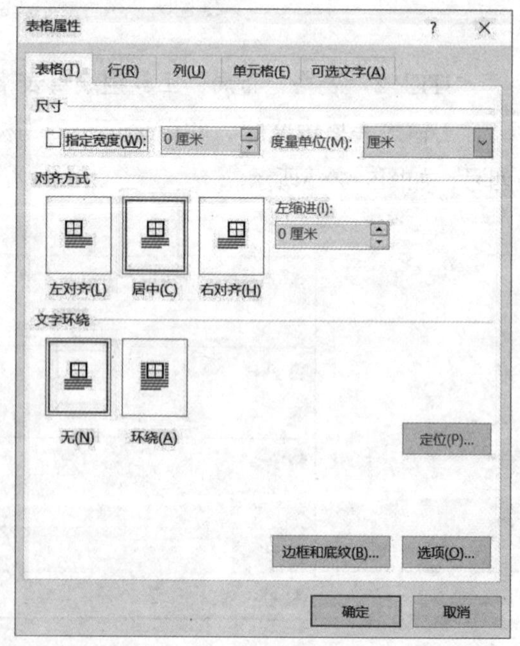

图5-2-8 “表格属性”对话框

二是设置单元格对齐方式：设置第一列单元格水平垂直方向都居中，选中第一列单元格，单击“布局”表格工具菜单中，单击“对齐方式”工具组中▤水平居中按钮，如图5-2-9所示。用同样的方法设置第二列单元格水平方向左对齐，垂直方向居中对齐。效果如图5-2-10所示。

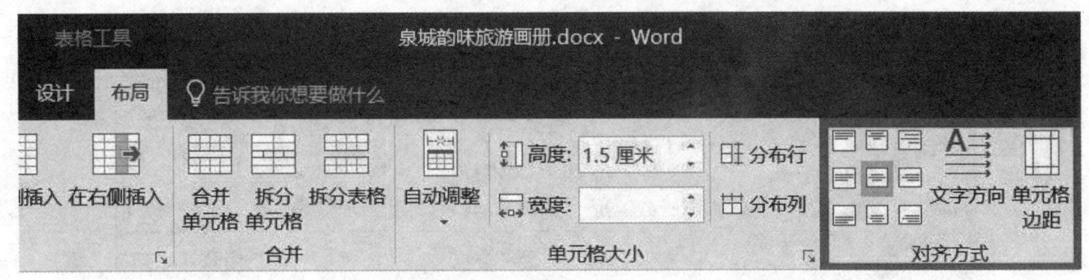

图5-2-9　“对齐方式”选项工具组

泉城百科

景 点	趵突腾空　明湖汇波　历山览胜　泺水棹歌 清河烟岚　灵岩探幽　百脉寒泉　九如听瀑
美 食	泉城大包　黄家烤肉　爆炒腰花　糖醋黄河鲤鱼 九转大肠　奶汤蒲菜　甜沫　酥锅　老济南打卤面　油旋
特 产	章丘大葱　龙山小米　明水香稻　黄河大米　平阴玫瑰 平阴阿胶　鲁绣　红玉杏　龙山黑陶　长清木鱼石　仁风西瓜　长清茶
文 化	济南话　龙山文化　龙山黑陶　新石器时代　鲁绣　山东快书
人 物	李清照　辛弃疾　秦琼　铁铉　房玄龄　张养浩　赵孟頫

图5-2-10　表格内文字对齐后效果

STEP 3　表格设计工具组美化表格

（1）设置单元格底纹

选中表格第一列，单击“设计”表格工具菜单，在“表格样式”工具选项组中，单击“底纹”命令，选择橙色［RGB（227，108，10）］，如图5-2-11所示，字体颜色设置为白色。同样的方法，设置第二列第1、3、5行的底纹颜色为浅橙色1［RGB（253，233，217）］，第2、4行的颜色为浅橙色2［RGB（250，191，143）］，效果如图5-2-12所示。

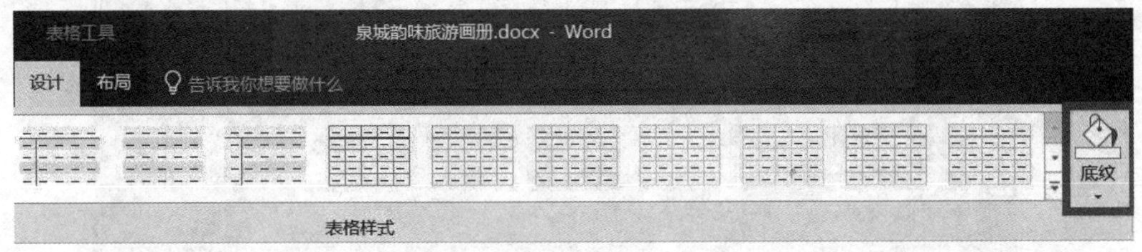

图5-2-11　“底纹”命令

泉城百科

景 点	趵突腾空　明湖汇波　历山览胜　泺水棹歌 清河烟岚　灵岩探幽　百脉寒泉　九如听瀑
美 食	泉城大包　黄家烤肉　爆炒腰花　糖醋黄河鲤鱼 九转大肠　奶汤蒲菜　甜沫 酥锅　老济南打卤面　油旋
特 产	章丘大葱　龙山小米　明水香稻　黄河大米　平阴玫瑰 平阴阿胶　鲁绣 红玉杏 龙山黑陶 长清木鱼石 仁凤西瓜 长清茶
文 化	济南话　龙山文化　龙山黑陶　新石器时代　鲁绣　山东快书
人 物	李清照　辛弃疾　秦琼　铁铉　房玄龄　张养浩　赵孟頫

图5-2-12　单元格设置底纹后效果

（2）设置表格边框

单击表格左上角的⊞，选中整个表格，选择“边框”工具选项栏里的工具，可以设置表格边框的笔样式、笔画粗细、框线颜色等，如图5-2-13所示。选择笔样式为“双实线”，笔画粗细为1.5磅，单击“边框”按钮，选择“外侧框线”命令，再次选择笔样式为“单实线”，笔画粗细为1磅，单击“边框”按钮，选择“内部框线”命令，表格的边框就设置好了，效果如图5-2-14所示。

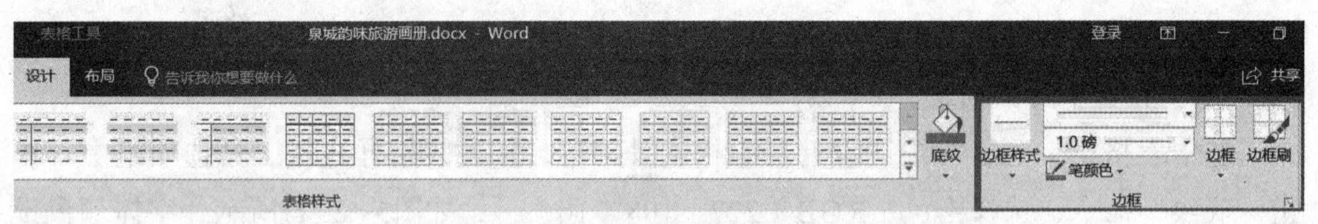

图5-2-13　“边框”工具栏选项组

泉城百科

景 点	趵突腾空　明湖汇波　历山览胜　泺水棹歌 清河烟岚　灵岩探幽　百脉寒泉　九如听瀑
美 食	泉城大包　黄家烤肉　爆炒腰花　糖醋黄河鲤鱼 九转大肠　奶汤蒲菜　甜沫 酥锅　老济南打卤面　油旋
特 产	章丘大葱　龙山小米　明水香稻　黄河大米　平阴玫瑰 平阴阿胶　鲁绣 红玉杏 龙山黑陶 长清木鱼石 仁凤西瓜 长清茶
文 化	济南话　龙山文化　龙山黑陶　新石器时代　鲁绣　山东快书
人 物	李清照　辛弃疾　秦琼　铁铉　房玄龄　张养浩　赵孟頫

图5-2-14　表格设置边框后效果

任务总结与评价

通过完成“创建与美化‘泉城韵味’画册表格”任务，学习了通过插入表格、文字转换为表格、Excel电子表格等快速创建表格；通过表格“布局”工具组来进行表格的布局调整，包括插入行和列，合并单元格、拆分单元格、单元格的高度和宽度、单元格的对齐方式等，对表格进行编辑；通过表格“设计”工具组中的工具选项来进行设置，包括表格样式库、表格底纹和边框等，对表格进行美化。通过该任务的实现，要求达成的目标见表5-2-1。请自我检测一下，你的自我评价等级达到优秀了吗？

表5-2-1　学习能力自我评价

学习目标	评价内容	评价等级			
		A	B	C	D
能根据实际工作需要创建表格	掌握创建表格的多种方法，如快速插入表格、绘制表格、文本转换为表格等方法				
能够对表格进行编辑	会使用表格“布局”工具中的工具选项编辑表格，如插入行、插入列、单元格宽度和高度，单元格对齐方式、合并、拆分单元格等				
能够对表格进行美化	会使用表格“设计”工具中的工具选项美化表格，如设置单元格底纹、单元格边框、表格样式等				

拓展提高

1. 文本与表格的相互转换

文本与表格是可以相互转换的，输入如图5-2-15所示的文字，专业、班级、姓名之间用空格隔开。

选中这段文字，选择“插入”菜单，单击“表格”命令，选择“文本转换为表格”命令，打开“将文字转换为表格”对话框，如图5-2-16所示，选择表格尺寸和文字分隔位置等，单击“确定”按钮，文字就快速转换为表格了，转换好的表格如图5-2-17所示。

专业 班级 姓名↵
计算机应用 2017 级 1 班 张雷↵
机电一体化 2017 级 15 班 李东↵
幼儿教育 2017 级 21 班 王强↵

图5-2-15　需要转换为表格的文字

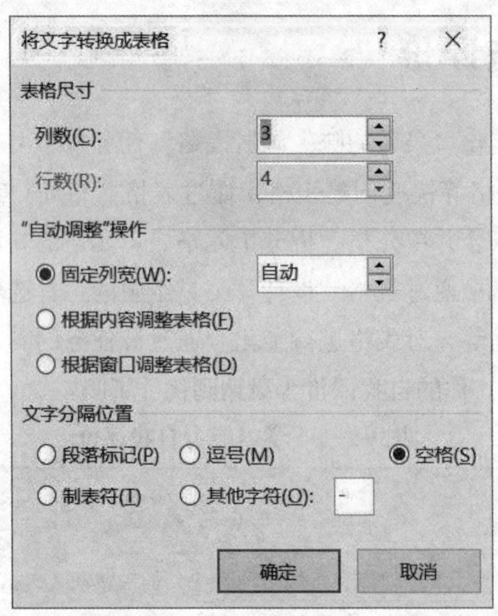

图5-2-16　需要转换为表格的文字

专业	班级	姓名
计算机应用	2017 级 1 班	张雷
机电一体化	2017 级 15 班	李东
幼儿教育	2017 级 21 班	王强

图5-2-17　转换为表格后效果

要将文字转换为表格，文字的分隔很重要，除了使用空格分隔以外，也可以使用段落标记、逗号、制表符等符号分隔。

2. 文档中对象的插入

在Word文档中插入对象，可以实现在Word中调用其他软件，可以在Word中插入Word文档、Excel表格、PowerPoint幻灯片、音乐文件等对象，双击插入的对象，即可打开相应的软件进行编辑。下面我们来完成在Word中插入视频的操作，实际上是在Word中插入PowerPoint幻灯片对象，编辑PowerPoint幻灯片，插入视频。这样，在Word中双击插入的对象，就可以播放视频了。具体操作步骤如下：

（1）插入PowerPoint幻灯片对象

单击“插入”菜单，选择“对象”工具，如图5-2-18所示。单击“对象”命令，打开“对象”对话框，如图5-2-19所示，选择对象类型为PowerPoint类型，单击“确定”按钮，就插入了PowerPoint幻灯片对象，并在Word中打开了PowerPoint软件，可以调整对象在文档中的大小，效果如图5-2-20所示。

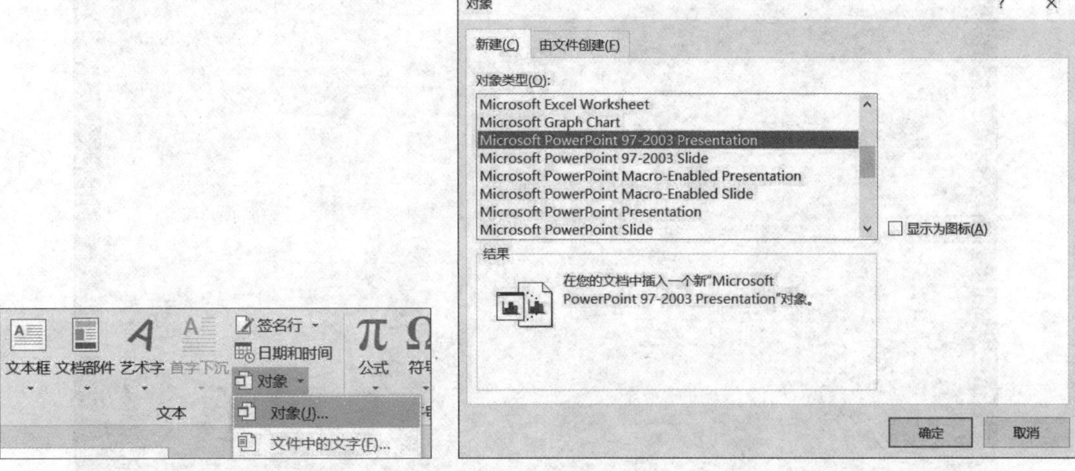

图5-2-18 “插入”菜单下的“对象”工具　　图5-2-19 “对象”对话框

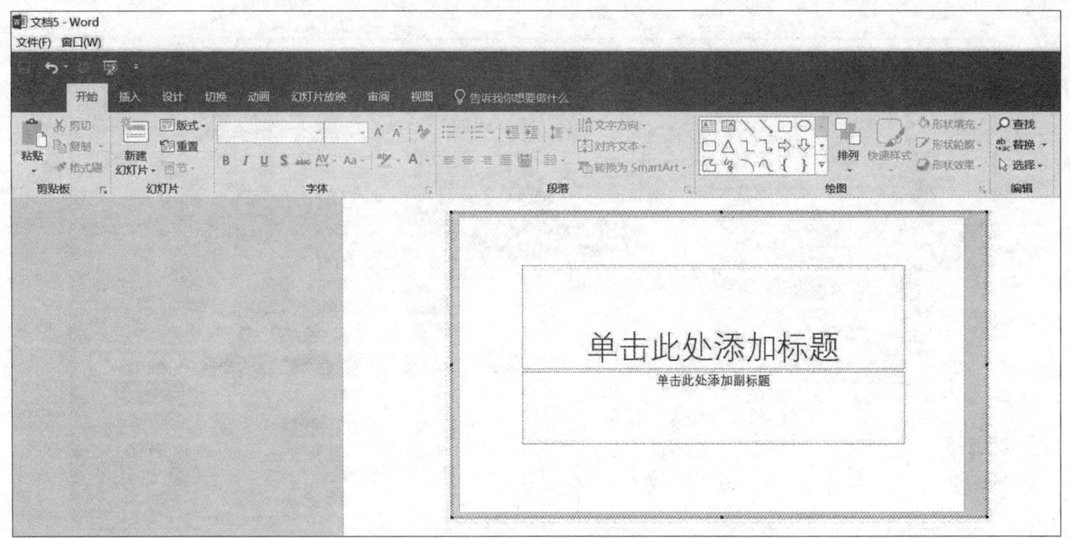

图5-2-20　插入PowerPoint幻灯片对象后

（2）在幻灯片中插入视频

在PowerPoint软件中，单击“插入”菜单，选择“视频”命令，选择要插入的视频，即可将视频插入到幻灯片中，单击“播放”菜单，设置视频选项为“自动播放”，单击对象外空白处，即可返回到Word软件编辑界面，双击对象，视频即可播放。如图5-2-21所示。如果想再进入PowerPoint软件中进行编辑，可以选中对象，单击右键，选择快捷菜单中的“Presentation对象”命令，单击“编辑”命令即可，如图5-2-22所示。

图5-2-21 Word中视频播放效果

图5-2-22 Word中进入对象软件进行编辑

任务拓展与训练

1. 编辑美化班级课程表。
2. 小组协作完成“校园生活”画报中表格的编辑美化。
3. 小组探究学习文档中公式的插入，完成一元二次方程根的插入编辑。

任务3 插入与编辑“泉城韵味”画册的图形图像

任务描述

本任务主要完成旅游画册内页中每个景点页面中图文混排的制作，任务3的完成效果如图5-3-1所示。

图5-3-1 任务3的效果

任务分析

完成本节任务，需要先插入艺术字或图像或自选图形，再设置艺术字或图像或自选图形的格式。设置文字环绕类型对于图文混排是非常重要的一个操作。

任务实施

任务实现

STEP 1　插入与编辑艺术字

使用Word中的艺术字作为内页景点的标题，下面以趵突泉内页标题为例介绍艺术字的设置方法。

（1）输入趵突泉景点文字介绍。

设置文字字体格式为“等线”四号，段落格式为首行缩进2字符、段前间距1行、单倍行距，如图5-3-2所示。

> 天下第一泉——趵突泉，位于趵突泉公园西侧。“泉源上奋，水涌若轮”，“声若隐雷”，是“泉城”——济南市的一大奇景，被称为“趵突腾空”。水盛之时，泉水喷涌，上冲亭歌，雄豪绮丽，气象万千。清代文人蒲松龄曾写过一篇《趵突泉赋》做过生动而逼真的描绘：“吞高阁之晨霞，吐秋湖之冷焰”；“漱玉喷花，回风舞霰”。主泉四周多小泉，有的像鲤鱼吐泡，有的像绿色丝线穿起的串串珍珠，还有的像绽开的珠花，把三窟的瀑流衬托得更加气势壮观。这泉，不论是白天还是夜间，是春夏还是秋冬，都呈现出不同的景观。夜间，天宇澄清，月光明澈，波浪鼓荡，满池的“碎玉”，闪闪发光。冬天满池的水荇，纵横缭绕，翠色盈裳，涌出柔润的水气。

图5-3-2　趵突泉景点文字介绍

（2）插入艺术字

单击“插入”菜单，选择“文本”工具组中的“艺术字”命令，如图5-3-3所示。选择一种艺术字样式，插入艺术字，如图5-3-4所示。在艺术字文本框中输入景点标题“趵突泉涌”，并设置文字字体及大小，单击艺术字文本框，鼠标移动到边框上时，可以移动对象，调节控制柄，可以调节宽度和高度。效果如图5-3-5所示。

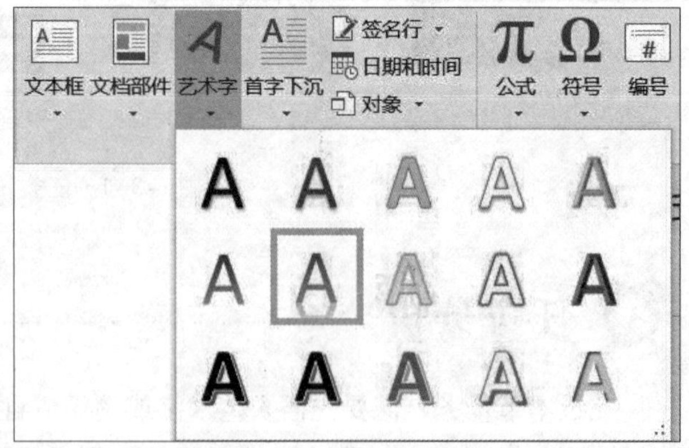

图5-3-3　插入艺术字命令

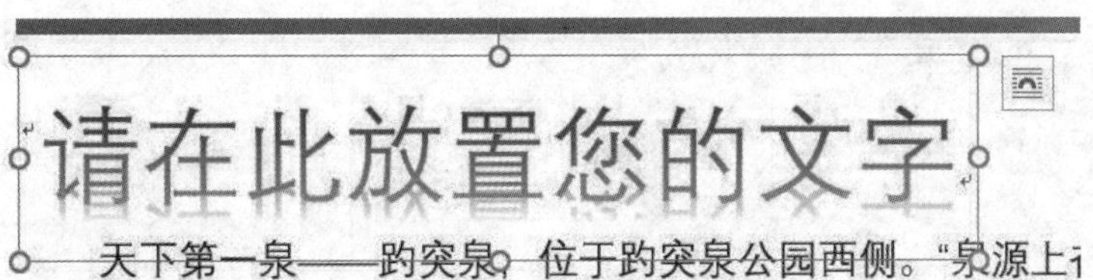

图5-3-4　输入“趵突泉涌”

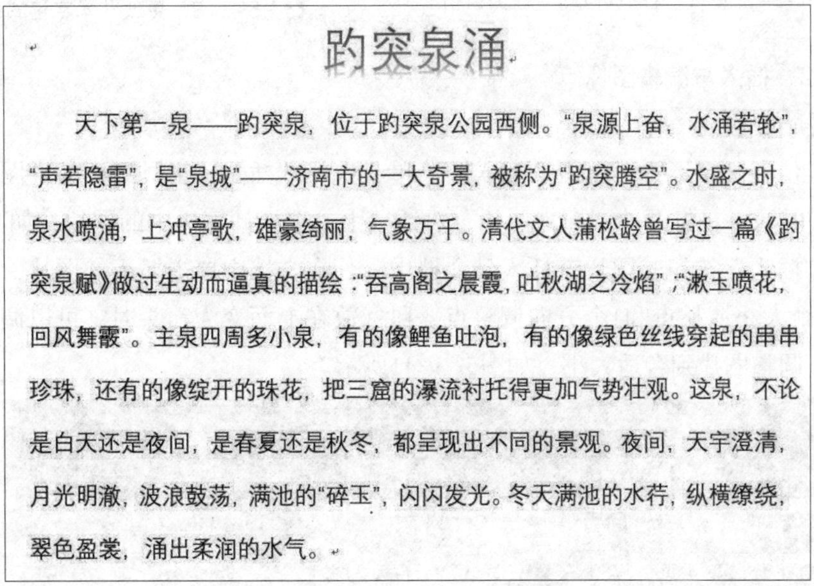

趵突泉涌

天下第一泉——趵突泉，位于趵突泉公园西侧。“泉源上奋，水涌若轮”，“声若隐雷”，是“泉城”——济南市的一大奇景，被称为“趵突腾空”。水盛之时，泉水喷涌，上冲亭歌，雄豪绮丽，气象万千。清代文人蒲松龄曾写过一篇《趵突泉赋》做过生动而逼真的描绘：“吞高阁之晨霞，吐秋湖之冷焰”；“漱玉喷花，回风舞霰”。主泉四周多小泉，有的像鲤鱼吐泡，有的像绿色丝线穿起的串串珍珠，还有的像绽开的珠花，把三窟的瀑流衬托得更加气势壮观。这泉，不论是白天还是夜间，是春夏还是秋冬，都呈现出不同的景观。夜间，天宇澄清，月光明澈，波浪鼓荡，满池的“碎玉”，闪闪发光。冬天满池的水荇，纵横缭绕，翠色盈裳，涌出柔润的水气。

图5-3-5　插入艺术字后效果

（3）编辑艺术字

选中艺术字，菜单栏会增加“绘图工具”下“格式”菜单项，如图5-3-6所示。可以设置艺术字样式及形状样式。

图5-3-6　“绘图工具”下“格式”菜单项

选中艺术字，单击右键，选择快捷菜单中的“设置形状格式”命令，会调出“设置形状格式”任务窗格，如图5-3-7所示，可以在这里设置形状选项和文本选项。图5-3-8是设置了形状填充与线条后的效果。

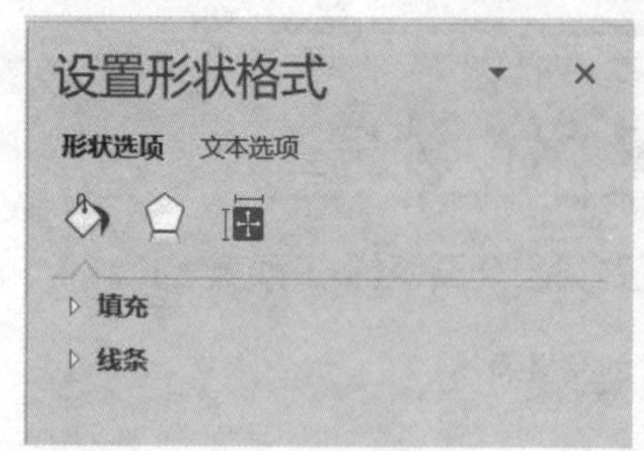

图5-3-7 “设置形状格式”任务窗格

图5-3-8 更改艺术字格式后效果

STEP 2 插入与编辑图像

（1）插入图片

光标定位在文字下方，单击“插入”菜单，选择“插图”工具组中的“图片”命令，如图5-3-9所示。在打开的“插入图片”对话框中，选择计算机中的图片，如图5-3-10所示，单击“插入”按钮，图片就插入到文档中了。在文档中单击插入的图片，图片四周会出现调整8个大小调整点和1个方向调整点，鼠标放在上面变为箭头时，可以调整图片的大小与旋转。调整图片到合适大小，如图5-3-11所示。

图5-3-9 插入图片命令

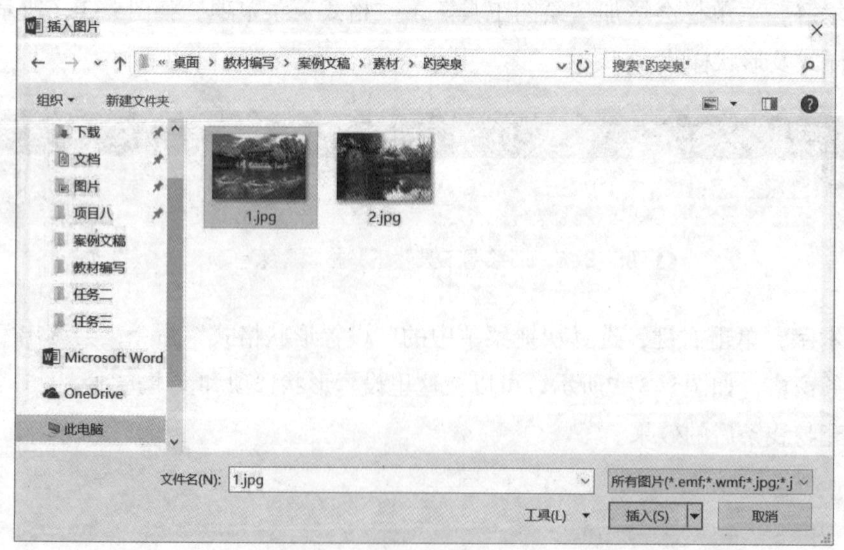

图5-3-10 “插入图片”对话框

图5-3-11　图片调整点

（2）编辑图片

选中图片，菜单栏会增加“图片工具”下“格式”菜单项，如图5-3-12所示。可以对图片进行亮度校正、颜色调整、艺术效果设置、图片样式设置、排列设置和大小调整等。

图5-3-12　“图片工具”下“格式”菜单项

（3）调整图片亮度/对比度

选中图片，单击“图片工具”下“格式”菜单项中“调整”工具组中的“校正”命令，选择其中的一个预设效果，稍稍提高一下图片的对比度，如图5-3-13所示。

（4）设置图片样式

选中图片，选择“图片工具”下“格式”菜单项中“图片样式”中某一图片样式，如图5-3-14所示。设置好的图片样式如图5-3-15所示。

图5-3-13　“调整”工具组下的“校正”命令

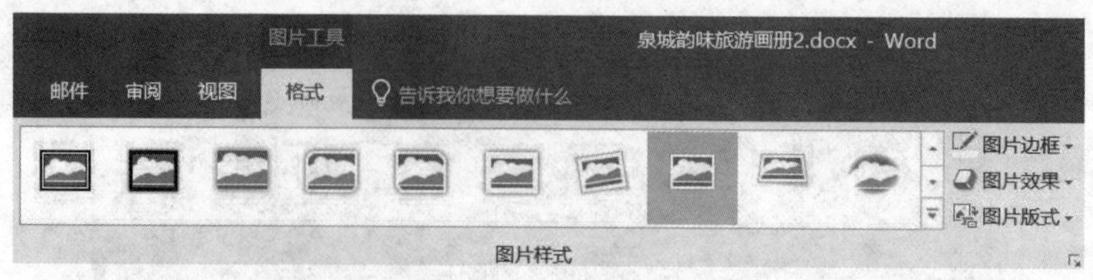

图5-3-14 “图片样式”预设库

图5-3-15 “图片样式”设置后效果

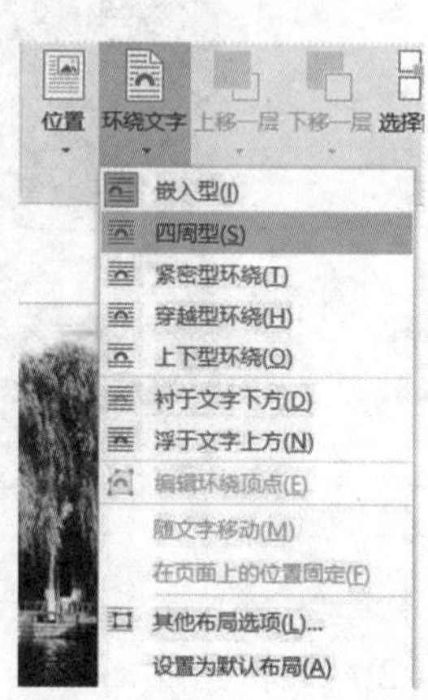

图5-3-16 设置图片“环绕文字”方式

（5）设置图片环绕文字方式

选中图片，选择“图片工具”下“格式”菜单项中“排列”工具组中“环绕文字”命令，如图5-3-16所示，设置图片的环绕文字方式为“四周型”，选择“位置”命令，如图5-3-17所示，设置图片的位置为“中部居中”。将图片移动到文字调整到合适位置，如图5-3-18所示。

采用同样的方法设置趵突泉另一幅图片样式及文字环绕效果，如图5-3-19所示。

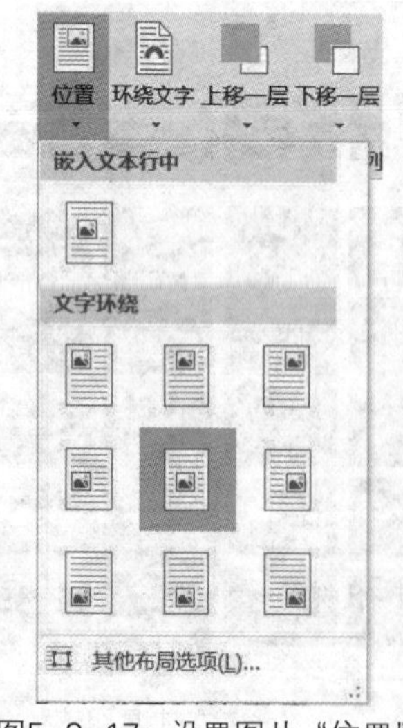

图5-3-17 设置图片“位置”

【趵突泉】

趵突泉涌

天下第一泉——趵突泉，位于趵突泉公园西侧。“泉源上奋，水涌若轮”，“声若隐雷”，是“泉城”——济南市的一大奇景，被称为“趵突腾空”。水盛之时，泉水喷涌，上冲亨歌，雌豪绮丽，气象万千。清代文人蒲松龄曾写过一篇《趵突泉赋》做过生动而逼真的描绘：“吞高阁之晨霞，吐秋湖之冷焰”；“漱玉喷花，回风舞霰”。主泉四周多小泉，有的像鲤鱼吐泡，有的像绿色丝线穿起的串串珍珠，还有的像绽开的珠花，把三窟的瀑流衬托得更加气势壮观。这泉，不论是白天还是夜间，是春夏还是秋冬，都呈现出不同的景观。夜间，天宇澄清，月光明澈，波浪鼓荡，满池的“碎玉”，闪闪发光。冬天满池的水荇，纵横缭绕，翠色盈袭，涌出柔润的水气。

图5-3-18 图片与文字混排效果

【趵突泉】

趵突泉涌

天下第一泉——趵突泉，位于趵突泉公园西侧。"泉源上奋，水涌若轮"，"声若隐雷"，是"泉城"——济南市的一大奇景，被称为"趵突腾空"。水盛之时，泉水喷涌，上冲亭歌，雄豪绮丽，气象万千。清代文人蒲松龄曾写过一篇《趵突泉赋》做过生动而逼真的描绘："吞高阁之晨霞，吐秋湖之冷焰"；"漱玉喷花，回风舞霰"。主泉四周多小泉，有的像鲤鱼吐泡，有的像绿色丝线穿起的串串珍珠，还有的像绽开的珠花，把三窟的瀑流衬托得更加气势壮观。这泉，不论是白天还是夜间，是春夏还是秋冬，都呈现出不同的景观。夜间，天宇澄清，月光明澈，波浪鼓荡，满池的"碎玉"，闪闪发光。冬天满池的水荇，纵横缭绕，翠色盈裳，涌出柔润的水气。

图5-3-19　趵突泉景点内页效果

STEP 3　**插入与编辑形状**

（1）插入形状

单击"插入"菜单，选择"插图"工具组中的"形状"命令，可以在文档中插入自选图形，如图5-3-20所示。选择想要插入的图形，在文档中鼠标会变成实心十字，拖拽鼠标即可绘制形状，如绘制六边形，如图5-3-21所示。

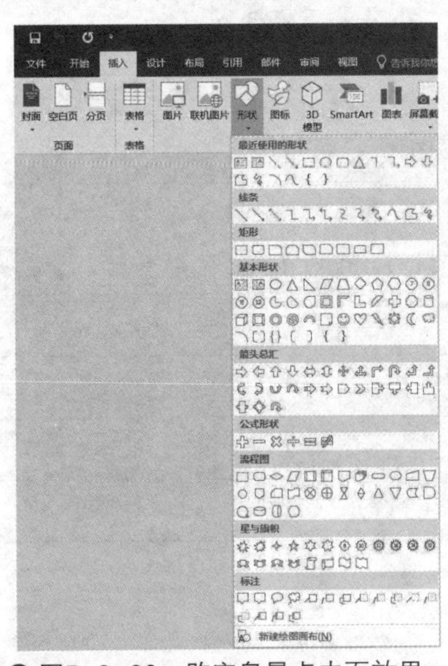

图5-3-20　趵突泉景点内页效果

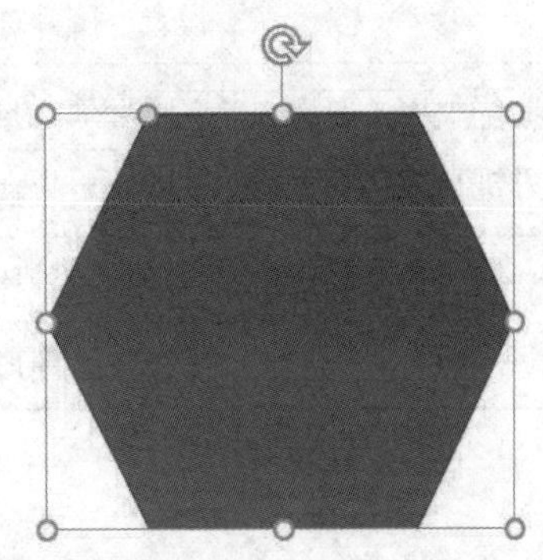

图5-3-21　绘制的六边形形状

（2）编辑形状

形状的编辑美化，与艺术字的编辑与美化类似，在“绘图工具”的“格式”菜单项的工具组里设置，也可以选中形状，单击右键，选择“设置形状格式”，在“设置形状格式”任务窗格里进行设置。这里设置六边形的填充为图片，设置六边形的线条颜色，效果如图5-3-22所示。

图5-3-22　形状格式设置后

利用插入艺术字、图片、形状并进行格式美化，实现与文字的图文混排，完成画册其他景点内页的制作。

任务总结与评价

通过完成“插入与编辑‘泉城韵味’画册的图形图像”任务，学习了通过插入菜单可以插入艺术字、图片、形状及其他文本与插图等，插入艺术字、图片、形状等后，在增加的相应的格式设置菜单中，选择菜单中的命令快速完成编辑与美化；使用预设的效果，快速设置格式。通过该任务的实现，要求达成的目标见表5-3-1。请自我检测一下，你的自我评价等级达到优秀了吗？

表5-3-1　学习能力自我评价

学习目标	评价内容	评价等级			
		A	B	C	D
能根据实际工作需要插入艺术字并进行编辑和美化	掌握插入艺术字的方法				
	会设置艺术字的文字格式				
	会设置艺术字的形状样式，如填充和线条等				
能根据实际工作需要插入图片并进行编辑和美化	掌握插入图片的方法				
	会调整图片的大小并会旋转图片				
	会对图片进行亮度校正、颜色调整、艺术效果设置、图片样式设置、多个图片对齐排列等操作				
能根据实际工作需要插入自选图形并进行编辑和美化	掌握插入自选图形的方法				
	会设置自选图形的形状格式，如填充和线条等				
能够设置图形图像的文字环绕类型进行图文混排	理解各种环绕方式的特点				
	会设置图形图像的环绕方式并进行图文混排				

1. 使用SmartArt完成班级组织结构图

SmartArt图形是一种文字图形化的表现方式，用它可以制作层次分明，结构清晰，外观美观的专业设计师水平的文档插图。以“班级组织结构图”为例介绍其应用，效果如图5-3-23所示。

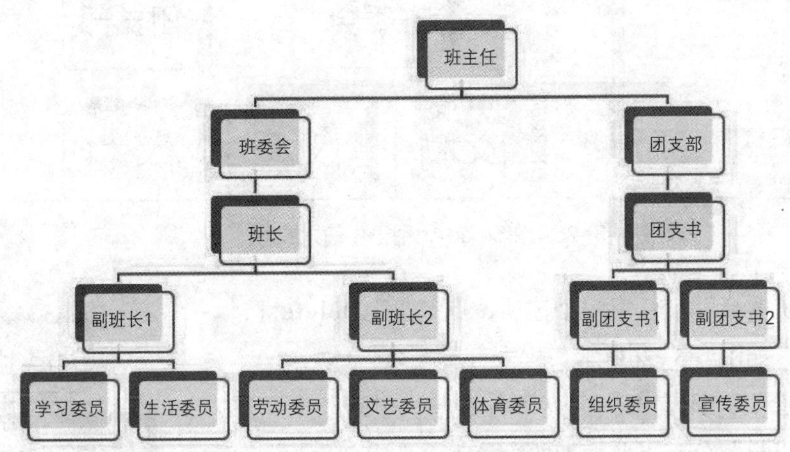

图5-3-23　班级组织结构图效果

①单击“插入”菜单中 “SmartArt”按钮，打开“选择SmartArt图形”对话框，如图5-3-24所示，选择一个图形形式，这里选择层次结构里的图形。

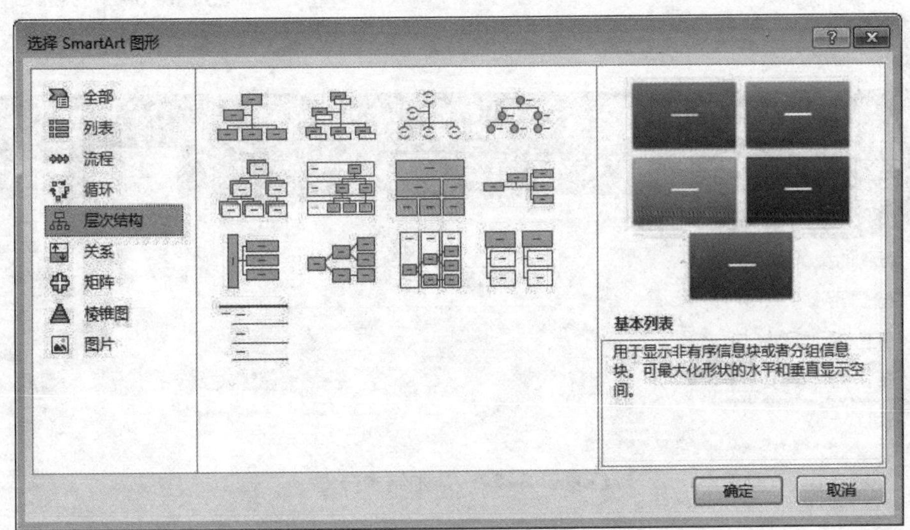

图5-3-24　“选择SmartArt图形”对话框

②插入SmartArt图形后，在图形某些图形默认显示【文本】，单击区域，可以直接在里面输入文本，也可根据左侧的悬浮的文本窗格输入文本，如图5-3-25所示。

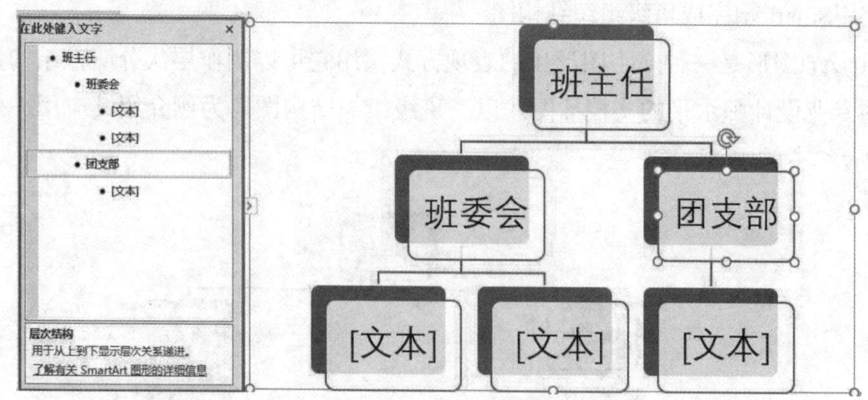

图5-3-25　在SmartArt图形中输入文本

③选择“班委会”下任意一个选项，点键盘上Delete键，删除一个分支，如图5-3-26所示。

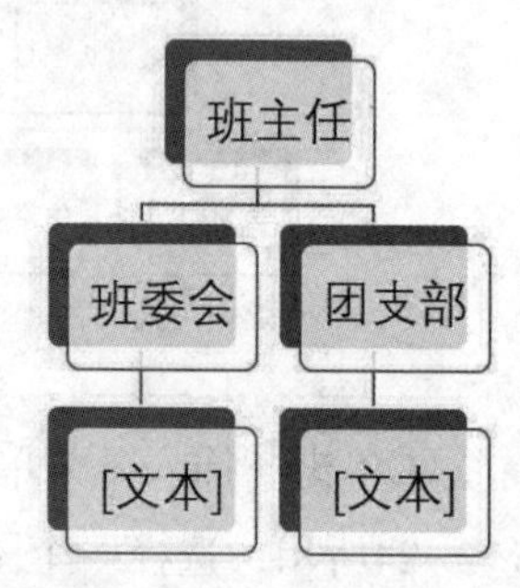

图5-3-26　删除结构分支

④“班委会”“团支部”分支下分别输入“班长”“团支书”。在“班长”分支下要增加两个分支，选中“班长”分支，单击菜单栏新增的“SmartArt工具”菜单下的“设计”菜单下的“添加形状”按钮，在下方添加两个分支，如图5-3-27所示。按照同样的方法，可以完成班级组织结构图，如图5-3-28所示。

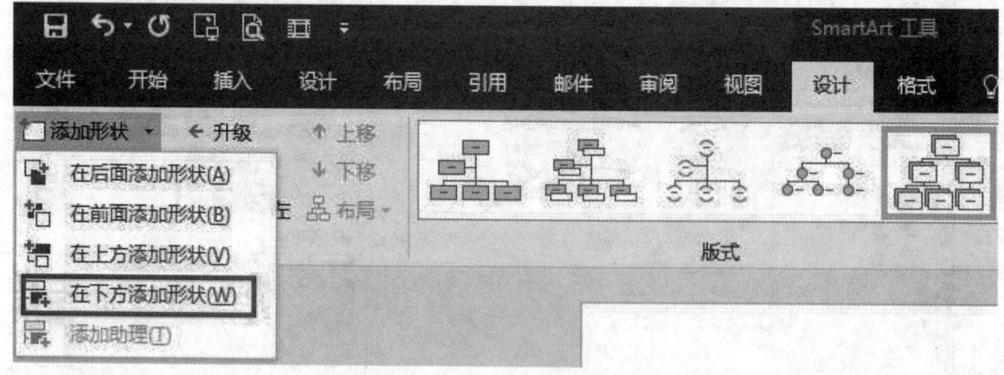

图5-3-27　添加结构分支

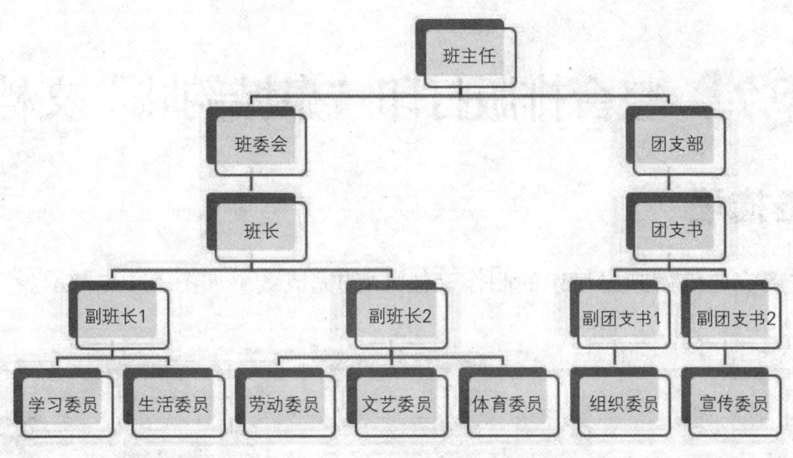

图5-3-28　完成的班级组织结构图

⑤SmartArt也是由普通的图形组成，可以根据自己需要进行更改，应用SmartArt格式快速美化SmartArt图形。选中SmartArt图形，在“SmartArt工具”菜单下的“设计”菜单下，选择一种版式，更改一下颜色，效果如图5-3-29所示。

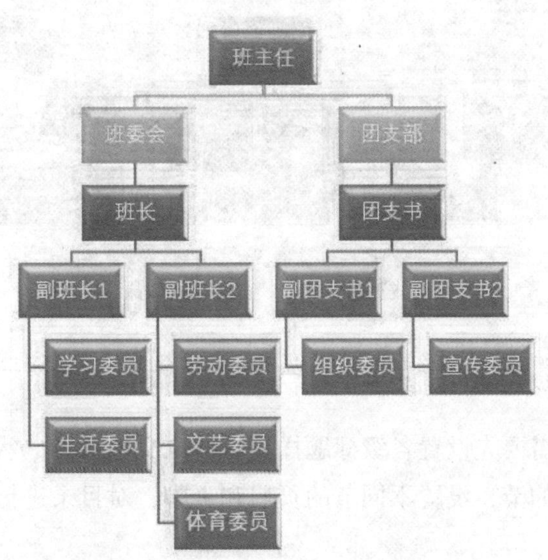

图5-3-29　美化后的班委组织结构图

任务拓展与训练

1. 完成“庆祝国庆”电子小报的制作。
2. 小组协作完成“校园生活”画报中图像的插入与排版。
3. 完成新生报到流程图的制作。

任务4 整合排版打印“泉城韵味”文档

任务描述

本任务主要完成旅游画册目录的制作，任务4的完成效果如图5-4-1所示。

图5-4-1 任务4的效果

任务分析

完成本节任务，需要先设置各级标题样式，提取文档目录，然后使用分节符将封面、目录与内页分在不同的节，设置不同节的页眉和页脚，对目录进行格式设置，最后打印预览文档并微调排版。

任务实施

STEP 1 提取文档目录

目录是文档中各级标题以及页码的列表，通常放在文章之前。Word目录分为文档目录、图目录、表格目录等多种类型。下面我们来制作旅游画册的文档目录。

（1）修改内页标题样式的格式

单击“开始”菜单，右键单击样式库中“画册内页标题样式”（本章任务1中新建的样式），选择“修改”命令，打开“修改样式”对话框，如图5-4-2所示。单击“格式”按钮，选择“段落”命令，设置段落的大纲级别为1级，如图5-4-3所示。单击“确定”按钮，“画册内页标题样式”就修改好了，所有应用这个样式的内页标题的段落格式也就全部设置为大纲级别1级。

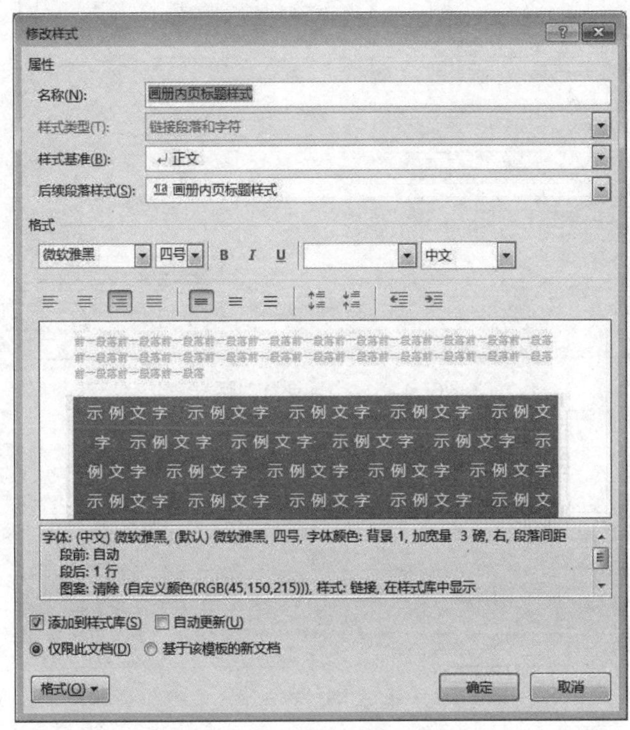

△图5-4-2　“修改样式”对话框

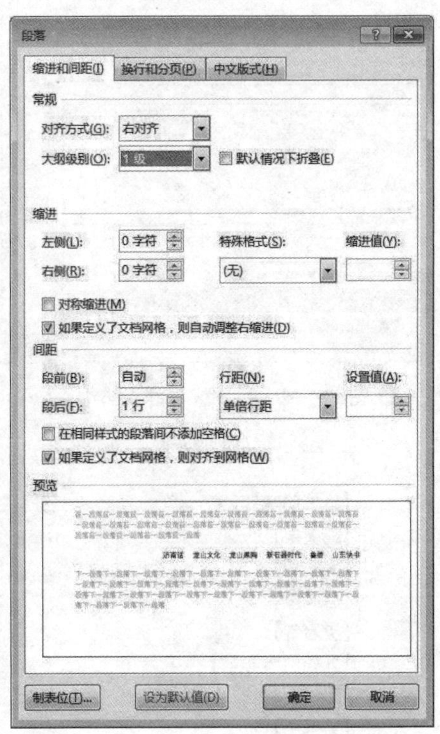

△图5-4-3　“段落”格式大纲级别设置

（2）各个章节的标题段落应用相应的样式

如果有的内页标题还没有应用这个格式，可以选中标题文字，直接单击样式库中的“画册内页标题样式”，就应用了这个样式。

（3）提取目录

光标定位在封面之后，内页之前，单击“引用”菜单，单击“目录”，选择“自定义目录”（也可以选择自动目录），如图5-4-4所示。打开“目录”对话框，如图5-4-5所示。显示级别设置为1，单击“确定”按钮，就插入了目录，在目录前手动输入“目录”标题，并设置段落居中，效果如图5-4-6所示。

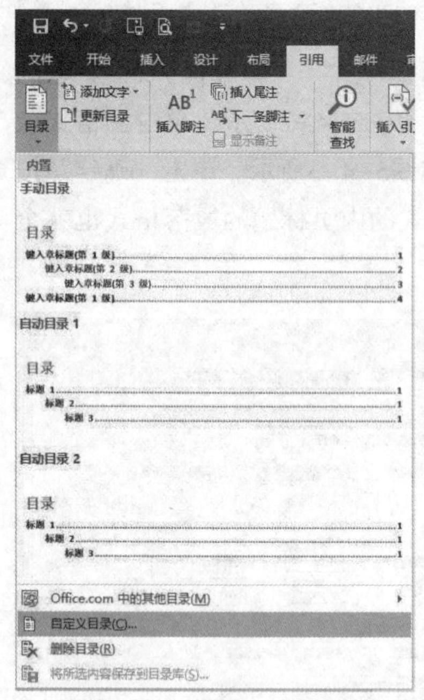

图5-4-4　自定义目录命令

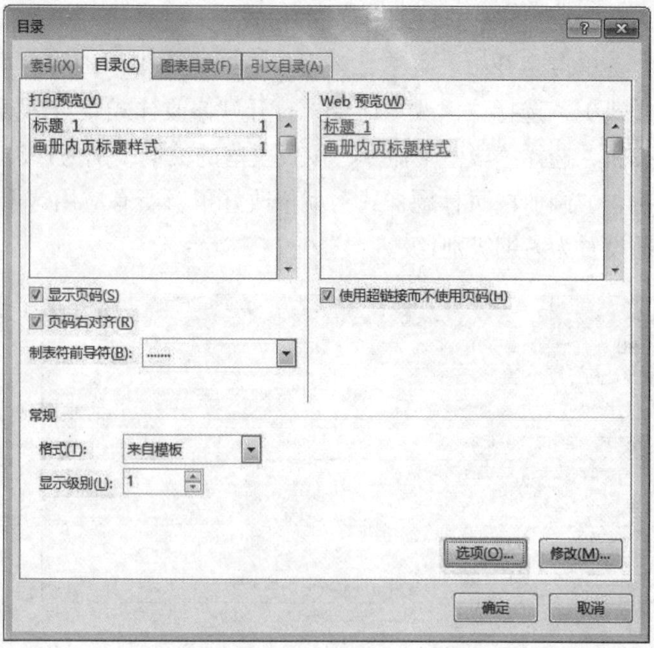

图5-4-5　“目录”对话框

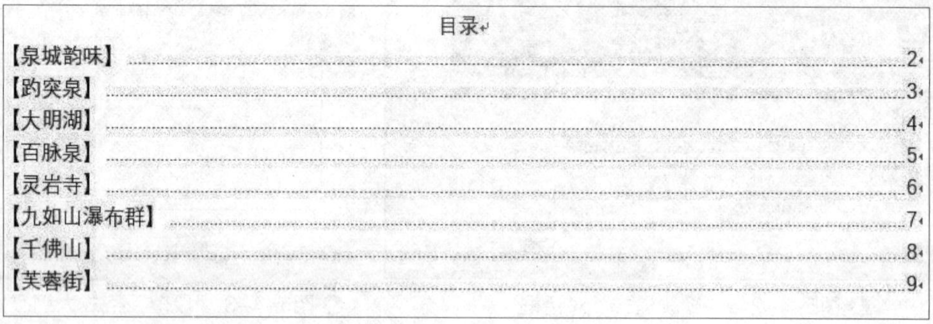

目录

图5-4-6　插入的“目录”

STEP 2　**使用分节符将长文档进行分节**

在对Word文档进行排版时，经常会要求对同一个文档中的不同部分采用不同的版面设置，例如要设置不同的页码、页面方向、页边距、页眉和页脚，或重新分栏排版等。这时，如果通过 “页面设置”来改变其设置，会引起整个文档所有页面的改变。这时，就会用到分节符。

旅游画册文档排版，插入页码时，封面不需要页码，目录页码格式一般是“Ⅰ，Ⅱ，Ⅲ…”的格式，旅游内页页码格式一般是“1，2，3…”的格式，这就需要插入分节符，分别设置。

光标定位到目录之后，“泉城韵味”内页标题之前，单击“布局”菜单，单击“分隔符”，选择“下一页”分节符，如图5-4-7所示。插入分节符后，“泉城韵味”内页转到下一页。

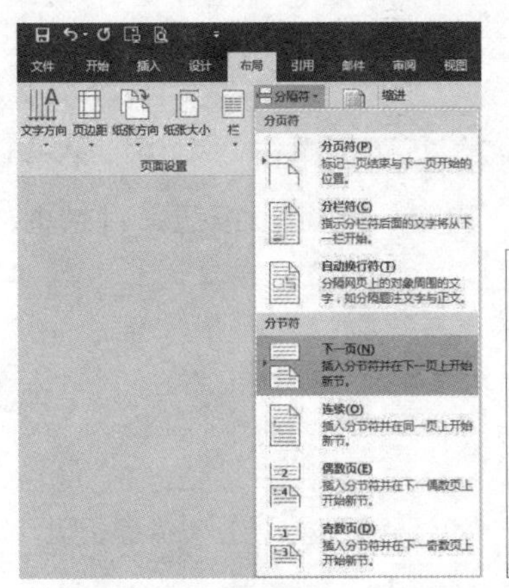

图5-4-7 插入的“下一页”分节符

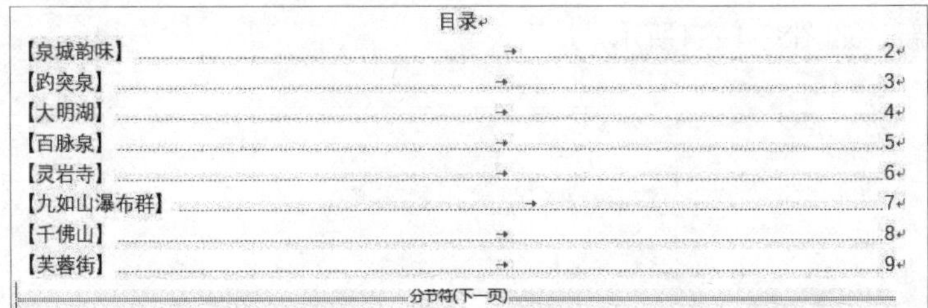

图5-4-8 显示分节符

单击“开始”菜单，“段落”工具组中（显示/隐藏标记）按钮，可以显示分节符，如图5-4-8所示。

STEP 3 **设置目录与内页不同的页码**

（1）设置目录页码

单击“插入”菜单，单击“页码”，选择插入“普通数字2”页码命令，如图5-4-9所示。选中页码，单击“页码”，选择设置“页码格式”命令，打开“页码格式”对话框，如图5-4-10所示。设置编号格式为“Ⅰ，Ⅱ，Ⅲ，…”，单击确定，目录页码就设置为了“Ⅰ”。

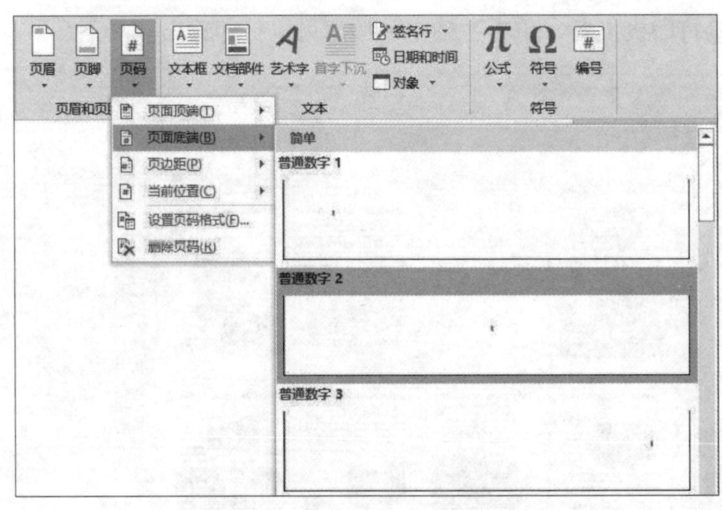

图5-4-9 在页面底端插入页码

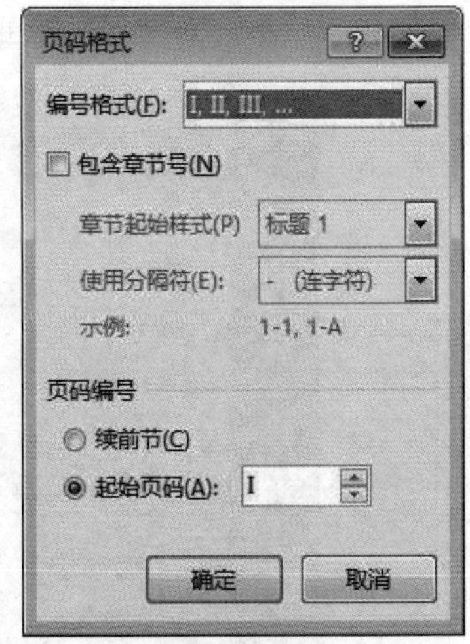

图5-4-10 设置页码格式

（2）设置内页页码

选中页码，单击“页码”，选择设置“页码格式”命令，打开“页码格式”对话框，设置编号格式为“1，2，3，…”，起始页码设置为1，单击“确定”，内页页码就设置为了阿拉伯数字序号格式。

（3）更新目录

选中目录，设置目录文字格式为宋体四号，段落格式为2倍行距。单击“引用”菜单的，更新目录命令，在弹出的对话框中选择“只更新页码”，单击“确定”按钮，目录更新，如图5-4-11所示。

目录

【泉城韵味】……………………………………………… 1

【趵突泉】………………………………………………… 2

【大明湖】………………………………………………… 3

【百脉泉】………………………………………………… 4

【灵岩寺】………………………………………………… 5

【九如山瀑布群】………………………………………… 6

【千佛山】………………………………………………… 7

【芙蓉街】………………………………………………… 8

图5-4-11　更新后的目录页码

STEP 4　**打印设置文档并预览输出**

单击“文件”菜单，选择“打印”命令，可以选择连接的打印机，设置打印范围等，右侧可以预览文档，单击右侧底端按钮，可以放大缩小视图，缩小视图后可预览多页，如图5-4-12所示。如果计算机连接打印机设备，单击“确定”按钮可以打印输出。

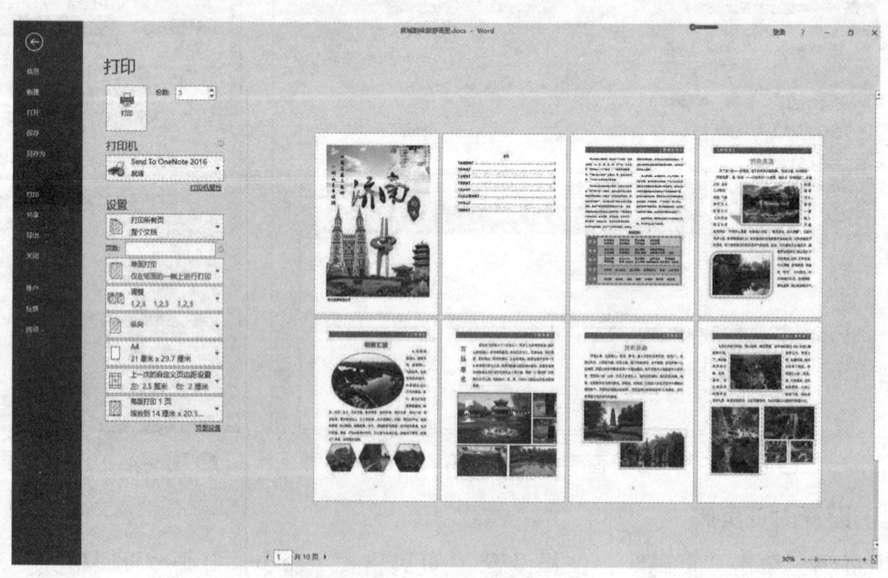

图5-4-12　打印预览

任务总结与评价

通过完成“插入与编辑‘泉城韵味’画册的图形图像”任务，学习了分节符的应用，配合分节符，设置不同页码格式，提取文档目录的方法，页码重设以后或者正文内容有改变，尤其是页码增多或者减少后，目录要及时更新页码，打印预览文档设置等。通过该任务的实现，要求达成的目标见表5-4-1。请自我检测一下，你的自我评价等级达到优秀了吗？

表5-4-1　学习能力自我评价

学习目标	评价内容	评价等级			
		A	B	C	D
能根据实际工作需要设置标题格式并提取文档目录	会设置并修改标题样式				
	会设置各级标题统一的样式				
	掌握提取文档目录并设置格式的方法				
能根据实际工作需要插入分节符，设置页眉页脚	掌握插入分节符的方法，将长文档进行分节				
	掌握配合分节符插入页码的方法				
	会设置页眉页脚，如设置目录与内页不同的页码				
能够打印预览文档并根据工作需要微调排版	会使用打印预览窗口观察排版效果，并进行适当的排版微调				

拓展提高

1. 文档加密

有时候，我们完成的文档并不想让别人随便打开，可以通过添加打开密码来为Word文档添加密码。具体可以这样操作：单击“文件”菜单，单击“保护文档”，选择“用密码进行加密”命令，如图5-4-13所示。打开“加密文档”对话框，如图5-4-14所示。输入密码，单击“确定”按钮，打开“确认密码”对话框，如图5-4-15所示。再次输入密码，单击“确定”按钮，密码就设置好了。再次打开文档时，需要输入密码才可以打开。

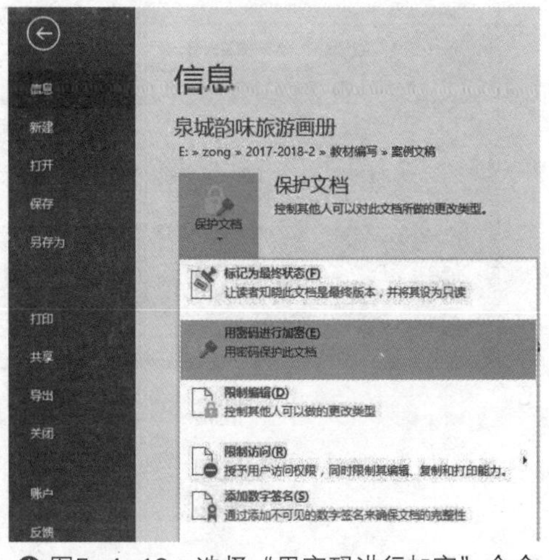

图5-4-13　选择“用密码进行加密”命令

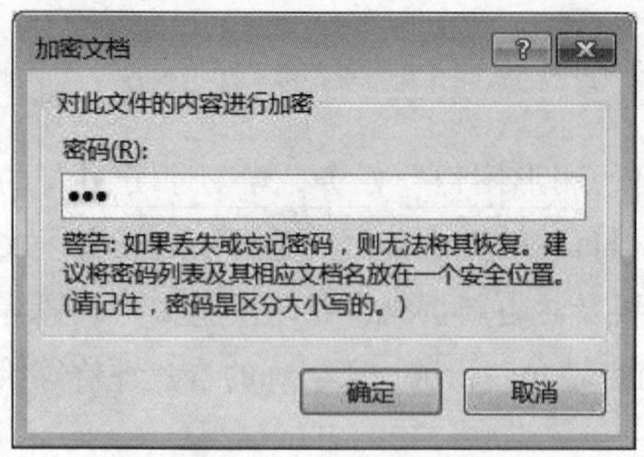

图5-4-14 “加密文档”对话框

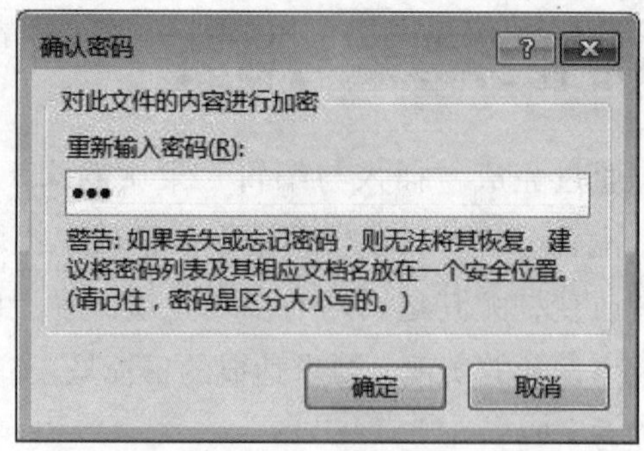

图5-4-15 “确认密码”对话框

2. 将Word文档转换为PDF文件

将Word文档转换为PDF文件后，文档不能被复制和修改，可以保护你的著作。Word2016可以直接将文档另存为pdf格式，单击“文件”菜单，单击 “另存为”命令，选择保存位置，打开“另存为”对话框，如图5-4-16所示。

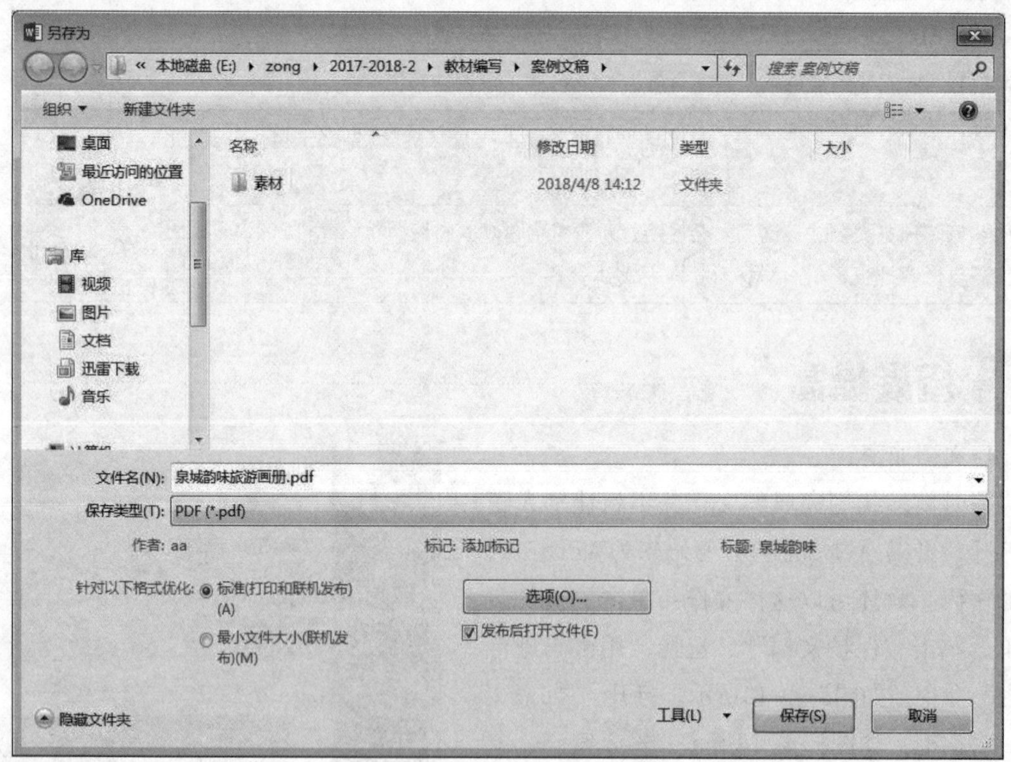

图5-4-16 “另存为”对话框

任务拓展与训练

1. 小组协作完成“校园生活”文档的综合排版。

2. 小组探究学习“邮件合并”功能，批量完成“泉水节”邀请函。

模块总结

Word 2016版本功能的强大并且方便。本模块通过旅游画册的学习，学习了文字段落格式的设置，应用样式的排版能对文档进行更好更美观的排版；学习了表格的编辑及美化；学习了图文混排；学习了目录页码的设置及文档的预览输出。

思考练习

一、填空题

1. Word 2016文档的默认扩展名是__________。

2. 文本框有________和__________两种方式。

3. 在Word中，分割符包括分页符、分栏符和换行符。其中，将插入点后的内容移到下一页的分隔符是____________。

4. 在Word中，为了删除光标之后的字符，可以按键盘上的________键。

二、选择题

1. Word具有的功能是（　　）。

A. 表格处理　　B. 绘制图形　　C. 自动更正　　D. 以上三项都是

2. 在Word中，如果要使文档内容横向打印，在“页面设置”应选择的标签是（　　）。

A. 纸型　　B. 纸张方向　　C. 版面　　D. 页边距

3. 插入剪贴画或图片到文档中时，默认为（　　），既不能随意移动位置，也不能在其周围环绕文字。

A. 四周型　　B. 上下型　　C. 嵌入型　　D. 紧密型

4. 在Word的编辑状态，使用“字体”组中的字号按钮可以设定文字的大小，下列字号中字符最大的是（　　）。

A. 三号　　B. 小三　　C. 四号　　D. 小四

5. 在Word中，创建表格不应该使用的方法是（　　）。

A. 使用表格拖拽方式　　B. 使用“自选绘图”工具画一个

C. 使用“插入表格”命令　　D. 使用“快速表格”命令

6. 在Word的“页面设置”中，默认的纸张大小规格是（　　）。

A. 16 K　　B. A4　　C. 16开　　D. A3

7. 在Word中，下述关于分栏操作的说法，正确的是（　　）。

A. 设置的各栏宽度和间距与页面宽度无关

B. 可以将指定的段落分成指定宽度的两栏

C. 栏与栏之间不可以设置分隔线

D. 任何视图下均可看到分栏效果

8. 对于已建立的页眉和页脚，要打开它可以双击（　　）。

A.文本区　　B. 工具栏区　　C. 功能区　　D. 页眉和页脚区

9. Word编辑状态，如果使多行具有相同的等高，可以选定这些行，单击“表格工具”中“布局”功能区的（　　）按钮

A.“分布行”　　B.“分布列”　　C.“自动调整”　　D.“属性”

10. Word中“页码”位于（　　）功能区中

A.“开始”　　B.“插入”　　C.“页面布局”　　D.“视图”

三、问答题

1. 简述Word中的对齐方式及其特点。

2. 简述Word中的视图方式。

3. 简述图片的环绕方式及其特点。

4. 简述Word中图形图像的形状格式可以设置哪些格式。

模块6 数据统计与分析

日常生活中，经常需要对一些数据进行统计分析，Microsoft Office 2016中的Excel提供了强大的数据处理功能，能很好地解决这些问题。本模块将通过学生学习生活中的一些典型任务的实现，学习使用Excel进行数据的统计分析。通过创建与美化学生信息表任务，学习使用Excel创建工作表并进行数据的录入、编辑、美化及排版打印操作；通过计算处理学生综合测评成绩任务，学习Excel中的公式以及常用函数的使用；通过统计分析学生综合测评成绩任务，学习Excel的汇总统计及图形化展示。本模块的任务和学习内容如图6-1所示。

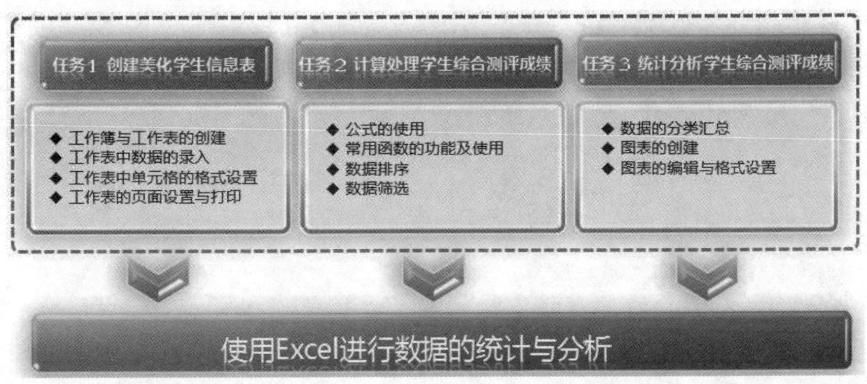

图6-1 本模块的任务和学习内容

知识目标	技能目标	素质目标
● 理解工作簿和工作表的概念，熟练掌握工作表的插入、删除、复制或移动、重命名等各种操作； ● 掌握各种不同类型数据的编辑录入方法以及快速填充的方法； ● 掌握工作表中单元格的编辑与美化； ● 掌握公式与函数的使用方法； ● 掌握排序、筛选和分类汇总方法； ● 了解各类图表的功能、用途及用法； ● 掌握电子表格排版及页面设置方法	● 能熟练使用Excel完成工作表的创建、编辑与美化等操作解决实际应用中数据的存储与管理； ● 能熟练使用常用的函数和公式计算和处理表格数据； ● 会使用排序、筛选、分类汇总等功能对表格数据进行统计； ● 会选择合适的图表类型对数据进行图形化展示； ● 会对电子表格进行打印输出	● 养成严谨的工作作风和按流程执行任务的意识； ● 养成良好的计算机使用和操作规范，以及使用过程中的安全意识和习惯； ● 培养自主学习能力和探究学习方法； ● 培养创新意识和创新能力； ● 培养由表及里观察分析事务的能力

任务1 创建美化学生信息表

任务描述

为了便于学生信息的存档管理，王老师要求小王使用Excel建立一个学生基本信息表，以便对学生信息进行存档。要求如下：学生信息包含学号、姓名、性别、出生日期、籍贯、宿舍号、联系电话等信息，当鼠标指针移动到学生姓名列时，能看到该同学的照片，以便认识每位同学，并要求做好表格后打印一份纸质表格给老师。样表如图6-1-1所示。

计算机应用专业2017级1班学生基本信息表

学号	姓名	性别	出生日期	籍贯	宿舍号	联系电话
J1700101	[illegible]洁		/06/20	山东潍坊	2412	178××××××××
J1700102	陈浩		/02/04	山东东营	5410	155××××××××
J1700103	陈鹤		/04/27	山东德州	5410	178××××××××
J1700104	陈鹏		/04/11	山东威海	5410	134××××××××
J1700105	陈全坤		/09/26	山东潍坊	5410	156××××××××
J1700106	陈志辉	男	2000/11/05	河北保定	5410	132××××××××
J1700107	代文静	女	1998/11/25	山东泰安	2412	185××××××××
J1700108	窦亮	男	1998/04/13	山东临沂	5410	187××××××××
J1700109	洪晓美	女	1997/12/10	河北邯郸	2412	156××××××××
J1700110	姜彬	男	1998/08/05	山东济宁	5412	150××××××××
J1700111	李春辉	男	1997/05/26	山东滨州	5412	139××××××××
J1700112	李梦娇	女	1999/06/05	河北保定	2412	176××××××××
J1700113	李明轩	女	1998/07/14	山东泰安	2412	178××××××××
J1700114	李婷婷	女	1999/05/29	山东济宁	2412	156××××××××
J1700115	李沅锴	男	1999/10/18	河南郑州	5412	183××××××××
J1700116	李云鹏	男	1998/11/21	山东济南	5412	183××××××××
J1700117	刘宇航	男	1998/02/05	山东济南	5412	135××××××××
J1700118	马树兴	男	1998/10/21	江苏徐州	5412	131××××××××
J1700119	梅希洁	男	1998/11/20	山东济宁	5416	153××××××××
J1700120	邱芳	女	1999/05/18	河北邢台	2414	159××××××××
J1700121	任祥春	男	1999/10/18	山东烟台	5416	170××××××××
J1700122	宋锋阳	男	1999/02/16	山东潍坊	5416	182××××××××
J1700123	孙成明	男	1997/10/17	河北廊坊	5416	153××××××××
J1700124	孙杰	男	2000/01/19	山东东营	5416	132××××××××
J1700125	孙鹏	男	1999/03/22	山东淄博	5416	150××××××××
J1700126	田文晶	女	1998/12/10	安徽亳州	2414	187××××××××
J1700127	王蕊蕊	女	1998/06/07	山东济宁	2414	151××××××××
J1700128	王文婧	女	1999/02/09	江苏徐州	2414	136××××××××
J1700129	王子怡	女	1999/12/02	河南洛阳	2414	177××××××××
J1700130	魏建丽	女	1999/05/30	河北沧州	2414	186××××××××

学生基本信息

图6-1-1　学生基本信息表

任务分析

要完成上述任务，需要如下几步：首先，需要创建一个Excel文件并保存；再依次录入表的标题和表格内容，并通过对姓名插入批注的方式将姓名和照片一一对应；然后，对表格中的单元格进行格式设置，设置字体属性、背景颜色、边框、底纹、行高列宽等，对表格进行美化；最后，通过对表格进行页面设置和打印设置，进行排版打印。

任务实施

任务实现

STEP 1　启动EXCEL，创建保存文件。

①启动Office Excel 2016，单击“文件”→“新建”→“空白工作簿”命令，新建Excel工作簿，如图6-1-2所示。

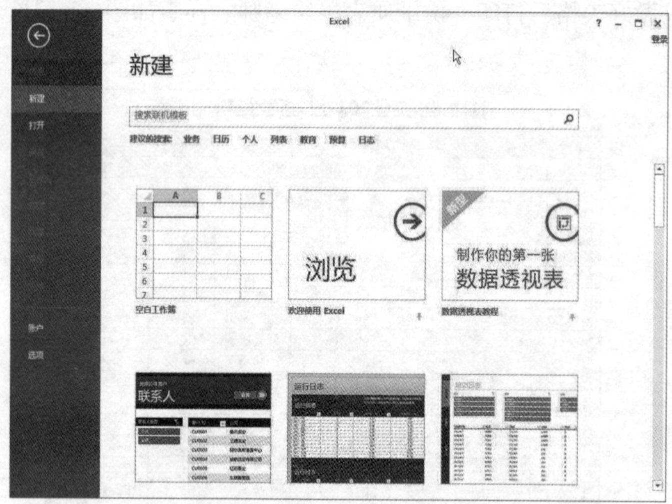

图6-1-2　新建工作簿

②新建空白工作簿后，会打开“工作簿1-Excel”工作界面，如图6-1-3所示。

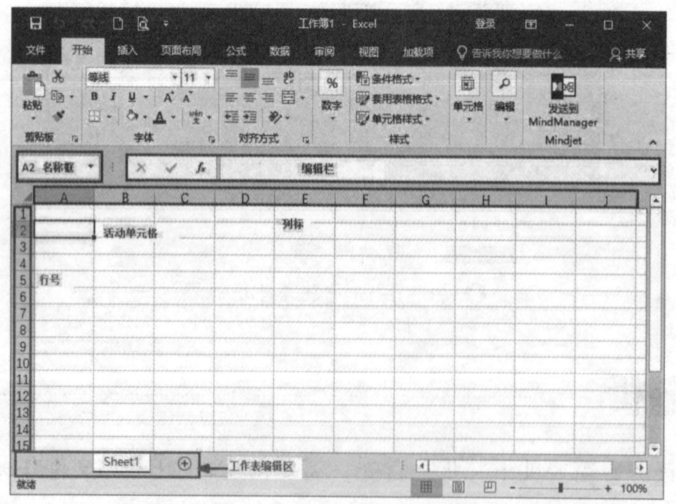

图6-1-3　Excel 2016工作界面

下面对Excel 2016工作界面中各部分作用简单介绍如下：

名称框：用于显示当前选择的单元格、图表项和绘图对象等名称。

编辑栏：用于输入或者编辑数据、公式等对象。编辑栏包括“取消”按钮 ✕ 、“确定”按钮 ✓ 、“插入函数” fx 按钮以及右侧的编辑框。

行号和列标：行号和列标用于标识单元格的位置，每行用一个阿拉伯数字表示，以行号的方式显示在工作表编辑区的左侧；每列用一个英文字母表示，以列标的形式分布在工作表编辑区的上端。行号和列标共同标识单元格，如A2表示第A列第2行的单元格。

活动单元格：单元格是Excel工作界面中的矩形小方格，它是组成Excel表格的基本单位，用户输入的所有内容都将存储和显示在单元格内，用户选定的单元格称为活动单元格。

工作表编辑区：该区域包括工作表切换条 ◀ ▶ 、工作表标签 Sheet1 和新工作表按钮 ⊕ ，单击工作表切换条中的按钮，可选择需要显示的工作表，但工作表标签中的按钮，只有当工作簿中的工作表较多，且不能完全显示才起作用。单击“新工作表”按钮 ⊕ ，可为当前工作簿添加新的工作表。

知识卡片

工作簿和工作表

所谓工作簿，是指Excel中用来储存并处理工作数据的文件。也就是说，Excel文档就是工作簿，其扩展名为.xlsx。工作表是Excel完成工作的基本单位。

工作簿和工作表的关系就像书本和页面的关系，每个工作簿中可以包含多张工作表，工作簿所能包含的最大工作表数受内存的限制。默认的名称为“Sheet1”“Sheet2”“Sheet3”。每个工作表中的内容相对独立，通过单击工作表标签可以在不同的工作表之间进行切换。

③单击“文件”→“保存”（或单击快速访问工具栏中的 🖫 ），将工作簿文件存在“F:\计算机应用基础\模块六”文件夹中，文件名为“J17001学生信息表.xlsx”。

STEP 2　设置工作表，编辑表格数据

（1）重命名工作表

双击要更名的工作表Sheet1（或右击工作表标签Sheet1，选择“重命名”），将工作表命名为“学生基本信息”。

操作提示

工作表的常用操作

（1）插入工作表

右击工作表Sheet1标签，从弹出的快捷菜单中选择“插入……”，在弹出的“插入”对话框中选择“工作表”，可以在当前位置插入一个新的工作表。若不考虑工作表插入位置，则可以直接单击工作表标签Sheet1右侧的⊕即可快速插入一个工作表。

（2）移动或复制工作表

若需要对工作表进行移动或复制操作，可右击要移动或复制的工作表标签，从弹出的快捷菜单中选择“移动或复制……”，弹出“移动或复制工作表”对话框，可以将选定的工作表移至某个指定的工作簿，也可以在本工作簿中将选定的工作表移至指定的工作表之前或者之后，如果要进行复制，则可在对话框中勾选“建立副本”前的复选框即可。

（3）删除工作表

若要删除某个工作表，可以右击要删除的工作表，从弹出的快捷菜单中选择“删除”，即可删除选定的工作表。

（4）设置工作表标签颜色

Excel 2016中也可以设置工作表标签的颜色，方法如下：右击要设置的工作表，从弹出的快捷菜单中选择“工作表标签颜色”，在右侧级联菜单中选择要设置的颜色即可。

（5）隐藏工作表

要隐藏某个工作表，可以选中要隐藏的工作表后右击，从弹出的快捷菜单中选择“隐藏工作表”，则可以直接将选中的工作表隐藏；如果要取消隐藏，则可以在其他任一工作表标签上右击，从弹出的快捷菜单中选择“取消隐藏”，则可弹出“取消隐藏”对话框，在对话框中将要取消隐藏的工作表选中，单击【确定】按钮即可显示出来。

（2）输入表格标题与表头

在“学生基本信息”工作表中，单击A1单元格选中，输入标题“计算机应用专业2017级1班学生基本信息表”；单击A2单元格，在第二行A2-G2输入表的表头，A2中输入“学号”……G2中输入“联系电话”。

操作提示

单元格常用操作

（1）选择单元格、整行（列）

选择单个单元格：单击即可选中单个单元格。

选择连续单元格：单击第一个单元格，按住Shift键单击最后一个单元格。

选择不连续单元格：按住Ctrl键，单击要选择的单元格。

选择工作表的所有单元格：单击列标A左侧（编辑区左上角）的 图标即可选择所有单元格。

选择整行（列）：将鼠标光标移至需要选择的行或者列所在的行号或列标上，当鼠标光标变为→或者↑形状时单击鼠标即可。

（2）插入单元格、整行（列）

插入单元格：选定需要插入单元格的位置，单击【开始】选项卡的【单元格】组的“插入”下方的下拉按钮，在弹出的下拉菜单中选择“插入单元格……”选项（或者直接右击选择“插入”），打开“插入”对话框，选择相应的插入方式单击【确定】，即可在工作表相应位置插入单元格。

插入整行（列）：可以在上述“插入单元格”的插入对话框中，选择插入方式为“整行”或者“整列”，即可在选定的位置插入一行或者一列；另一种方式是直接选择整行（列），右击从弹出的快捷的菜单中选择“插入”选项即可插入一行（列）。

（3）删除单元格、整行（列）

删除单元格：选定需要删除的单元格，单击【开始】选项卡的【单元格】组的“删除”下方的下拉按钮，在弹出的下拉菜单中选择“删除单元格……”选项（或者直接右击选择“删除”），打开“删除”对话框，选择相应的删除方式后单击【确定】，即可删除选中的单元格。

删除整行（列）：可以在上述“删除单元格”的“删除”对话框中，选择删除方式为“整行”或者“整列”，即可删除单元格所在的一行或者一列；另一种方式是直接选择整行（列），右击在从弹出的快捷的菜单中选择“删除”选项即可删除一行（列）。

（4）合并单元格

在工作表中选择需合并的多个单元格，选择【开始】选项卡的【对齐方式】按钮组的“合并后居中”右侧的下拉按钮，在弹出的下拉列表中列出了“合并后居中”“跨越合并”和“合并单元格”共三种合并方式，选择需要的合并方式即可。

（5）隐藏行（列）

有时为了表格更加简洁美观，需要将一些不重要的行或者列隐藏，操作方法是：选中要隐藏的行或列，选择【开始】选项卡的【单元格】按钮组的“格式”图标下的下拉按钮，在下拉菜单中选择“隐藏和取消隐藏”，在右侧的级联菜单中选择“隐藏行”或者“隐藏列”选项，可以将选中的行或列隐藏，要想再次显示，则选择其中的“取消隐藏行”或“取消隐藏列”即可。更快捷的操作方法是选中要隐藏的行或者列，右击从弹出的快捷菜单中选择“隐藏”，即可将选中的行或者列隐藏，要取消隐藏，则右击选择“取消隐藏”即可。

（3）输入学生基本信息

①输入学号：单击A3单元格，输入“J1700101”，单击A3单元格，选择右下角的填充柄 3 J1700101 填充柄 ，将鼠标光标移到填充柄后会出现“十”字，拖动下拉至最后一名学生，会看到学生学号会自动增加填充完成。

②输入姓名、性别、籍贯：姓名、性别、籍贯列的数据记录直接输入。

③输入出生日期：拖动选中“出生日期”列，右击选择“设置单元格格式”，在弹出的设置单元格格式对话框中，单击【数字】选项卡，在左侧“分类”栏选择“日期”，在右侧类型栏中选择想要的日期格式，单击【确定】。如图6-1-4所示。

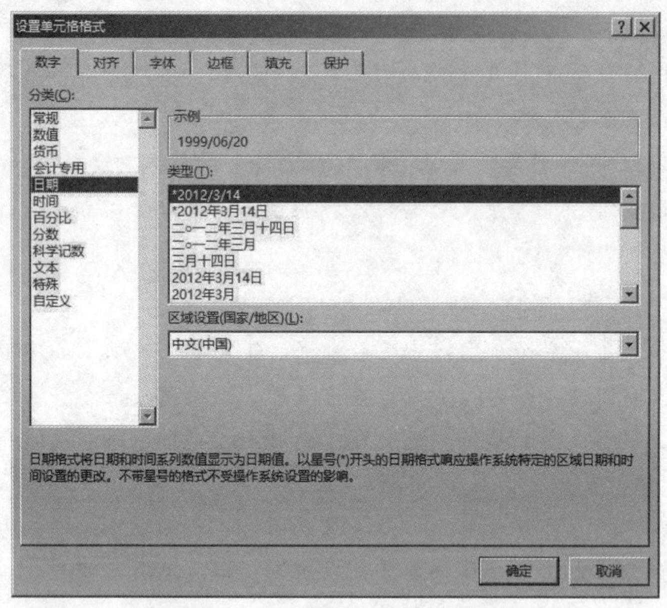

图6-1-4　设置单元格格式对话框

④输入宿舍号、联系方式：参考出生日期格式的设置，设置宿舍号、联系方式的单元格格式，设置单元格格式为“文本”格式（输入的数字默认为数值格式）。

操作提示

表格数据的快速填充

当需要在工作表中输入相同数据或者有规律的数据时，可以使用Excel 2016提供的快速填充数据功能实现数据的快速输入，以提高工作效率。下面分别介绍在工作表中填充相同数据和填充有规律数据的方法。

（1）填充相同数据

在第一个单元格中输入数据后，将鼠标光标移动至该单元格的右下角，当鼠标光标变成+形状时，按住鼠标左键不放并拖至最后一个单元格释放，即可将拖动区域中的单元格全部填充为相同的数据。

（2）填充有规律的数据

先在单元格中输入部分有规律的数据，如相邻单元格输入11、12序列，同时选中这个序列所在单元格，将鼠标光标移动至这个序列的右下角，当鼠标光标变成+形状时，按住鼠标左键不放并拖至最后一个单元格释放，单击单元格右下角出现的按钮，在弹出的下拉列表中选择填充方式。

（3）序列类型的设置

序列的规律和类型可以通过“序列”对话框进行设置，单击【开始】选项卡的【编辑】组的“填充”右侧的下拉按钮，从下拉菜单中单击“序列……”，会弹出“序列”对话框，在对话框中可以设置序列产生在“行”或者“列”，类型可以选择“等差序列”“等比序列”等，可以设置步长值和终止值等。

STEP 3　插入批注，添加学生照片信息

①右击B3单元格，从弹出的快捷菜单中单击“插入批注”，（或者选中B3单元格后，单击【审阅】选项卡【批注】组中的“新建批注”按钮），如图6-1-5所示。

2017级1班学生基本信息表						
学号	姓名	性别	出生日期	籍贯	宿舍号	联系电话
J1700101	白洁	女	Administrator: /20	山东潍坊	2412	178××××××××
J1700102	陈浩	男	/04	山东东营	5410	155××××××××
J1700103	陈鹤	男	/27	山东德州	5410	178××××××××
J1700104	陈鹏	男	1999/04/11	山东威海	5410	134××××××××
J1700105	陈全坤	男	1998/09/26	山东潍坊	5410	156××××××××
J1700106	陈志辉	男	2000/11/05	河北保定	5410	132××××××××
J1700107	代文静	女	1998/11/25	山东泰安	2412	185××××××××
J1700108	窦亮	男	1998/04/13	山东临沂	5410	187××××××××
J1700109	洪晓美	女	1997/12/10	河北邯郸	2412	156××××××××
J1700110	姜彬	男	1998/08/05	山东济宁	5412	150××××××××

图6-1-5　新建批注

②右击批注编辑框的边框，在弹出的快捷菜单中单击“设置批注格式”，如图6-1-6所示。选择【大小】选项卡，设置批注的高度为4厘米，宽度为3厘米；

③在设置批注格式对话框中选择【颜色与线条】选项卡，单击“填充”中的“颜色”右边的箭头，在下拉菜单中选择“填充效果”，弹出“填充效果对话框”，在对话框中选择【图片】选项卡，单击“选择图片”按钮，从资源管理器中存放图片的位置选择图片后，单击【确定】，如图6-1-7所示。按照同样的方法，为其他学生添加照片作为批注。

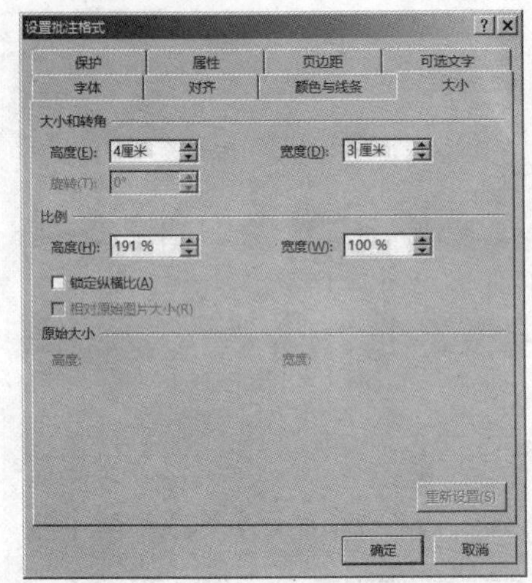

△图6-1-6　设置批注格式对话框

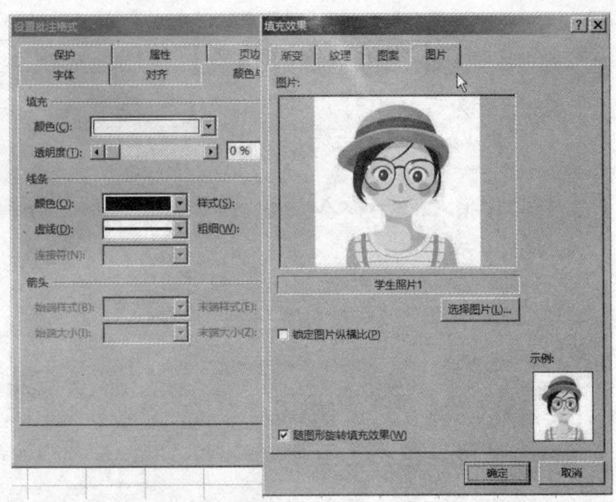

△图6-1-7　设置批注的填充效果添加学生照片

STEP 4　**设置单元格格式，美化表格**

（1）设置标题格式

①设置标题位置。拖动鼠标选中标题所在行的A1:G1单元格区域，单击【开始】选项卡的【对齐方式】组中的“合并后居中”“垂直居中”按钮，如图6-1-8所示。

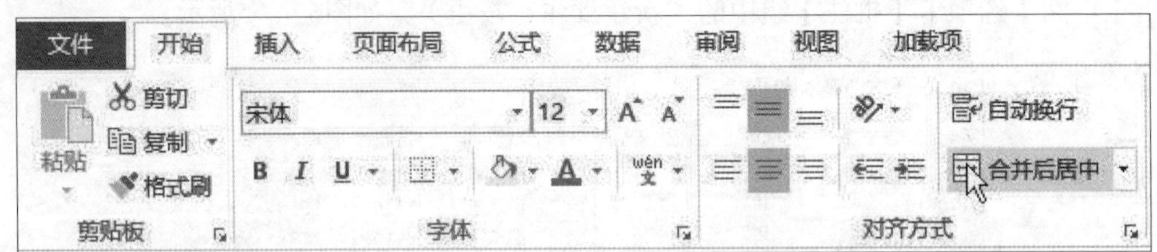

△图6-1-8　标题居中设置

②设置标题文字格式。标题文字格式设置方法：选中标题文字，在【开始】选项卡的【字体】组中单击相应按钮，分别设置字体、字号、字体颜色以及字形。本任务的标题文字属性分别设置为微软雅黑、16号、黑色、加粗。

（2）设置表格内文字格式

①对齐方式设置。单击A2单元格，按住Shift键，再单击G32单元格选中表格文字区域后，单击【开始】选项卡的【对齐方式】组中的“垂直居中”“水平居中”和“自动换行”按钮，设置表内文字的对齐方式。

②文字格式设置。表格内文字格式的设置方法同标题文字设置方法，在【开始】选项卡的【字体】组中选择相应的按钮进行设置。本任务中，对表头文字设置为楷体、14号、黑色、加粗；对表内文字设置为宋体、12号、黑色。

（3）设置行高、列宽

①设置行高。在行号区域拖动鼠标选择所有行，单击【开始】选项卡中的【单元格】组中的“格式”按钮，从下拉菜单中选择“行高”命令，或者选中所有记录行后右击，从弹出的快捷菜单中选择“行高”命令，弹出“行高”对话框，在对话框中输入行高值，如18（像素值），会对所有选中的行进行统一行高的设置。表头和标题行行高值若感觉太小，可以直接在左侧行标号区域的行号间拖动鼠标调整行高。

②设置列宽。选中要调整的列，单击【开始】选项卡中的【单元格】组中的“格式”按钮，从下拉菜单中选择“列宽”命令，在“列宽”对话框中输入列宽的合适值。列宽同样可以通过在列标区域的列标之间拖动鼠标手动调整。

（4）设置边框线格式

选中A2:G32区域，单击【开始】选项卡的【字体】组中的“边框”按钮，从下拉菜单中选择“所有框线”设置边框，设置所有单元格有边框线；在下拉菜单中选择“其他边框”，打开“设置单元格格式”对话框，如图6-1-9所示。在【边框】选项卡中设置线条样式为双线，再单击“外边框”按钮，则可以对外边框设置为双线框。如若需要设置边框颜色，则在该对话框中设置为相应颜色。

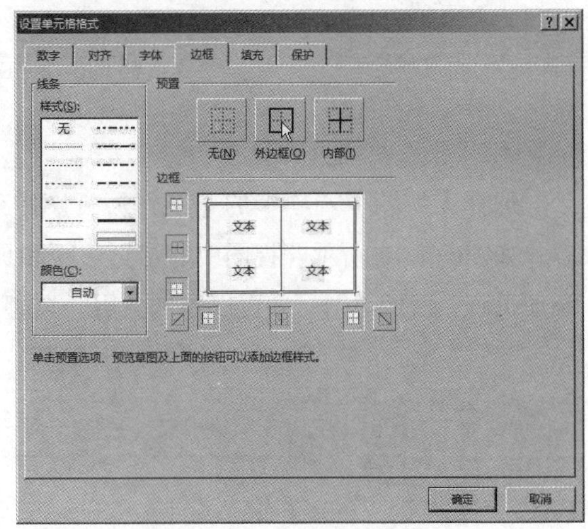

图6-1-9 设置边框样式

（5）设置底纹格式

选中要设置底纹的行、列或者单元格，单击【开始】选项卡【字体】组中的“填充颜色”按钮，在弹出的调色板中选择需要填充的颜色。或者右击选择“设置单元格格式”，弹出图6-1-9所示的设置单元格格式对话框，在【填充】选项卡中设置底纹颜色、填充效果、图案颜色、图案样式等。此任务中，表头行背景色设置为“蓝色，着色5，淡色40%”，表的内容行设置背景色为“蓝色，着色5，淡色80%”。

操作提示

自动套用表格样式

Excel 2016中预定义了多种表格格式，用户可以根据需要自动套用这些格式，方法如下：

选择需要设置表格格式的数据区域，单击【开始】选项卡的【样式】组中的“套用表格格式”按钮，在提供的预定义的样式中选择合适的样式即可。

STEP 5　进行页面设置，打印工作表

（1）设置页面格式

在【页面布局】选项卡的【页面设置】组中单击“纸张大小”按钮的下拉箭头，在列表中选择“A4（21厘米*29.7厘米）”；如若表格较宽，可以单击“纸张方向”按钮的下拉箭头，列表中选择“横向”；单击“页边距”下的下拉箭头，在列表中可以选择合适的页面边距，其中包含页眉页脚距，页面设置如图6-1-10所示。

图6-1-10　页面设置

（2）设置页眉页脚

选择【视图】选项卡的【工作簿视图】组中的“页面布局”按钮，显示页面视图状态，如图6-1-11所示。视图中显示页边距和页面区域，在“单击可添加页眉”、“单击可添加页脚”区域单击，即可以添加页眉、页脚。

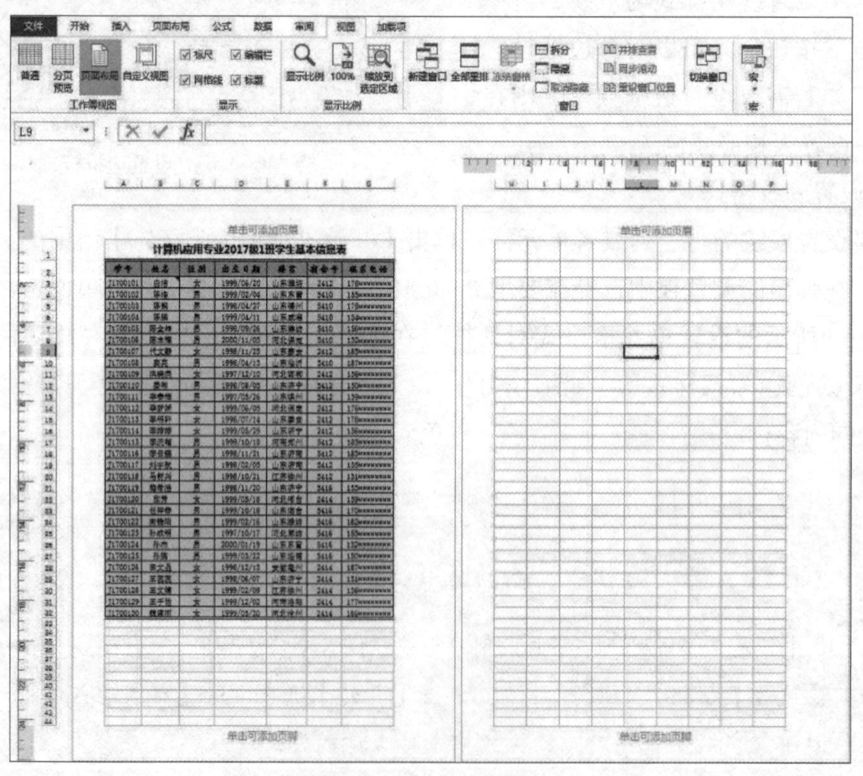

图6-1-11　添加页眉页脚

（3）设置打印标题行和打印标题列

如果数据表的记录超过一页纸，需要设置打印标题行和打印标题列，方法如下：选择【页面布局】选项卡的【页面设置】组中的“打印标题”按钮，打开“页面设置”对话框，在对话框中选择【工作表】选项卡，如图6-1-12所示。在对话框中的“顶端标题行”文本框中，单击右侧的按钮，选中表头所在行，单击【确定】按钮，即可设置顶端标题行。左侧标题列的设置方法同标题行设置。

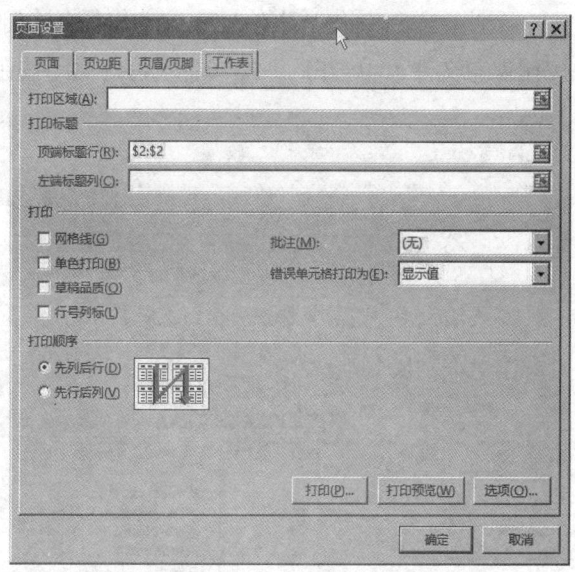

图6-1-12 “页面设置”对话框

说明：设置了顶端标题行和左侧标题列后，若表格超过一页纸，则在每页纸上都会显示出标题行和标题列。

（4）打印预览，设置打印

单击图6-1-12中的“打印预览”按钮，即可查看打印效果。如要进行打印，单击【文件】选项卡，在打开的页面左侧选择【打印】选项，在页面中间区域对工作表进行打印设置，如设置打印份数、打印范围和打印机等，如图6-1-13所示。设置完成后，单击“打印”按钮开始打印。

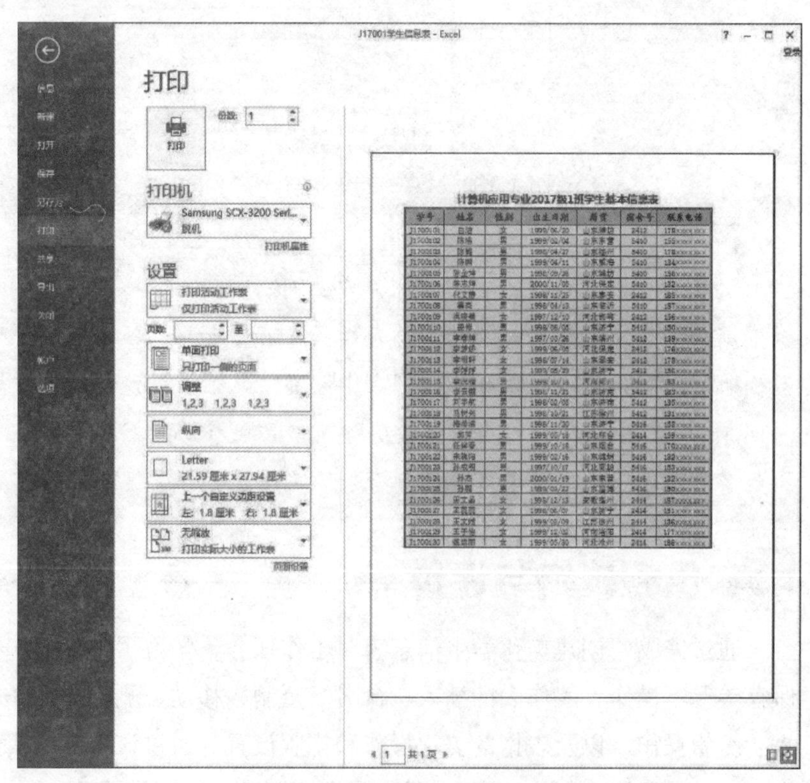

图6-1-13 打印设置对话框

STEP 6　**保存表格，退出Excel**

至此，创建美化学生信息表的工作任务全部完成，点击快速访问工具栏中的“保存”按钮保存文件，单击Excel 2016右上角的关闭按钮，即可退出Excel。

操作提示

自定义Excel 2016的常见选项

Excel 2016有很多功能，我们安装完成以后一些基本的设置都是默认，如果需要可更改默认设置，操作方法是：单击【文件】菜单中的“选项”打开“Excel选项”对话框，如图6-1-14所示。

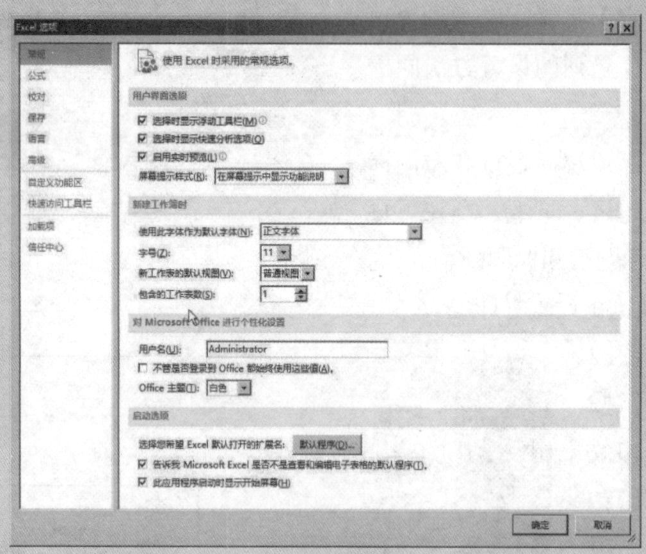

▲图6-1-14　“Excel选项”对话框

在该对话框左侧，有“常规”“公式”等10个选项，如在“常规”选项中，可以设置新建工作簿时默认包含的工作表数；在“保存”选项中可以设置“保存自动恢复信息的时间间隔”；在“高级”选项卡中设置“显示最近使用的工作簿数目”；在“快速访问工具栏”选项中可以自定义快速访问工具栏等。

每个选项均包含许多设置，有兴趣的读者请自行研究学习。

任务总结与评价

通过完成“创建美化学生信息表”工作任务，学习了Excel 2016文件的新建、打开、保存等基本操作，工作表的插入、命名、复制、移动、删除等操作，表格中各类数据的录入、编辑操作，以及表格的美化操作和排版设置。通过该任务的实现，要求达成的目标见表6-1-1。请自我检测一下，你的自我评价等级达到优秀了吗？

表6-1-1 学习能力自我评价

学习目标	评价内容	评价等级			
		A	B	C	D
能根据实际工作需要创建工作表并录入数据	理解工作簿与工作表的概念				
	会对工作簿进行创建、打开、保存等操作				
能根据实际工作需要创建工作表并录入数据	会对工作表进行插入、删除、更名、移动或复制、设置工作表标签颜色、隐藏工作表等操作				
	会在单元格中录入各种不同类型的数据				
	能对单元格进行数据格式设置				
	会使用快速填充数据功能在表格中快速输入数据				
能对工作表中的数据进行编辑与美化	能熟练的对单元格、行、列进行选定、插入及删除操作				
	能在单元格中插入、编辑及删除批注，并会设置批注格式				
	能熟练的对单元格中数据设置字体、对齐方式、颜色、边框、底纹等操作				
	能熟练的调整行高、列宽				
能对工作表进行页面设置并打印	会对工作表进行页面格式设置，包括设置纸型、页边距、纸张方向、页眉页脚、设置打印标题行等操作				
	会对设置好页面布局的工作表进行打印预览、打印设置等操作				

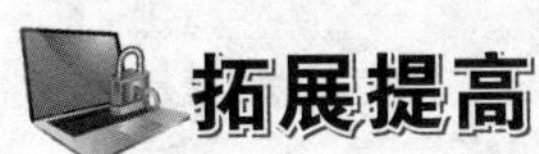

拓展提高

1. 设置数据的有效性

设置数据有效性可以对单元格或单元格区域文本或数据范围进行限制，输入的数据或文本符合设置的条件允许输入，反之则禁止输入，以防止输入的数据无效。下面将在学生基本信息表中的“性别”列，设置数据的有效性为“男”或者“女”，如输入的内容不符合，将会弹出提示信息“性别只能为男或者女”。具体操作如下：

①选中设置数据有效性的单元格区域C3:C32，单击【数据】选项卡的【数据工具】组中的“数据验证”，如图6-1-15所示。

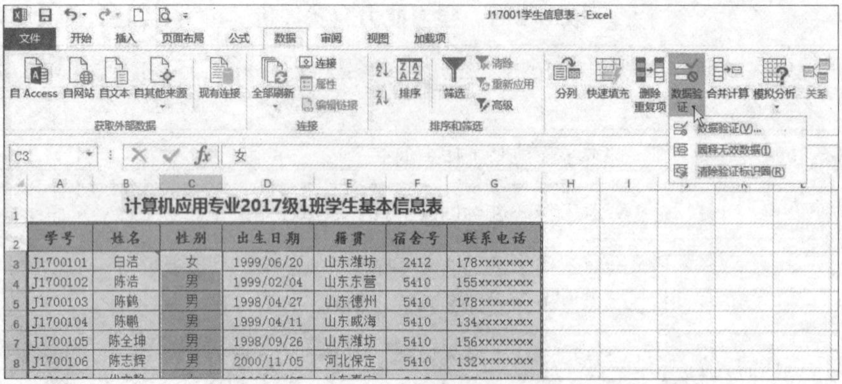

图6-1-15　数据验证操作

②在下拉菜单中单击“数据验证”，弹出“数据有效性”对话框，在【设置】选项卡的验证条件中，从“允许”下拉框中选择“序列”，在“来源”文本框中输入“男，女”作为序列值，若想在输入性别列的值时有下拉箭头选择，则将“提供下拉箭头”复选框选中，若不选中，在表格的性别列将无下拉列表提示，如图6-1-16所示。

③在【出错警告】选项卡中设置警告样式及标题，在“标题”文本框中输入“性别数据输入错误”，在“错误信息”框中输入“性别只能为男或者女！”，勾选“输入无效数据时显示出错警告”复选框，如图6-1-17所示，单击【确定】按钮。

④如输入的内容不符合，将会弹出提示信息，如图6-1-18所示。

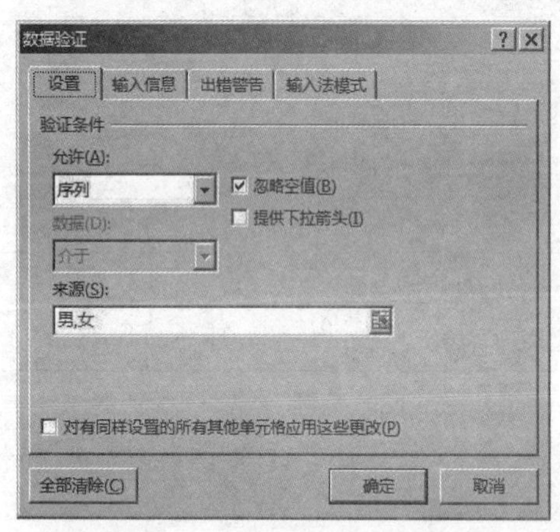

图6-1-16　设置有效性验证条件

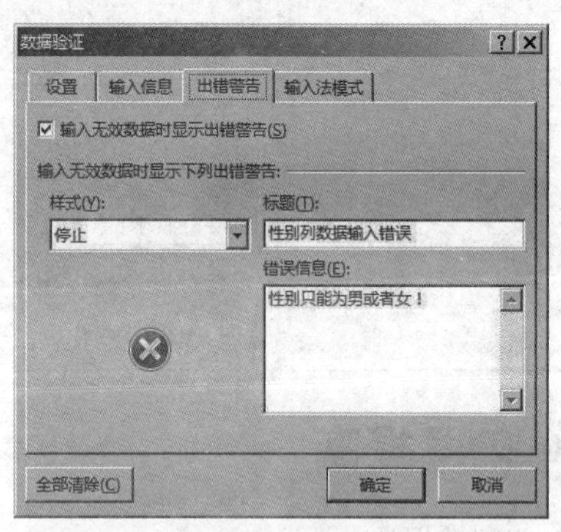

图6-1-17　设置验证出错警告信息

同样的操作方法，可以设置数据的有效条件为“整数”“小数”“日期”“时间”“文本长度”“自定义”等，如学生的年龄、成绩列可以设定为某个范围的整数。有效性条件的设置请读者自行练习使用。

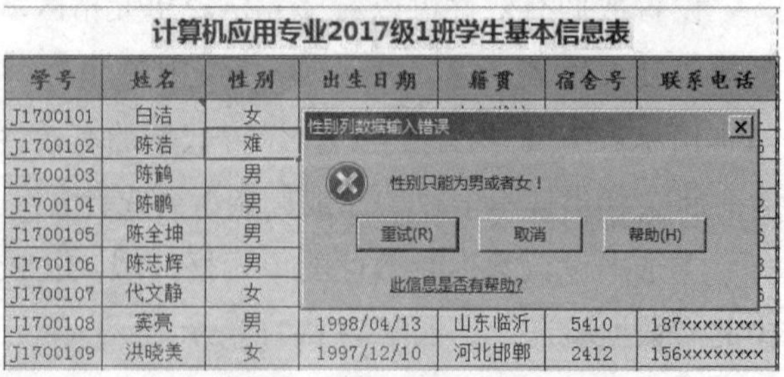

图6-1-18　输入数据错误提示信息

2. 设置条件格式

条件格式是指当单元格中的某些数据满足设定的条件时，应用该条件对应的格式，从而使单元格中不同数据呈现不同的显示方式。为表格设置合适的条件格式，不仅可以起到美化作用，还可以对数据进行查看和分析。如将学生基本信息表的“性别”列中性别为“女”的单元格突出显示为“浅红填充色深红色文本”，可以进行如下操作：选中要进行条件格式设置的文本区域C3:C32，单击【开始】选项卡的【样式】组中的“条件格式”按钮，如图6-1-19所示；单击下拉列表框中的“突出显示单元格规则”→“等于”按钮，弹出“等于”对话框，在对话框的“为等于以下值的单元格设置格式”中输入“女”，在“设置为”中下拉框中选择“浅红填充色深红色文本”，如图6-1-20所示，单击【确定】按钮。

计算机应用专业2017级1班学生基本信息表

学号	姓名	性别	出生日期	籍贯	宿舍号	联系电话
J1700101	白洁	女	1999/06/20	山东潍坊	2412	178×××××××
J1700102	陈浩	男	1999/02/04	山东东营	5410	155×××××××
J1700103	陈鹤	男	1998/04/27	山东德州	5410	178×××××××
J1700104	陈鹏	男	1999/04/11	山东威海	5410	134×××××××
J1700105	陈全坤	男	1998/09/26	山东潍坊	5410	156×××××××
J1700106	陈志辉	男	2000/11/05	河北保定	5410	132×××××××
J1700107	代文静	女	1998/11/25	山东泰安	2412	185×××××××
J1700108	窦亮	男	1998/04/13	山东临沂	5410	187×××××××
J1700109	洪晓美	女	1997/12/10	河北邯郸	2412	156×××××××

图6-1-19 条件格式设置

计算机应用专业2017级1班学生基本信息表

学号	姓名	性别	出生日期	籍贯	宿舍号	联系电话
J1700101	白洁	女				
J1700102	陈浩	男				
J1700103	陈鹤	男				
J1700104	陈鹏	男				
J1700105	陈全坤	男				
J1700106	陈志辉	男				
J1700107	代文静	女	1998/11/25	山东泰安	2412	185×××××××
J1700108	窦亮	男	1998/04/13	山东临沂	5410	187×××××××
J1700109	洪晓美	女	1997/12/10	河北邯郸	2412	156×××××××
J1700110	姜彬	男	1998/08/05	山东济宁	5412	150×××××××
J1700111	李春辉	男	1997/05/26	山东滨州	5412	139×××××××

等于

为等于以下值的单元格设置格式:

女 设置为 浅红填充色深红色文本

确定 取消

图6-1-20 条件格式设置“等于”对话框

Excel 2016中的条件格式规则有如下几种：

（1）使用“突出显示单元格规则”比较数据大小

使用突出显示单元格规则，系统将自动识别单元格中数据的大小，并以对应的颜色来显示，以便于查阅。使用突出单元格规则的方法是：在工作表中选择要设置条件格式的单元格区域，单击【开始】选项卡的【样式】组中的“条件格式”按钮，在下拉列表中选择“突出显示单元格规则”选项，再在级联菜单中选择需要的子选项，在打开的对话框中对条件格式进行设置即可。

（2）使用“项目选取规则”突出显示满足规则的单元格

项目选取规则是指将多个单元格中的数据作为一个项目，根据选择的项目来设置条件格式，如“前10%”，将突出显示选中单元格区域前10%的数据。使用项目选取规则的方法是：在工作表中选择要设置的单元格区域，在“条件格式”下拉列表中选择“项目选取规则”选项，再在弹出的子列表中选择所需选项，然后在打开的对话框中根据需要进行设置即可。

（3）使用“数据条”显示数据大小

使用数据条条件格式，系统将自动识别单元格中数据的大小，并根据数据大小以对应的颜色条的长短来显示，以便于查阅。使用数据条显示单元格规则的方法是：在工作表中选择要设置的单元格区域，在“条件格式”下拉列表中选择“数据条”选项，再在弹出的子列表中选择合适的颜色条，即可在单元格中以颜色条不同长短的方式显示数据的大小。

（4）使用“色阶”突出显示单元格

色阶包括双色刻度和三色刻度，双色刻度是使用两种颜色的深浅程度来显示某个区域的单元格，颜色的深浅表示值的高低；三色刻度是分别用三种颜色表示最小值、中间值和最大值，根据数值的大小进行颜色过渡显示。使用色阶显示单元格的方法是：在工作表中选择要设置的单元格区域，在“条件格式”下拉列表中选择“色阶”选项，再在弹出的子列表中选择所需色阶选项，即可以用颜色来表示数据的大小。系统提供了12种色阶选项供用户选择，若还是不能满足工作需要，可在“色阶”子列表中选择“其他规则”选项后，在打开的对话框中进行详细设置。

（5）使用“图标集”分类数据

使用图标集可以对数据进行注释，并可以按大小将数据分为3—5个类别。每个图标代表一个数据范围。设置图标集条件格式的方法是：在工作表中选择要设置的单元格区域，在“条件格式”下拉列表中选择“图标集”选项，再在弹出的子列表中选择所需选项，可在数据前按数据大小添加某种类型的图标。

3. 冻结窗口

冻结窗口用于实现锁定表格的行和列的功能。当我们在制作一个Excel表格时，如果列数较多，行数也较多时，一旦向下滚屏，则上面的标题行也跟着滚动，在处理数据时往往难以分清各列数据对应的标题，利用“冻结窗格”功能可以很好地解决这一问题。滚屏时，被冻结的标题行总是显示在最上面，大大增强了表格编辑的直观性。具体操作如下：

（1）冻结首行（列）

打开要冻结首行或首列的工作表，在【视图】选项卡的【窗口】组中找到“冻结窗格”并点击它，在弹出的下拉列表中选择“冻结首行”或“冻结首列”命令，将冻结表格的首行或首列，再拖动垂直（水平）滚动条时，首行（首列）将一直显示。

（2）冻结拆分窗格

若想将表格的前面几行或几列冻结，则选中前面行和列的交叉点处的单元格，在【视图】选项卡的【窗口】组中单击“冻结窗格”按钮，选择打开菜单中的“冻结拆分窗格”命令，此时活动单元格的左侧列和上面行在拖动滚动条时将一直保持显示。

（3）取消冻结窗格

如要取消对行或列的冻结，则只需要单击“冻结窗格”的“取消冻结窗格”命令即可。

4. 保护工作表

在Excel表格完成后，为了防止数据误更改，我们可以选择“保护工作表”来限制单元格的功能，对于我们想要可编辑的单元格设置为自由编辑，而需要保护的单元格设置锁定保护。

（1）自由单元格设置

想要个别单元格不受“保护工作表”保护，即“保护工作表”后，该单元格仍然可以编辑修改。选择想要设置为自由活动的单元格，右键选择“设置单元格格式”，弹出“设置单元格格式”对话框。在弹出来的对话框中选择【保护】选项卡，里面有“锁定”和“隐藏”两个选项，如果之前没有操作过，那么默认“锁定”一定是勾上的，我们在这里取消选定，两个选项都不要勾。此时就完成了自由单元格的设置。

（2）设置保护工作表密码

点击【审阅】选项卡的【更改】组中的“保护工作表”按钮，弹出“保护工作表”对话框，如图6-1-21所示。该对话框中有几个重要功能，首先是“密码设置”，设置密码后只能个人通过点击【审阅】选项卡的【更改】组中的“撤销工作表保护”按钮，输入密码才能撤销保护，否则别人无法更改你锁定的数据，实现锁定单元格的完美保护，如果不需要密码也可以不设置，其他人需要更改时可以直接点击“撤销工作表保护”来撤销工作表的保护，以便进行修改。是否设置密码根据需要进行选择。

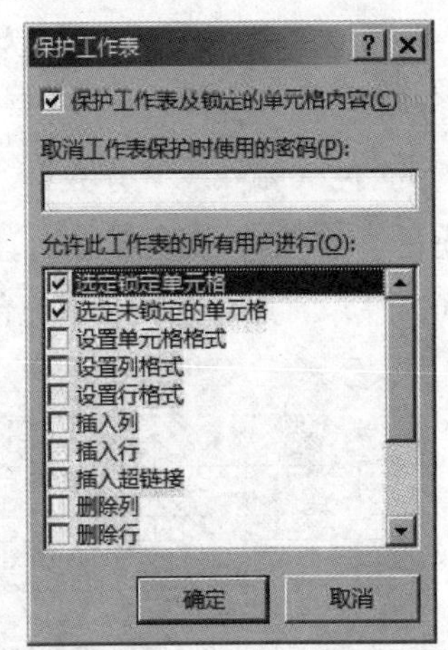

图6-1-21 保护工作表对话框

（3）设置锁定单元格可进行的操作

在“保护工作表”对话框中，可以设置“允许此工作表的所有用户进行”的操作，一般情况下，我们按照默认选择“选定锁定单元格”和“选定未锁定单元格”就可以了，如果这两个都不选择会造成你用鼠标无法选定单元格，就像是看一张图片一样。

任务拓展与训练

1. 在上述任务基础上，请参考拓展提高部分，设置“宿舍号”列的数据有效性，使得在输入宿舍号时通过下拉列表的形式选择，选择列表“2412，2414，5410，5412，5416”，若输入其他宿舍号，提示“宿舍号输入错误！”。

2. 为丰富学生业余生活，展现当代大学生的风采，学校在国庆至元旦期间将进行“校园好声音”歌咏比赛。先在各院系进行初赛，初赛前5名参加学校的决赛。初赛成绩的20%将带入决赛。请各系宣传部的同学统计初赛结果后，报给校宣传部汇总统计。为完成该项任务，按如下步骤和要求操作。

（1）请按图6-1-22样表录入计算机学院的好声音初赛成绩。

①“名次”“学号”“性别”列设置为文本类型；

②“分数1”……“分数6”“最低分”“最高分”“平均分”“带入决赛成绩”列设置为数值型，保留2位小数；

③“出生日期”设置为日期型，中间以/分隔。

（2）参考样表格式设置美化表格。

①标题行设置为：黑体、加粗、16，合并后居中，垂直居中，填充色为“橙色，着色6，淡色60%”；

②表头行设置为：黑体、12，水平居中、垂直居中，填充色“水绿色，着色5，淡色60%”；

③表内数据记录字体为宋体、12，水平居中、垂直居中对齐，“名次”列填充色选择颜色为“浅黄”，“学号”“姓名”“性别”“出生日期”填充色设置为“橙色，着色6，淡色60%”，“分数1”……“分数6”“平均分”“带入决赛成绩”列填充色为“橄榄色，着色3，淡色60%”，“最低分”“最高分”列填充色设置为“橙色，着色6，淡色40%”，“是否晋级”填充色设置为“水绿色，着色5，淡色60%”。

计算机学院校园好声音初赛成绩

名次	学号	姓名	性别	出生日期	分数1	分数2	分数3	分数4	分数5	分数6	最低分	最高分	平均分	是否晋级	带入决赛成绩
	2017010101	刘 伟	男	12/25/96	85.00	90.00	88.00	90.00	88.00	89.00					
	2017010102	杨 娇	女	01/02/97	96.50	90.00	94.50	92.00	96.50	89.50					
	2017010103	马 莹	女	11/13/98	95.50	98.50	96.00	94.00	92.00	90.00					
	2017010104	李 勇	男	10/04/97	90.00	89.00	91.00	95.00	94.50	95.00					
	2017010105	王 乐	女	04/05/97	89.50	88.50	90.00	92.00	89.00	90.00					
	2017010106	孙霄汉	男	04/26/97	92.50	90.50	92.50	94.00	92.00	89.00					
	2017010107	柴 永	男	08/07/97	93.50	92.00	91.00	92.00	94.50	93.50					
	2017010108	朱兴耀	男	08/18/97	91.50	91.00	92.00	92.00	94.00	93.50					
	2017010109	刘子超	男	09/09/97	90.00	89.50	91.00	92.00	94.00	90.50					
	2017010110	王传杰	男	10/10/97	94.50	93.50	92.00	92.00	92.50	93.00					

图6-1-22 计算机学院“校园好声音”初赛成绩

任务2　计算处理学生综合测评成绩

任务描述

一学期结束了，为了对班内同学进行综合测评评优，王老师让小王根据班级同学的品德行为表现（10%）、学业表现（80%）、文体表现（5%）、创新创业表现（5%）等四个方面成绩统计出每位同学的综合测评成绩，并对综合测评成绩不及格的突出显示；计算每类成绩的平均分、最高分和最低分；然后根据综合测评成绩，评出A、B、C、D四个等级，综合成绩大于等于85分以上为A、低于85分大于等于70分为B、低于70分大于等于60分以上为C、低于60分为D；最后按照综合测评成绩对学生进行名次，并把前5名学生的相关成绩信息筛选出来。

任务分析

要完成上述任务，需要如下几步：首先，建立学生综合测评成绩表，根据学生四个方面的原始成绩，按照综合测评成绩的计算规则，计算出综合测评的成绩，并突出显示综合测评成绩不及格的单元格；再求出每类成绩的最高分、最低分和平均分；然后，根据综合测评成绩所在区间，计算出相应的等级；最后，根据总评成绩计算出名次，并筛选出前5名学生的成绩。

任务实施

任务实现

STEP 1　根据原始数据，计算综合测评成绩

根据学生的各类成绩原始数据，计算综合测评成绩，根据任务描述中的计算规则，可以使用Excel中提供的公式功能完成，具体操作如下：

①打开“F:\计算机应用基础\模块六\J17001学生信息表.xlsx”文件，新建一个工作表，更名为“学生综合测评成绩”，录入四类原始成绩数据，设置好单元格数据格式，此任务将所有的成绩单元格设置为数值型，保留1位小数，如图6-2-1所示。

②单击H3 单元格，在编辑栏中输入公式“=D3*0.1+E3*0.8+F3*0.05+G3*0.05”回车或单击编辑栏左侧的 ✔ 按钮，会看到计算出的第一个学生的综合测评成绩，如图6-2-2所

示。其他同学的成绩计算办法与第一个相同，为了快速计算，可以单击G3单元格，拖动右下角的拖动柄，下拉拖动至最后一名学生综合测评成绩处，即可快速计算出其他同学的总评成绩。

STEP 2　对综合测评成绩不及格的单元格突出显示

对满足一定条件的单元格设置格式，可以利用“拓展提高”中介绍的条件格式设置，假设此处设定综合测评成绩不及格的单元格填充色为黄色，字体红色加粗，操作如下：选择“H3:H32”区域，单击【开始】选项卡【样式】组中的“条件格式”按钮，从下拉菜单中选择“突出显示单元格规则”→“小于……”，弹出“小于”对话框，在对话框中设置小于的值为“60”，设置格式为“自定义格式……”，弹出“设置单元格格式”对话框，在对话框中设置字形加粗，字体颜色为红色，填充色为黄色。本步骤不列出详细框图说明，请同学们动手实践。

	A	B	C	D	E	F	G	H	I	J
1	计算机应用专业2017级1班综合测评成绩									
2	学号	姓名	性别	品德行为表现	学业表现	文体表现	创新创业表现	综合测评	等级	名次
3	J1700101	白洁	女	95.4	93.0	87.0	75.0			
4	J1700102	陈浩	男	94.2	70.5	90.0	70.0			
5	J1700103	陈鹤	男	89.4	64.0	75.0	73.0			
6	J1700104	陈鹏	男	86.6	68.5	80.0	69.0			
7	J1700105	陈全坤	男	91.8	74.5	77.0	85.0			
8	J1700106	陈志辉	男	90.6	77.1	85.0	73.0			
9	J1700107	代文静	女	83.0	68.5	80.0	75.0			
10	J1700108	窦亮	男	89.4	78.5	82.0	71.0			
11	J1700109	洪晓美	女	81.8	75.5	80.0	71.0			
12	J1700110	姜彬	男	90.6	86.7	85.0	73.0			
13	J1700111	李春辉	男	85.0	68.3	78.0	78.0			
14	J1700112	李梦娇	女	83.0	68.2	80.0	76.0			
15	J1700113	李明轩	女	75.0	54.0	75.0	73.0			
16	J1700114	李婷婷	女	89.0	81.7	80.0	71.0			
17	J1700115	李沅锴	男	95.1	73.2	95.0	73.0			
18	J1700116	李云鹏	男	85.6	71.2	83.0	70.0			
19	J1700117	刘宇航	男	89.4	76.1	80.0	73.0			
20	J1700118	马树兴	男	90.0	83.7	90.0	68.0			
21	J1700119	梅希浩	男	91.0	85.0	80.0	89.0			
22	J1700120	邱芳	女	85.8	74.1	88.0	88.0			
23	J1700121	任祥春	男	88.0	58.9	80.0	73.0			
24	J1700122	宋锋阳	男	85.4	74.2	80.0	68.0			
25	J1700123	孙成明	男	89.8	76.8	75.0	73.0			
26	J1700124	孙杰	男	82.6	76.4	80.0	65.0			
27	J1700125	孙鹏	男	80.4	56.7	80.0	70.0			
28	J1700126	田文晶	女	80.6	68.8	70.0	72.0			
29	J1700127	王蕊蕊	女	83.6	61.3	80.0	71.0			
30	J1700128	王文婧	女	82.8	71.1	77.0	73.0			
31	J1700129	王子怡	女	84.6	70.7	80.0	71.0			
32	J1700130	魏建丽	女	90.8	86.5	91.0	73.0			
33	**平均分**									
34	**最低分**									
35	**最高分**									

图6-2-1　学生综合测评成绩表

	A	B	C	D	E	F	G	H	I	J
1	计算机应用专业2017级1班综合测评成绩									
2	学号	姓名	性别	品德行为表现	学业表现	文体表现	创新创业表现	综合测评	等级	名次
3	J1700101	白洁	女	95.4	93.0	87.0	75.0	+G3*0.05		
4	J1700102	陈洁	男	94.2	70.5	90.0	70.0			
5	J1700103	陈鹤	男	89.4	64.0	75.0	73.0			
6	J1700104	陈鹏	男	86.6	68.5	80.0	69.0			
7	J1700105	陈全坤	男	91.8	74.5	77.0	85.0			
8	J1700106	陈志辉	男	90.6	77.1	85.0	73.0			

MIN　=D3*0.1+E3*0.8+F3*0.05+G3*0.05

图6-2-2　输入公式计算综合测评成绩

知识卡片

公式

Excel提供的公式计算功能，可以快速完成对数据的计算工作。公式是以等号“=”和公式表达式组成，公式中可以包含常量、文本、运算符和单元格引用等元素，如“=D3*0.1+E3*0.8+F3*0.05+G3*0.05”。公式中包含的主要元素介绍如下：

（1）常量

常量就是通过键盘直接输入的数值或文本。

（2）运算符

运算符是连接公式中的基本元素并完成特定计算的符号，如“+（加）”“-（减）”“*（乘）”“/（除）”。

（3）单元格引用

单元格引用是一种指定要进行运算的单元格地址，单元格地址由“列标”和“行号”组成，列标在前，行号在后，如A1、G3。它可以是单个单元格、单元格区域、同一工作簿中的其他工作表中的单元格或者其他工作簿中某个工作表的单元格。单元格引用有相对引用、绝对引用和混合引用共三种。

（4）相对引用

是指被引用单元格的位置会随着公式所在单元格的位置而发生相应改变，如H3单元格的公式为“=D3*0.1+E3*0.8+F3*0.05+G3*0.05”，复制到H4单元格中会变为“=D4*0.1+E4*0.8+F4*0.05+G4*0.05”。

（5）绝对引用

是指公式复制到新位置时，公式中的单元格地址始终保持固定不变，结果与包含公式的单元格位置无关。绝对引用使用方式是在相对引用的单元格的列标和行号前分别添加“$”符号，如“$D$3”。

（6）混合引用

它是相对引用与绝对引用的混合，通常表现为绝对列和相对行或者绝对行和相对列，如“$A1”或者“A$1”等形式。当公式所在单元格的位置发生改变时，相对引用将改变，而绝对引用则保持不变。

STEP 3　计算每类成绩的平均分、最低分和最高分

（1）求每类成绩的平均分

单击D33单元格，在【公式】选项卡的【函数库】组中，单击“自动求和”右侧的下拉按钮，选择其中的“平均值”，则会看到在D33单元格中显示函数表达式“=AVERAGE（D3:D32）”，默认求平均的单元格区域为D3:D32，如若默认求平均区域不正确，则可拖动鼠标选中求平均区域，或者直接在函数参数中输入求平均区域，回车确认后即可看到计算出的平均值。单击D33单元格右下角的拖动柄向右拖动，可复制上述函数表达式求出其他列的平均值。

（2）求每类成绩的最低分、最高分

单击D34单元格，单击编辑栏左侧的 *fx* 按钮，弹出“插入函数”对话框，如图6-2-3所示。在该对话框中，默认显示了常用函数，求最低分使用“MIN”函数，选择“MIN”函数后单击【确定】按钮，弹出“函数参数”对话框，如图6-2-4所示。在函数参数对话框中，单击Number1文本框右侧的按钮，拖动鼠标选择要求最低分的数据区域D3:D32，单击【确定】，即可求出D3:D32区域的最小值，即最低分。用同样的方法可求出其他列的最低分。

最高分的计算使用MAX函数，计算方法同MIN函数的使用方法，请大家自己尝试计算。

以上求平均分和求最低最高分采用了两种不同的操作方法，两种方法均能实现任务要求，需要大家掌握。

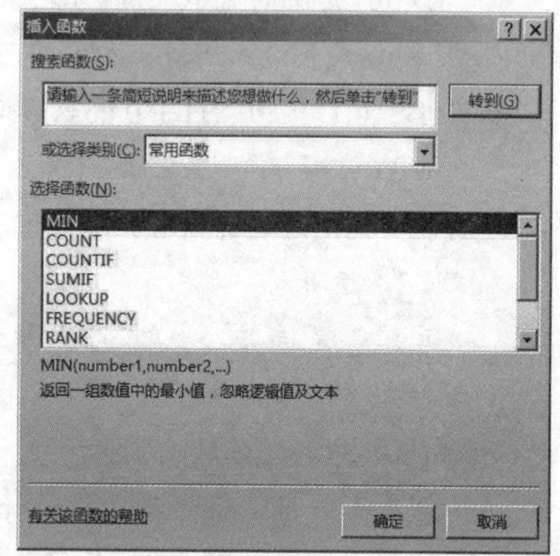

图6-2-3　“插入函数”对话框

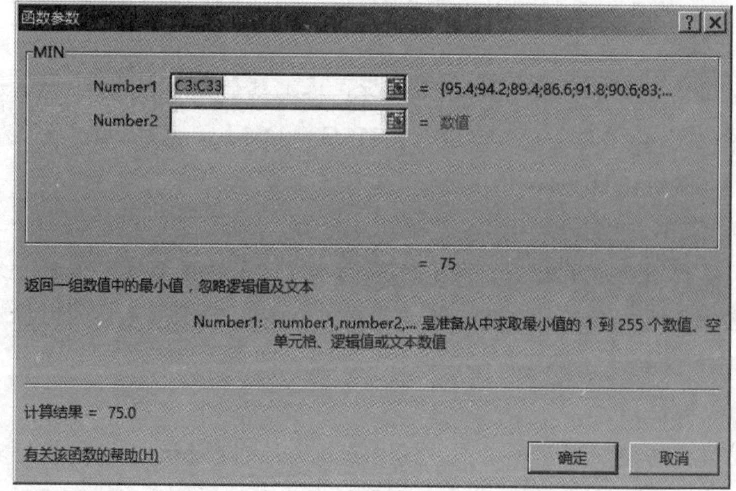

图6-2-4　“函数参数”对话框

STEP 4　根据综合测评成绩，计算成绩等级

根据综合测评成绩计算成绩等级，可以根据任务描述中的成绩等级计算规则，利用Excel提供的IF函数完成。具体操作如下：单击I3单元格，在编辑栏中输入函数表达式“=IF（H3>=85，"A"，IF（H3>=70，"B"，IF（H3>=60，"C"，"D"）））”，回车确认，计算出第一个学生的成绩等级，单击I3单元格，选中右下角的填充柄拖动至最后一名学生，计算所有学生的成绩等级。

STEP 5　根据综合测评成绩计算名次

要计算名次，一种方法是对学生的综合成绩按照由高到低的顺序排序，然后输入名次；第二种方法是使用RANK函数计算名次。下面分别采用这两种方法实现。

（1）使用排序方法计算名次

选中要排序的区域，此任务中选定A2:I32区域（包含标题行，不包含平均分、最高分和最低分），单击【数据】选项卡的【排序和筛选】组中的“排序”按钮，弹出“排序”对话框，如图6-2-5所示。在对话框中，默认的“数据包含标题”选中，在列主要关键字中选择“综合测评”，排序依据为“数值”，次序为“降序”，单击【确定】按钮，就会看到成绩表按照综合测评列由高到低进行了降序排序。

说明：要按综合测评进行降序排序，也可以直接将光标定位于该列中的某个单元格，单击【数据】选项卡【排序和筛选】按钮组中的降序按钮，便可直接对单元格所在的表格按照光标所在列进行了降序排序。由于此表格中也包含平均分、最低分、最高分等行，所以这几行也同时参与了排序。因此我们在该任务中排序时未选用此简捷方法。

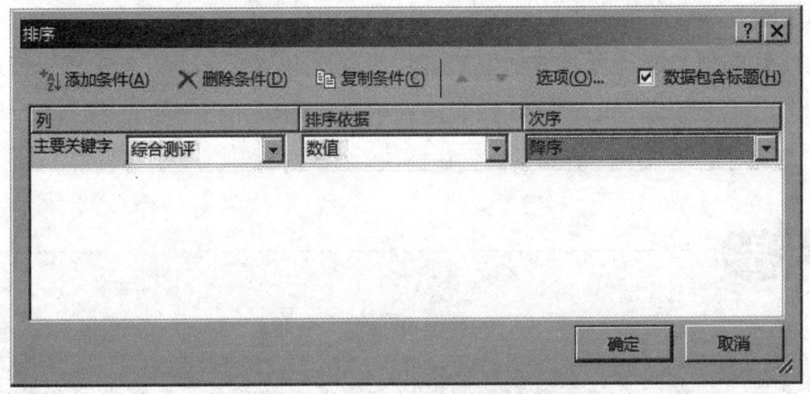

图6-2-5　“排序”对话框

操作提示

多关键字排序

在实际应用中，有时排序的排序条件比较复杂，比如先按照综合测评成绩排序，成绩相同的再按照学号排序，此时会用到多关键字排序。操作方法如下：首先选定要排序的区域，单击【数据】选项卡的【排序和筛选】中的“排序”按钮，打开图6–2–5的“排序对话框”，在该对话框中设置“综合测评”列排序依据为“数值”、次序为“降序”后，再单击“添加条件”按钮，会看到在主要关键字的下面多了一行“次要关键字”，选择次要关键字为“学号”、排序依据为“数值”、次序为“升序”，单击【确定】按钮即可完成了根据两个关键字的排序。如果有更多的关键字，同样的“添加条件”即可。

说明：此表中的“学号”字段为文本型数据，排序依据仍然选择为“数值”，非汉字的文本型数据排序将按照ASCII大小进行排序；对于汉字则可以按照拼音首字母或者笔画数排序，设置按拼音首字母或者按照笔画数排序的方法是在6–2–5所示的“排序对话框”中单击“选项”按钮进行设定。

使用先排序后再排名的缺点是学生不能按学号排序了。下面来看Excel提供的排名函数RANK如何计算名次。

（2）使用RANK函数计算名次

RANK函数，是用来返回某个数字在一列数字列表中相对于其他数值的大小排名。基本格式为：RANK（Number，Ref，Order）。其中，Number为要排名的单元格或数字，Ref为区域范围，Order为排名的顺序，即降序（用0表示）或升序（用1表示）。选中J3单元格，在编辑栏中输入“=RANK（H3，H3:H32）”后回车，会显示该生在整个班级学生中的排名，同样的方法求其他学生的排名。

注意：此处要想快速计算其他学生的排名，通过拖动填充柄的方式复制公式，将会得到错误的排名，主要原因是RANK函数表达式中排名的单元格区域采用了单元格的相对引用，需要改成绝对地址引用，请同学们尝试解决。

知识卡片

函数

函数就是一种在需要时可以直接调用的表达式，也就是预先定义好的公式，通过使用参数的特定值按特定的顺序或结构进行计算，在Excel 2016中提供了多种类型的函数，下面介绍工作中常用的几种函数。

求和函数SUM：用于对多个单元格中的数值进行相加求和，基本格式为：SUM（Number1，Number2，Number3，…）。

求平均值函数AVERAGE：用于求多个单元格中的数值的平均值，其格式为：

AVERAGE（Number1，Number2，Number3，…）。

条件函数IF：用于判断单元格中的数值是否满足某个条件，并根据判断出的真假，返回不同的值，其格式为：IF（Logical_test，Value_if_true，Value_if_false）。

最大值函数MAX：用于对多个单元格中的数值进行比较，并查找出单元格区域中数值的最大值，基本格式为：MAX（Number1，Number2，Number3，…）。

最小值函数MIN：用于对多个单元格中的数值进行比较，并查找出单元格区域中数值的最小值，基本格式为：MIN（Number1，Number2，Number3，…）。

排名函数RANK、RANK.AVG、RANK.EQ：用于区域内数据的排名，三个函数用法及格式相同，只是在特殊细节呈现上稍有不同。基本格式为：RANK（Number，Ref，Order）。RANK.AVG函数是Excel2010版本中的新增函数，属于RANK函数的分支函数。原RANK函数在2010版本中更新为RANK.EQ，可以与RANK函数同时使用并且作用相同。RANK.AVG函数的不同之处在于，对于数值相等的情况，返回该数值的平均排名；原RANK函数对于相等的数值返回其最高排名。

查找函数LOOKUP：用于查找单元格中的满足条件的数值，格式为：LOOKUP（Lookup_value，Lookup_vector，Result_vector）。

条件求和SUMIF：对满足条件的单元格求和，格式为：SUMIF（Range，Criteria，Sum_range）。

条件计数COUNTIF：计算某个区域中满足给定条件的单元格数目，格式为：COUNTIF（Range，Criteria）。

STEP 6　筛选出前5名学生成绩

要筛选出前5名学生成绩，可以利用Excel提供的筛选功能实现，筛选就是将工作表中所有不满足条件的数据暂时隐藏起来，只显示那些符合条件的数据。具体操作如下：

①选中学生综合测评成绩表中的任何一个单元格（或者拖动鼠标选中A2:I32区域），单击【数据】选项卡的【排序和筛选】中的“筛选”按钮，会看到在表头行中每一列加了下拉箭头▼。

②单击“名次”列中的下拉箭头，弹出如图6-2-6所示的下拉菜单，在其中的数字列表中将数字“1—5”勾选，其余的复选框勾选去掉，即可只显示排名为1—5的学生信息。

如果学生人数较多，比如从1 000人中筛选出前100名的学生信息，这样操作就很不方便。我们可以在该下拉菜单中单击“数字筛选”级联菜单中的“小于或等于……”，弹出“自定义自动筛选”对话框，如图6-2-7所示。在该对话框中，排名“小于或等于”后的下拉框中选择或者直接输入“5”，单击【确定】按钮，也可以筛选出前5名学生的信息。

在“自定义自动筛选”对话框中可以设定更复杂的筛选条件，请同学们自行探究学习。

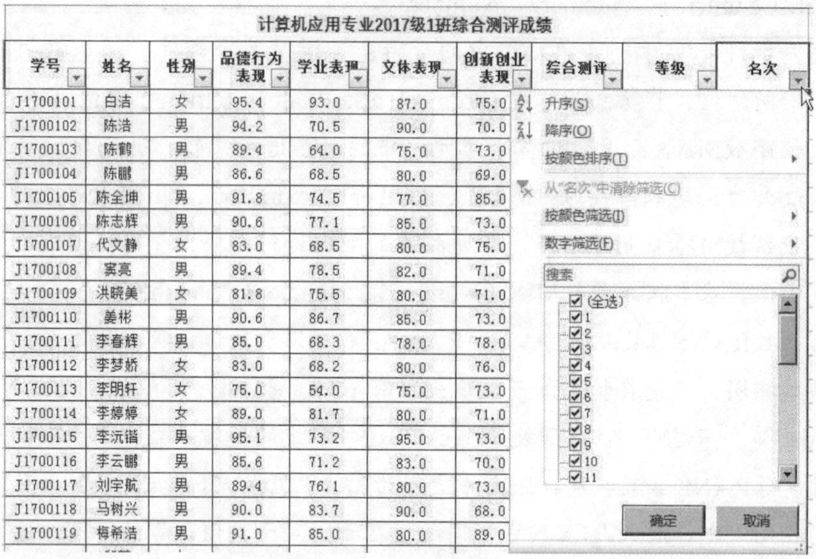

计算机应用专业2017级1班综合测评成绩

学号	姓名	性别	品德行为表现	学业表现	文体表现	创新创业表现	综合测评	等级	名次
J1700101	白洁	女	95.4	93.0	87.0	75.0			
J1700102	陈浩	男	94.2	70.5	90.0	70.0			
J1700103	陈鹤	男	89.4	64.0	75.0	73.0			
J1700104	陈鹏	男	86.6	68.5	80.0	69.0			
J1700105	陈全坤	男	91.8	74.5	77.0	85.0			
J1700106	陈志辉	男	90.6	77.1	85.0	73.0			
J1700107	代文静	女	83.0	68.5	80.0	75.0			
J1700108	窦亮	男	89.4	78.5	82.0	71.0			
J1700109	洪晓美	女	81.8	75.5	80.0	71.0			
J1700110	姜彬	男	90.6	86.7	85.0	73.0			
J1700111	李春辉	男	85.0	68.3	78.0	78.0			
J1700112	李梦娇	女	83.0	68.2	80.0	76.0			
J1700113	李明轩	女	75.0	54.0	75.0	73.0			
J1700114	李婷婷	女	89.0	81.7	80.0	71.0			
J1700115	李沆谐	男	95.1	73.2	95.0	73.0			
J1700116	李云鹏	男	85.6	71.2	83.0	70.0			
J1700117	刘宇航	男	89.4	76.1	80.0	73.0			
J1700118	马树兴	男	90.0	83.7	90.0	68.0			
J1700119	梅希洁	男	91.0	85.0	80.0	89.0			

升序(S)
降序(O)
按颜色排序(T)
从“名次”中清除筛选(C)
按颜色筛选(I)
数字筛选(F)
搜索
(全选) 1 2 3 4 5 6 7 8 9 10 11
确定 取消

图6-2-6 “筛选”下拉菜单

自定义自动筛选方式
显示行：
排名
小于或等于 5
与(A) 或(O)
可用 ? 代表单个字符
用 * 代表任意多个字符
确定 取消

图6-2-7 “自定义自动筛选”对话框

操作提示

（1）多字段筛选

任务中筛选只是针对了名次列进行筛选，实际应用中有时筛选条件比较复杂，比如筛选出前5名中女生人数，此时就需要对“名次”和“性别”列两个字段都进行筛选。除了在图6-2-6所示的“名次”列筛选外，还需要单击“性别”列的下拉按钮，从中选择“女”，此时就会将女生中前5名的学生信息筛选出来。

（2）文本筛选

对于一些非数值型数据筛选，可以使用“文本筛选”功能筛选出满足一定条件的单元格数据，如在“学生基本信息”表中，要筛选出“出生日期”列为1998年出生的学生信息，则可以在“日期”列的筛选下拉菜单中选择“文本筛选”中的“开头是……”，在打开的“自定义筛选”对话框中，输入开头是“1998”，即可筛选出1998年出生的学生信息。

任务总结与评价

通过计算处理班级学生综合测评成绩任务，学习了Excel 2016中的公式、函数、排序、筛选的功能和用法。通过该任务的实现，要求同学达成的目标见表6-2-1。请自我检测一下，你的自我评价等级达到优秀了吗?

表6-2-1　学习能力自我评价

学习目标	评价内容	评价等级			
		A	B	C	D
会使用公式完成表中数据的计算	理解公式的概念，会正确使用公式				
	理解并会使用单元格的相对引用、绝对引用和混合引用				
	能对公式进行复制并会检查核对				
会正确使用函数计算数据，掌握常用函数的使用	理解常用函数的功能，会正确使用函数				
	能熟练使用SUM函数求和、AVERAGE函数求平均值				
	能熟练使用MAX、MIN函数求最大值、最小值				
	会使用IF函数求满足条件的单元格				
	会使用COUNT函数记数				
	会使用RANK函数、RANK.EQ、RANK.AVG计算排名				
	了解COUNTIF、SUMIF以及VLOOKUP函数的功能				
会对表格中的数据进行排序	掌握数字排序的操作				
	了解多关键字排序的方法				
	了解文字排序、日期排序的规律				
能够对满足条件的数据进行筛选	会自动筛选				
	会对数值型数据筛选、会写条件表达式				
	会对多字段进行筛选				
	了解文本筛选功能的使用				

拓展提高

1. 高级筛选

高级筛选可以一次性完成筛选条件较为复杂的记录筛选。高级筛选首先要设置好筛选条件区域，筛选时如果要求多个条件同时满足，则称这些条件为“与”关系；如果筛选只要求满足多个条件之一时，则称这些条件为“或”的关系。

在设置筛选条件区域时，要求条件区域必须与工作表相距至少一个空白行或列，并且条件区域的第一行是作为筛选条件的字段名，这些字段名必须要与工作表中的字段名完全相同，条件区域的其他行用来输入筛选条件。条件区域的筛选条件，其中“与”关系的字段需要放置在同一行上，“或”关系的字段放置在不同行上。如图6-2-8所示图中，左边条件区域中两个条件是“与”关系，右侧条件为“或”关系。

“与”关系	
性别	**籍贯**
女	山东潍坊

“或”关系	
性别	**籍贯**
女	
	山东潍坊

图6-2-8　高级筛选条件区域设置示例

比如，要从学生综合测评成绩表中查询出所有女生中品德行为表现和文体表现均高于90分的同学的信息。可进行如下操作：

①根据要求创建条件区域。在M2:O3区域创建如图6-2-9所示的条件区域。

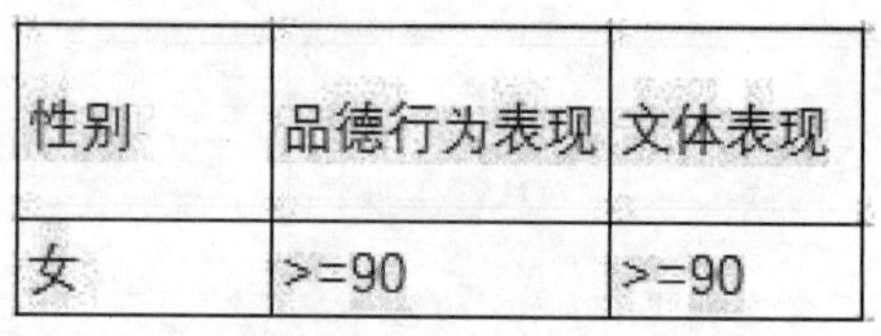

性别	品德行为表现	文体表现
女	>=90	>=90

图6-2-9　条件区域设置

②单击【数据】选项卡【排序和筛选】组中的“高级”按钮，弹出“高级筛选”对话框，如图6-2-10所示。在对话框中的“列表区域”中，键入要筛选的数据源区域，也可以使用鼠标选中；“条件区域”编辑框中，键入条件区域的引用（包含字段行）；如不想显示重复记录，则选中“选择不重复的记录”复选框；在最上方的“方式”选项中，若选中“在原有区域显示筛选结果”，则单击【确定】按钮后筛选的结果在数据源区域显示，如果选中“将筛选结果复制到其他位置”方式，则在“复制到”编辑框中输入筛选结果所在区域的第一个单元格（区域左上角单元格），则单击【确定】按钮后将在自定义的区域显示。

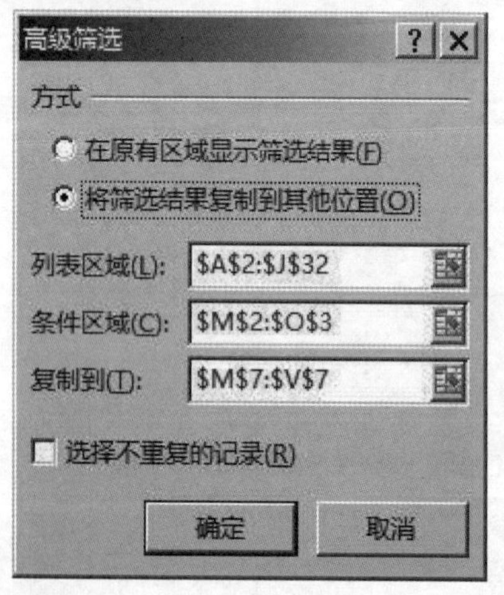

图6-2-10　高级筛选对话框

任务拓展与训练

1. 在“学生综合测评成绩”表中，按“姓名”列的姓氏笔画进行排序。

2. 在“学生综合测评成绩”表中，筛选出学号为J1700110—J1700119 这10位同学的信息。

3. 接任务拓展与训练中第2题，在创建美化的“计算机学院‘校园好声音’初赛成绩”表的基础上，如图6-2-11所示，进一步计算每位参赛选手的最高分、最低分、平均分、名次、是否晋级以及带入决赛的成绩等列。

计算机学院校园好声音初赛成绩															
名次	学号	姓名	性别	出生日期	分数1	分数2	分数3	分数4	分数5	分数6	最低分	最高分	平均分	是否晋级	带入决赛成绩
	2017010101	刘 伟	男	12/25/96	85.00	90.00	88.00	90.00	88.00	89.00					
	2017010102	杨 娇	女	01/02/97	96.50	90.00	94.50	92.00	96.50	89.50					
	2017010103	马 莹	女	11/13/98	95.50	98.50	96.00	94.00	92.00	90.00					
	2017010104	李 勇	男	10/04/97	90.00	89.00	91.00	95.00	94.50	95.00					
	2017010105	王 乐	女	04/05/97	89.50	88.50	90.00	92.00	89.00	90.00					
	2017010106	孙霄汉	男	04/26/97	92.50	90.50	92.50	94.00	92.00	89.00					
	2017010107	柴 永	男	08/07/97	93.50	92.00	91.00	92.00	94.50	93.50					
	2017010108	朱兴耀	男	08/18/97	91.50	91.00	92.00	92.00	94.00	93.50					
	2017010109	刘子超	男	09/09/97	90.00	89.50	91.00	92.00	94.00	90.50					
	2017010110	王传杰	男	10/10/97	94.50	93.50	92.00	92.00	92.50	93.00					

图6-2-11 计算机学院“校园好声音”初赛成绩

①分别用求最小值函数MIN、求最大值函数MAX计算每位选手的最低分和最高分；

②用公式求平均分，平均分=（总分-最低分-最高分）/4；

③根据平均分计算名次，分别用排序和RANK函数计算；

④用IF函数计算是否晋级，根据名次列判断，前5名的为“晋级”，否则为“淘汰”；

⑤用IF函数计算带入决赛成绩，若是否晋级为“晋级”，则带入决赛成绩=平均分*20%，若是否晋级为“淘汰”，则带入决赛成绩为0；

⑥对初赛成绩进行页面设置和打印设置后打印出来，公布成绩。

任务3 统计分析学生综合测评成绩表

任务描述

为了便于对学生成绩数据进行对比和分析，学生综合测评成绩统计出来后，老师让小王将统计出的成绩进一步分析并用图形化的形式展示，以直观看出各类成绩的大小。要求如下：分别统计男生、女生的各类成绩的平均分，并通过合适的图表展示进行比较分析；统计0—60、61—70、71—80、81—90、91—100分的每个分数段的学生人数，并用合适的图表展示。

任务分析

要完成上述任务，需要如下几个步骤：首先要分别统计出男生、女生的各类成绩的平均分；统计出每个分数段的学生人数，作为制作图表的数据源；然后选择合适的图表展示，并对图表进行美化编辑。

任务实施

任务实现

STEP 1　统计男生、女生各类成绩的平均分

要对工作表中的数据进行归类管理或者统计，可以利用Excel提供的分类汇总功能。分类汇总可以自动对所选数据进行汇总，并插入汇总行。汇总方式灵活多样，可以求和、求平均值、最大值、标准方差等，能满足用户多方面的需要。

要进行分类汇总需要两个步骤，首先是要对分类的字段进行排序，使得相同类的集中在一起，然后进行分类汇总。统计男生、女生各类成绩平均分的任务具体实现如下：

①在“学生综合测评成绩”表中，将鼠标指针定位于“性别”列的任一单元格，单击【数据】选项卡【排序和筛选】组的“升序”或者“降序”，会按性别进行排序，排序后，性别相同的记录集中在一起。

②选择A2:J32区域，单击【数据】选项卡【分级显示】组中的“分类汇总”，弹出“分类汇总”对话框，如图6-3-1所示。在对话框中，分类字段选择为“性别”，汇总方式为“平均值”，汇总项为“品德行为表现”“学业表现”“文体表现”“创新创业表现”“综合测评”（即按性别求各类成绩的平均值），默认勾选“替换当前分类汇总”和“汇总结果显示在数据下方”，单击【确定】按钮即可看到表的汇总结果。

（3）新建一个工作表，更名为“学生综合测评成绩分析”，在该表中，将统计汇总的男生女生各类成绩的平均分复制进来做成表格，如图6-3-2所示。

说明：该任务还可以使用SUMIF和COUNTIF函数实现，如男生综合测评成绩的平均值=SUMIF（C3:C32，“男”，H3:H32）/COUNTIF（C3:C32，“男”），请同学们自己探究学习计算。

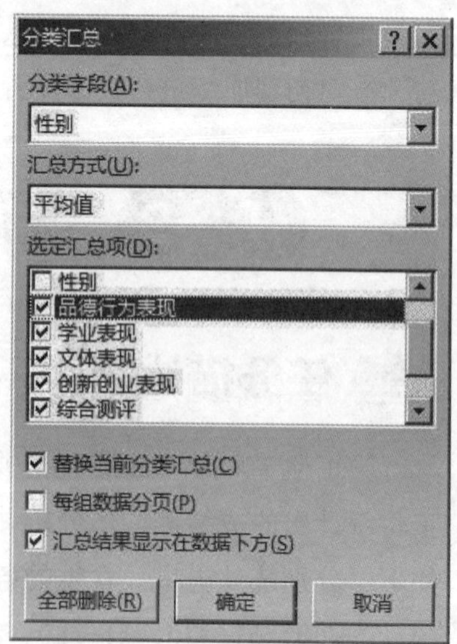

图6-3-1　分类汇总对话框

男生女生各类成绩的平均分

类别	品德行为表现	学业表现	文体表现	创新创业表现	综合测评
男生	88.6	73.3	81.9	73.0	75.3
女生	84.6	72.8	80.7	74.1	74.4

图6-3-2　男生女生各类成绩平均分

操作提示

（1）取消分类汇总

要删除原来的分类汇总结果，可以选中汇总区域后在“分类汇总对话框”中单击【全部删除】按钮。

（2）分类汇总的嵌套

如果在现有分类汇总的基础上进一步分类汇总，就用到了分类汇总的嵌套。比如在按性别统计出男、女生各类成绩平均分的基础上，进一步的统计男、女生人数，可以进行如下操作：选择汇总区域，单击【数据】选项卡【分组显示】组中的“分类汇总”，弹出“分类汇总”对话框，在分类汇总对话框中，分类字段选择为“性别”，汇总方式选择为“计数”，汇总项选择为“学号”，取消勾选“替换当前分类汇总”复选框，单击【确定】按钮即可看出当前的汇总是在上一次汇总基础上的嵌套。

STEP 2　计算各分数段学生人数

要计算各分数段学生人数，可以使用Excel提供的频率函数，频率函数FREQUENCY以一列垂直数组的形式，返回某个区域中数据的频率分布。具体操作如下：在“学生综合测评成绩分析”表中，单击J1单元格，输入“各分数段人数统计”，在K2:L2单元格中分别输入：分数段、人数，在J3:J7单元格中分别输入60、70、80、90、100，在K3:K7单元格中分别输入0—60、61—70、71—80、81—90、91—100，选中L3:L7单元格，单击插入函数按钮，如图6-3-3所示，会弹出插入函数对话框，在插入函数对话框中选择“FREQUENCY”函数，打开“函数参数”对话框，如图6-3-4所示。单击Data_array文本框右侧的引用按钮，选择“学生综合测评成绩”表的H3:H32区域（即要分析分数段的成绩列表），单击Bins_array文本框右侧的引用按钮，选中J3:J7区域（即分析分数段的区间），同时按下“Ctrl+Shift+Enter”组合键，会得到综合测评成绩每个分数段的人数统计。得到结果如图6-3-5所示。

各分数段人数统计

	分数段	人数
60	0-60	
70	61-70	
80	71-80	
90	81-90	
100	91-100	

图6-3-3　统计各分数段人数表

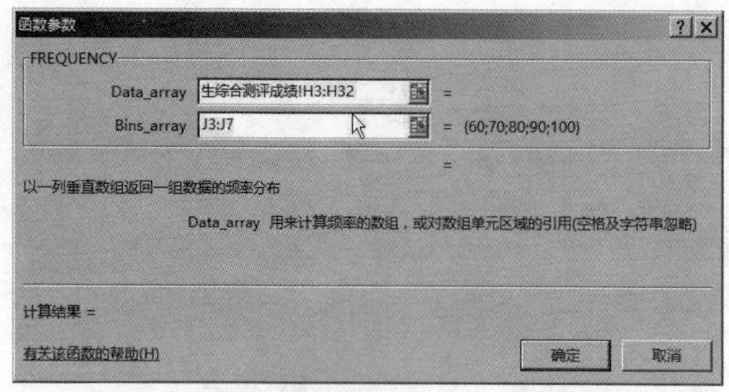

图6-3-4　FREQUENCY函数参数对话框

J	K	L
各分数段人数统计		
	分数段	人数
60	0-60	1
70	61-70	4
80	71-80	19
90	81-90	5
100	91-100	1

图6-3-5　各分数段人数统计结果

SETP 3　选择适合的图表对男女生各类平均成绩进行比较分析

（1）认识各类常用图表

Excel 2016中提供了多种类型的图表，包括柱形图、折线图、饼图和条形图等，各种图表各有各的优点，适用于不同的场合。常用图表类型、特点及示例见表6-3-1。

表6-3-1　常用图表类型及特点

图表类型	图表特点及分类	图表示例
柱形图	柱形图是显示数据变化或数据之间比较的图表。柱形图包含二维柱形图、三维柱形图、圆柱图、圆锥图和棱锥图5种形式，每个类型下又包含多种图表	
饼图	饼图是用于显示数据系列中的项目和该项目数值总和的比例关系。饼图包括普通饼图、分离型饼图、复合饼图、复合条饼图、三维饼图和分离型三维饼图等	
折线图	折线图主要用于以等时间间隔显示数据的变化趋势，强调的是时间性和变动率，折线图包含折线图、堆积折线图、百分比折线图、带数据点的折线图和三维折线图等	

（续表）

图表类型	图表特点及分类	图表示例
条形图	条形图是用于描绘各项目之间的数据差别情况，其形状类似于柱形图旋转90度后的效果，条形图包括二维条形图、三维条形图、圆柱图、圆锥图和棱锥图5种子类型	
面积图	面积图用于显示每个数值变化量，强调数据随时间变化的幅度。通过显示数值的总和，它能直观地表现出整体和部分的关系。面积图包括二维面积图和三维面积图两种类型	

除了上述几种图表样式外，Excel还提供了散点图、股价图、曲面图和雷达图等，请同学们自己探究了解这些图的特点。

（2）针对男生女生各类成绩平均分创建图表

根据了解的图表类型特点，若要比较分析男生女生各类成绩平均值大小，可以使用柱形图直观地显示出来。具体操作方法如下：

①在“学生综合测评成绩分析”表中选择要建立图表的数据区域B2:G4（该区域应包括行标题和列标题）；

②单击【插入】选项卡【图表】组中的“插入柱形图”按钮，在弹出的选项中单击“簇状柱形图”按钮，如图6-3-6所示，即可创建一个默认的簇状柱形图图表，如图6-3-7所示。

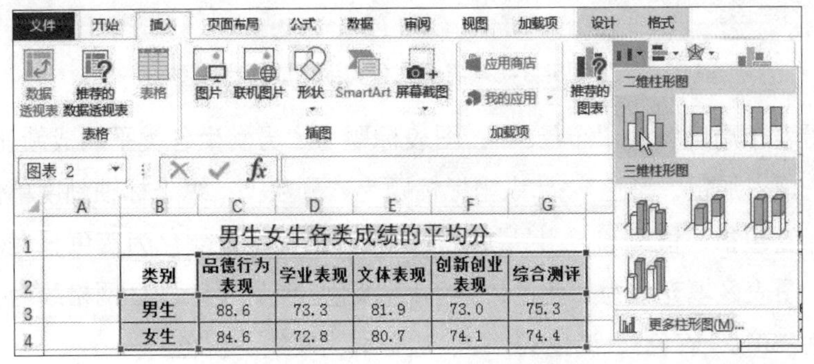

图6-3-6　插入簇状柱形图

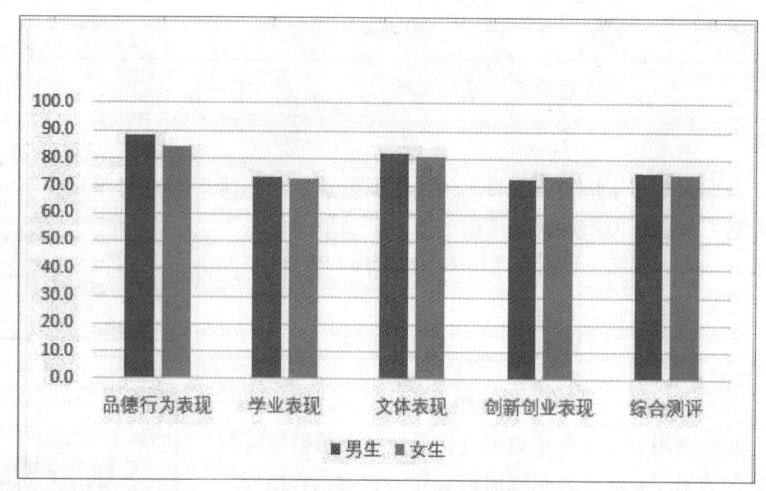

图6-3-7　男女生各类平均成绩比较柱形图（默认）

（3）对创建的图表进行编辑美化

刚刚创建的图6-3-7所示图表是未经过格式设置的，接下来我们对图表进行格式设置美化图表。假设要完成的图表格式如图6-3-8所示。

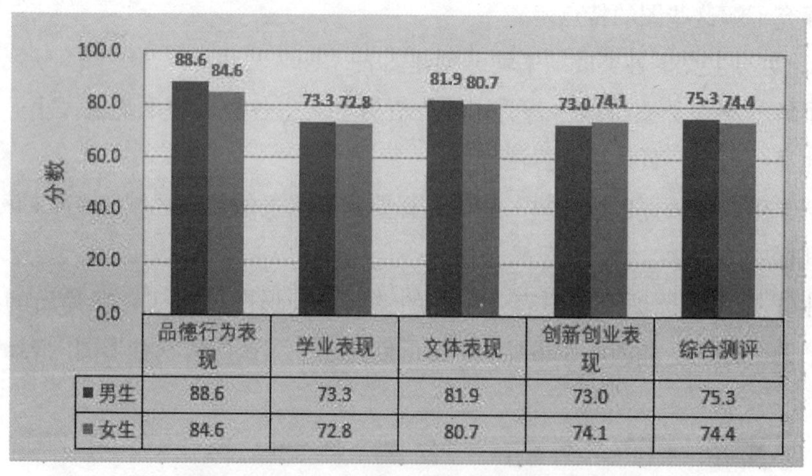

	品德行为表现	学业表现	文体表现	创新创业表现	综合测评
■男生	88.6	73.3	81.9	73.0	75.3
■女生	84.6	72.8	80.7	74.1	74.4

图6-3-8　男女生各类平均成绩比较图

其中：图表布局设置为“布局5”；图表标题为“男女生各类平均成绩比较图”，字体为“等线，14，加粗，黑色”；纵坐标标题为“分数”，纵坐标轴刻度单位为20；添加数据标签，标签包括“值”和“引导线”，男生数据标签值颜色为蓝色，女生数据标签值颜色为红色；图表区填充色为“蓝色，着色1，淡色80%”；绘图区网格线为“方点”，填充色为“灰色-50%，着色3，淡色80%”，边框线为实线、蓝色。

具体实现过程如下：

①设置图表布局。单击图表中的任一区域选中图表，会看到菜单中增加一个“图表工具”选项栏，包含“设计”和“格式”选项卡，单击“设计”选项卡“图表布局”组中的

“快速布局”按钮，从中选择“布局5”，会看到在图表下方添加一个“模拟运算表”，在纵坐标轴添加一个“坐标轴标题”。

②设置图表标题。默认创建的图表会带一个图表标题，单击选中图6-3-7中的“图表标题”，直接修改图表标题为“男生女生各类成绩比较图”，选中后在【开始】选项卡【字体】组中单击相应的按钮，设置字体为“等线”、字号为“14”，字形加粗，字体颜色为黑色。

若创建的图表无图表标题，则先选中图表，单击【图表工具】选项栏的【设计】选项卡，在【图表布局】组中单击“添加图表元素”按钮，从下拉菜单中选择“图表标题”，并在级联菜单中选择相应选项设定图表标题所在位置即可。

③设置坐标轴。一是设置坐标轴标题：“布局5”默认添加了一个纵坐标的“坐标轴标题”，直接单击修改为“分数”。若创建的图表不含有坐标轴标题，可以选中图表后，单击【图表工具】选项栏的【设计】选项卡，在【图表布局】组中单击“添加图表元素”按钮，从下拉菜单中选择“轴标题”，并在级联菜单中选择“主要横坐标轴”或“主要纵坐标轴”来添加横坐标轴或纵坐标轴标题。二是设置坐标轴刻度单位：在图表的纵坐标轴上单击鼠标右键，选择“设置坐标轴格式”选项，会在窗口右侧打开“设置坐标轴格式”窗格，如图6-3-9所示。在该窗格中，设置边界的最小值和最大值，设置主要和次要刻度单位，此处设置主要单位为20，次要单位为4。

④设置数据标签。

一是添加数据标签：选择图表后，单击【图表工具】选项栏的【设计】选项卡，在【图表布局】组中单击“添加图表元素”按钮，从下拉菜单中选择“添加数据标签”，再从级联菜单中选择相应的选项，设置数据标签添加的位置。二是设置数据标签格式：单击选中数据标签值，可以在【开始】选项卡【字体】组中根据设置其字体、字号及颜色，此处，男生系列数据标签值字体颜色为蓝色，女生系列数据标签值字体颜色为红色。右击数据标签值，选择“设置数据标签格式”，在窗口右侧显示“设置数据标签格式”窗格，如图6-3-10所示，从中选择标签包括“值”和“显示引导线”。

⑤设置网格线。设置网格线格式：双击网格线，在窗口右侧弹出“设置主要网格线格式”对话框，从中设置短画线类型为“方点”。若要将添加/删除网格线，可以选中图表后，单击【图表工具】选项栏的【设计】选项卡，在【图表布局】组中单击“添加图表元素”按钮，从下拉菜单中选择“网格线”，从其级联菜单中选择相应的选项来添加或删除“主轴主要水平网格线”“主轴主要垂直网格线”等。

⑥设置图表区格式。右击图表区域，从弹出的快捷菜单中选择“设置图表区格式”，在窗口右侧显示“设置图表区格式”窗格，如图6-3-11所示。在该窗格中，设置填充为“纯色填充”，颜色为“蓝色，着色1，淡色80%”。

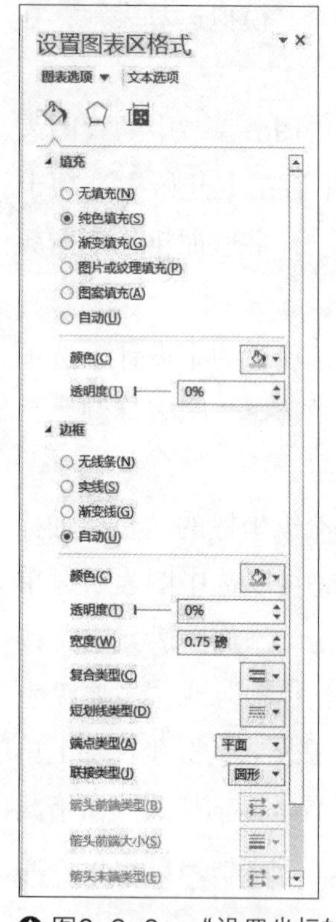

△图6-3-9 “设置坐标轴格式”对话框

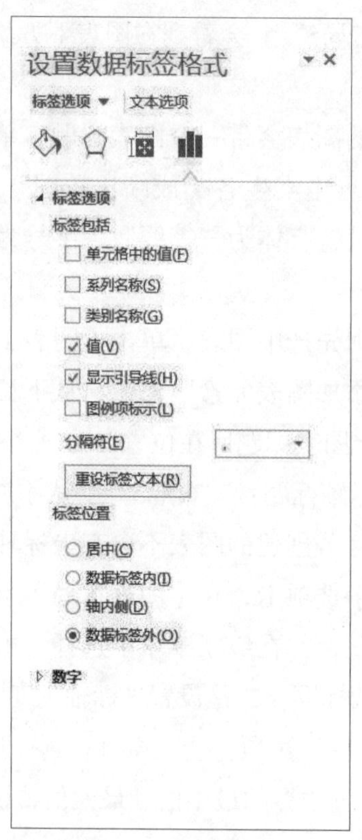

△图6-3-10 “设置数据标签格式”对话框

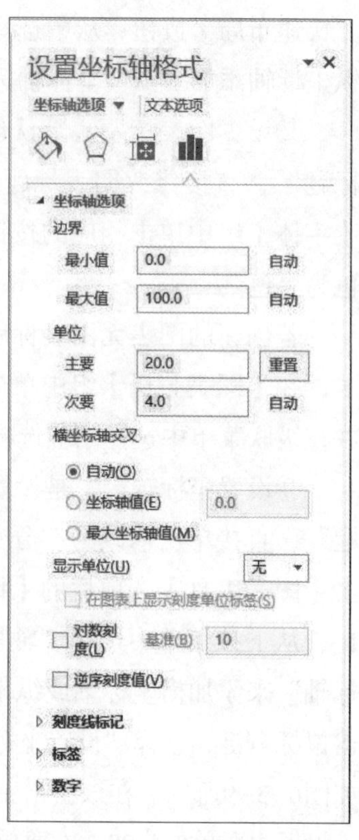

△图6-3-11 “设置图表区格式”对话框

⑦设置绘图区格式。右击柱状图所在的绘图区，从弹出的快捷菜单中选择“绘图区格式”，会在窗口右侧显示“设置绘图区格式”窗格。参考设置图表区格式的方法，在该窗格中设置填充为“纯色填充”，颜色为“灰色-50%，着色3，淡色80%”；设置边框为“实线”，颜色为“蓝色1”。

通过以上各个步骤的操作，即可完成如图6-3-8所示效果。

STEP 4　选用合适的图表对各分数段人数进行分析展示

各分数段人数分析展示建议通过饼图完成，完成效果如图6-3-12所示。

其中，图表类型为三维饼图，布局6；标题为“各分数段人数占比情况”，字体为“等线、16、红色、加粗”；图表区填充色为“蓝色，着色1，淡色80%”；显示数据标签，标签包含“百分比”、“引导线”，标签百分比字体为“等线、12、黑色、加粗”。请自己动手实践完成。

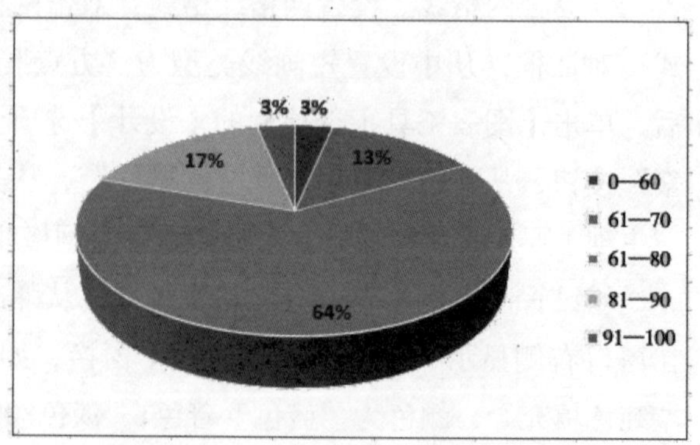

△图6-3-12　各分数段人数占比情况图

操作提示

（1）编辑图表

在工作表中创建的图表不一定满足需要，用户可以根据实际情况对图表进行编辑操作，除了上述任务中进行的简单编辑和格式美化，还包括调整图表位置和大小、修改图表数据以及更改图表类型等。

调整图表位置：将鼠标光标移动到图表上，当鼠标光标变成形状，按住鼠标左键不放，将其拖到合适位置后释放鼠标即可。

调整图表大小：选择图表，将鼠标光标移动到图表四角或者四边中间位置的控制点上，当鼠标光标变成双向箭头形状时，拖动鼠标光标即可调整图表大小。

修改图表数据：图表中的数据和工作表中的数据是动态相连的，若发现图表中的数据有误，只需在工作表中选择需要修改的数据系列所对应的单元格，在其中输入正确的数据，按Enter键，此时图表也会随之发生变化。

更改图表类型：选择图表，选择【设计】选项卡的【类型】组，单击“更改图表类型”按钮（或者直接右击图表，从弹出的快捷菜单中单击“更改图表类型”），打开“更改图表类型”对话框，在其列表中选择恰当的图表类型后，单击【确定】按钮。

（2）移动图表

创建的图表默认和创建图表的数据源在同一数据表中，如果需要在新的工作表中创建图表，可以创建后，移动图表，操作如下：选中图表，在【设计】选项卡的【位置】组，单击“移动图表”按钮，即可弹出“移动图表”对话框，在对话框中选择“新工作表”并输入新工作表名称，即可将根据输入的工作表名称创建一个新的工作表，并将图表放至该新建的工作表中；也可以从“对象位于”下拉列表中选择要放置图表的工作表。

（3）套用图表样式

Excel内置了多套图表样式，用户创建图表后，只需直接套用这些样式即可。选中要套用样式的图表，单击【图表工具】栏的【设计】选项卡，在【图表样式】分组中单击右下角的小三角按钮，可以显示更多的图表样式，从中选择满意的样式即可。

通过统计分析班级学生综合测评成绩任务，学习了Excel 2016中的分类汇总以及一些数据分析和统计函数的使用，认识了Excel 2016中的常见图表及特征，学习了如何创建一个图表，并对图表进行格式设置与美化。通过该任务的实现，要求同学达成的目标见表6-3-2。请自我检测一下，你的自我评价等级达到优秀了吗？

任务总结与评价

表6-3-2　能力评价表

学习目标	评价内容	评价等级			
		A	B	C	D
会使用分类汇总功能对数据分类统计	理解分类汇总的意义				
	掌握分类汇总的操作方法				
	会根据实际情况分类汇总平均值、个数、求和等				
FREQUENCY函数的使用	理解FREQUENCY函数的功能及用法				
	会使用FREQUENCY函数求一组数据的频率分布				
会选择使用合适的图表对数据进行图形化的展示分析	了解常用的图表类型及特点				
	会根据数据表创建图表				
	会对图表进行编辑操作				
	会对图表的各个元素进行添加与格式设置				

拓展提高

1. 数据透视表

分类汇总只能解决按一个字段分类汇总的问题，如果要解决按多个字段分类汇总的问题可以使用Excel提供的数据透视表功能。数据透视表，是一种对大量数据进行快速汇总和建立交叉表的交互式表格，它不仅可以转换行和列以显示数据源的不同结果，也可以显示不同页面以筛选数据，还可以根据用户的需要显示区域中的细节。如分别按性别和等级统计学生的综合测评成绩，可以按如下步骤制作数据透视表：

①选定要分析统计的数据区域，此处选择A2:J32，单击【插入】选项卡【表格】组中的“数据透视表”按钮，打开如图6-3-13所示的“创建数据透视表”对话框，在该对话框中，选择放置数据透视表的位置为“新工作表”，单击【确定】按钮。

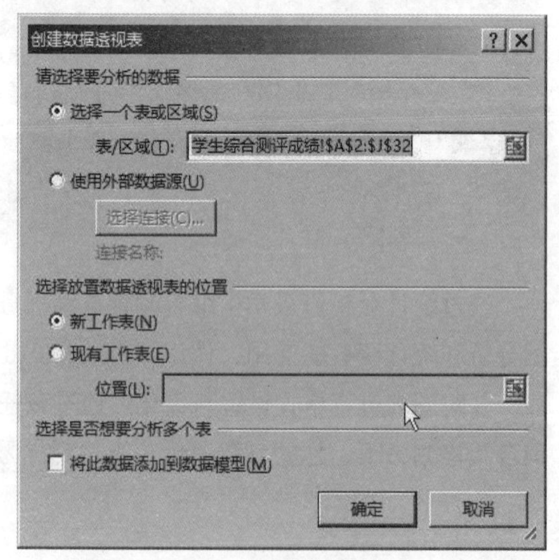

图6-3-13　“创建数据透视表”对话框

②在新的工作表中右侧的“数据透视表字

段”窗格中，勾选要分析的“性别”“等级”和“综合测评”字段，会看到在工作表中显示了一个透视表，如图6-3-14所示。

图6-3-14　数据透视表

③设置数据透视表的行、列及数值字段。默认生成的透视表的行、列及数值字段可能不正确，比如此处默认对“综合测评”成绩求和，应改为求平均值。设置如下：在右侧的“数据透视表字段”窗格中，单击“∑值”中的“求和项：综合测评”右侧的下拉按钮，从弹出的下拉菜单中单击“值字段设置”，弹出“值字段设置”对话框，如图6-3-15所示。在该对话框中，“值字段汇总方式”改为“平均值”，单击【数字格式】按钮，可以设置字段的数字显示格式，设置完毕单击【确定】。

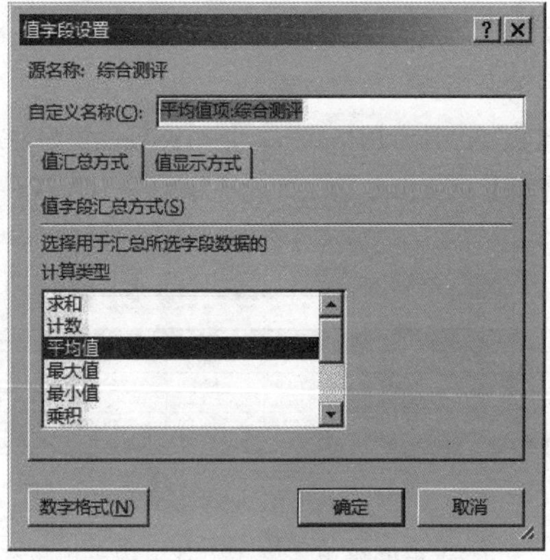

图6-3-15　“值字段设置”对话框

若要修改行、列字段的值，可以在右侧的“数据透视表字段”窗格中将“行”中的字段拖动到“列”中，或者相反。大家可以试一下将“行”中的“等级”字段拖动到“列”中，看一下会出现什么样的透视表。

任务拓展与训练

1. 打开任务1中创建好的“J17001学生信息表.xlsx”，按宿舍号分类汇总宿舍成员的平均年龄。

提示：

（1）添加“年龄”列，设置该列单元格的数字类型为“数值”型，小数位数为0，根据出生日期求出年龄，年龄=(TODAY()−出生日期)/365。

（2）根据宿舍号进行排序；

（3）根据宿舍号进行分类汇总计算学生年龄的平均值。

2. 小李同学记录了自己的月消费账单如图6-3-16所示，请同学们帮她进行统计分析她的每月消费总额，以及每类消费的图表，通过分析给她一些消费建议。

月份	餐费	零食	日用品	通讯费	书报	衣服	其它	月合计	月计划开支	结余
9月	1000	153	180	60	16	0	100		1800	
10月	867	89	30	140	12	400	320		1800	
11月	1202	80	28	52	8	0	56		1800	
12月	1187	90	30	48	0	600	77		1800	
单项合计										

图6-3-16 月账单记录

（1）请大家帮她美化表格并计算出月消费总额，单项合计以及月结余。效果如图6-3-17所示。注意其中的标题“我的月账单”以及“单位:元”均为插入的艺术字；9—12月的月消费行数值设置为“会计专用格式”，货币符号设置为“无”，单项合计行数值设置为“会计专用格式”，货币符号设置为“¥”；9月−12月的单项消费支出数值为0的设置条件格式突出显示，结余列为负数的设置条件格式突出显示。

我的月账单

单位：元

月份	餐费	零食	日用品	通信费	书报	衣服	其他	月合计	月计划开支	结余
9月	1,000.00	153.00	180.00	60.00	16.00	300.00	100.00	1,809.00	1,800.00	-9.00
10月	867.00	89.00	30.00	140.00	12.00	400.00	320.00	1,858.00	1,800.00	-58.00
11月	1,202.00	80.00	28.00	52.00	8.00	-	56.00	1,426.00	1,800.00	374.00
12月	1,187.00	90.00	30.00	48.00	-	600.00	77.00	2,032.00	1,800.00	-232.00
单项合计	¥4,256.00	¥412.00	¥268.00	¥300.00	¥36.00	¥1,300.00	¥ 81.50	¥7,125.00	¥7,200.00	¥ 75.00

图6-3-17 月账单计算与美化

（2）根据账单情况作出月单项支出折线图进行比较，分析每个月单项支出情况，如图6-3-18所示。

（3）根据单项合计支出，作出单项合计支出的比例饼图，分析单项支出占总消费的比例，如图6-3-19所示。

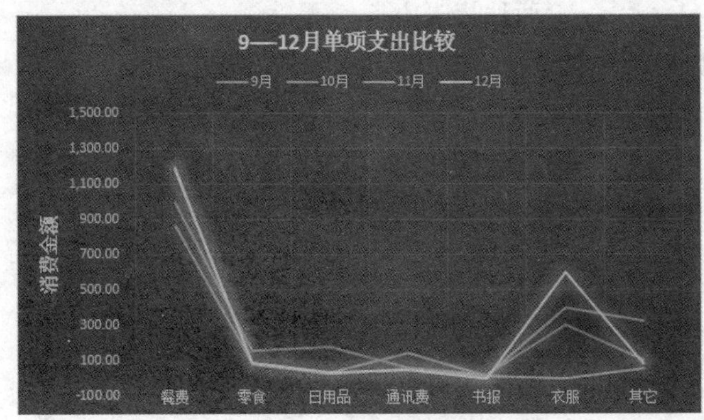

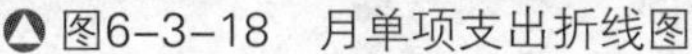
图6-3-18 月单项支出折线图

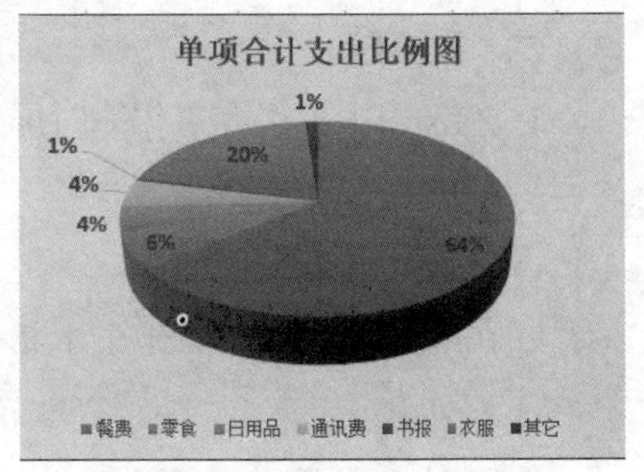

图6-3-19 单项合计支出比例

计算分析完了，同学们，请给小李同学提出一点建议吧！

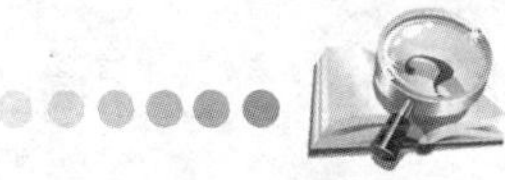

模块总结

本模块通过完成生活中的三个典型工作任务，理解了工作簿和工作表的概念，学会了Excel工作簿和工作表的相关操作，工作表中各类数据的录入、编辑以及工作表单元格的格式设置、美化及页面设置和打印操作；能使用公式、函数对表格中数据进行计算，使用排序和筛选功能对数据进行简单处理；也学会了对表格数据进行汇总统计及分析，并通过图表的形式直观地显示数据。在日常生活中，这些功能和操作都是Excel进行数据处理时经常用到的，其中公式和函数的使用、排序、筛选、分类汇总和插入图表操作是重点和难点。希望大家能够熟练掌握这些功能，并会利用这些功能解决生活中的实际问题。

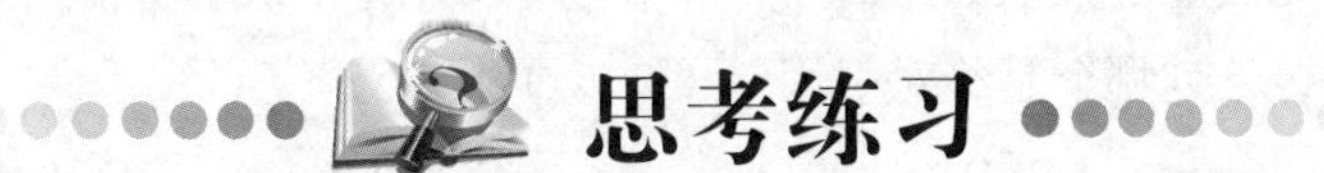

思考练习

一、填空题

1. Excel 2016文件的扩展名是__________。

2. Excel中单元格的引用方式有__________、__________和__________。

3. 在Excel中，某个公式中引用了区域C2:D7，该公式共引用了________个单元格。

4. “B2:D2”代表3个单元格，“A7，D9”代表_______个单元格，“A4:D4 B1:B6”代表________个单元格。

5. 如果在单元格中输入“2017-3-3”，则Excel 2016将识别为________类型数据。

6. 在Excel中，公式必须以__________开头。

7. Excel提供了____________和____________两种筛选功能。

8. 在对数据分类汇总前，必须对数据区域进行________操作。

二、选择题

1. 在Excel中，保存工作簿时屏幕若出现“另存为”对话框，则说明（　　）。

A. 该文件作了修改　　B. 该文件不能保存

C. 该文件未保存过　　D. 该文件已经保存过

2. 在Excel中，选定若干个不相邻单元格区域的方法是按下（　　）键配合鼠标操作。

A. Ctrl　　B. Shift + Ctrl

C. Alt + Shift　　D. Esc

3. 在Excel中，使用“高级筛选”命令前，我们必须为之指定一个条件区域，以便显示出符合条件的行；如果要对于不同的列指定一系列不同的条件并且要求同时满足，则所有列的值应在条件区域的（　　）输入。

A. 同一列中　　B. 同一行上　　C. 不同的行中　　D. 不同的列中

4. 对于Excel中的文本型数据，（　　）。

A. 不可以排序　　B. 只可以按“字母”排序

C. 只可按“笔画”排序　　D. 既可按“字母”又可按“笔画”排序

5. 在Excel中，单元格的数据要在指定位置强制换行，可按（　　）键实现。

A. Enter键　　B. Shift+Enter

C. Alt+Enter　　D. Alt+Shift

6. 在Excel中，输入数值后单元格显示“####”时，说明（　　）。

A. 数据错误　　B. 数据溢出

C. 列宽不够，无法显示数值数据　　D.计算错误

7. 对于B3单元格，下列哪个是绝对引用？（　　）

A.$B3　　B. B$3　　C. B3　　D. &B&3

8. Excel单元格中输入文字时，默认的对齐方式是（　　）。

A. 左对齐　　B. 右对齐　　C. 居中对齐　　D. 两端对齐

三、问答题

1. Excel中，什么是相对引用？什么是绝对引用？什么是混合引用？

2. Excel中，如何进行分类汇总？

3. Excel中，有哪些常见函数？各有什么功能？

4. Excel中，有哪几种常见的图表类型？

模块 7 信息展示与交流

人类步入信息化社会之后，多样化的信息展示与交流方式在教育培训、公众演讲、工作汇报、信息展示、婚礼庆典、产品演示、演讲、工作汇报、辅助教学等众多领域得以广泛应用。

Microsoft Office PowerPoint是Office办公软件的重要组件，也是一款集文字、图片、音频及视频剪辑于一体的演示文稿制作工具，本模块以Microsoft Office PowerPoint 2016为例介绍其在信息展示与交流中的应用，并辅以思维导图拓展以提升信息展示能力。通过设计与创建“呼唤匠心”演示文稿任务，学习创建设计、编辑美化演示文稿；通过编辑与制作 “呼唤匠心”演示文稿任务，学习在幻灯片中插入文本、图像、表格、声音和视频素材；通过设置 “呼唤匠心”演示文稿动画和切换效果任务，学习设置对象的动画和幻灯片的切换；通过展示分享“呼唤匠心”演示文稿任务，学习根据需要会播放展示并交流分享演示完稿，并能根据需求以思维导图辅助展示交流。

本模块的学习任务与学习内容如图 7－1 所示。

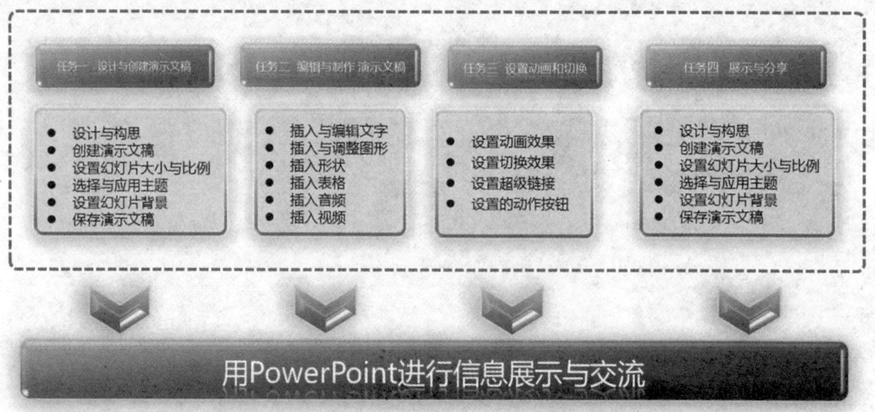

图 7－1　本模块的学习任务与学习内容

学习目标

知识目标	技能目标	素质目标
● 熟练掌握幻灯片的创建、编辑、格式设置等操作方法； ● 掌握幻灯片中各种媒体对象的插入及编辑方法； ● 掌握动画效果、切换效果、超级链接等设置方法； ● 熟悉演示文稿放映方式的设置方法； ● 了解信息的不同呈现形式和展示方式； ● 了解通过网络进行信息交流与发布的方法	● 会创建设计、编辑美化演示文稿，并根据需要在幻灯片中插入文本、图像、图表声音和视频素材； ● 会设置对象的交互和动画效果，能设置幻灯片的切换效果； ● 能播放和展示演示文稿，并进行交流分享； ● 会用简明扼要、合理生动的语言配合幻灯片进行信息展示与交流； ● 能将制作好的演示文稿转为视频、网上发布； ● 会用主流网络交流与信息分享的方法	● 养成严谨的工作作风和按流程执行任务的意识； ● 养成良好的计算机使用和操作规范，以及使用过程中的安全意识和习惯； ● 培养自主学习能力和探究学习方法； ● 培养创新意识和创新能力； ● 培养由表及里观察分析事物的能力

任务1 设计与创建“呼唤匠心”演示文稿

任务描述

学校组织以“呼唤匠心”为主题的演讲大赛，小王同学为了取得优异的比赛成绩，决定使用PowerPoint 2016制作主题统一、画面精美的演示文稿来配合自己的演讲。

小王在演讲之前做了充分准备工作：根据“呼唤匠心”的主题搜集资料，确定整体风格和页面布局，精心设计和制作演讲文稿。文稿里不仅使用文本、图形、表格等常用呈现方式，还配备了优美的背景音乐和适合的视频，让整体效果图文并茂、动态十足。比赛前，他将自己的思路分享到朋友圈进行意见征集，从而不断完善演讲文稿。随后，小王依据大赛的要求使用排练计时方式进行展示演练，最终凭借声色俱佳的呈现以及超高的网络人气，获得了比赛第一名。

本模块我们将跟随小王同学一起完成演讲文稿的制作历程。

为了确保演示文稿契合“呼唤匠心”这一主题，小王以“匠心诞生在中国、千年匠心传承看日本、百年匠心传承看德国、未来匠心传承看中国”为主线，表达呼唤中国匠心、期待中国匠造的情愫。小王在演讲前搜集并参考了大量的资料，确定了演示文稿的核心主题、目录框架和整体风格。

任务分析

完成本任务，需要我们先对演示文稿进行总体构思设计，然后创建演示文稿，并设置幻灯片的大小，确定幻灯片的背景、配色、字体和主题风格。尤其是要先设计出PPT的首页、目录页、过渡页和结束页四个关键页面，再对内容逐渐完善充实。

任务实施

知识点梳理

1. Microsoft Office PowerPoint 2016 的窗口界面与主要功能

Microsoft Office PowerPoint 2016 的显示窗口被称为演示文稿的工作窗口，由快速访问工具栏、功能区、状态栏、视图切换按钮、显示比例工具等部分组成，是操作的主界面，如图7-1-1所示。

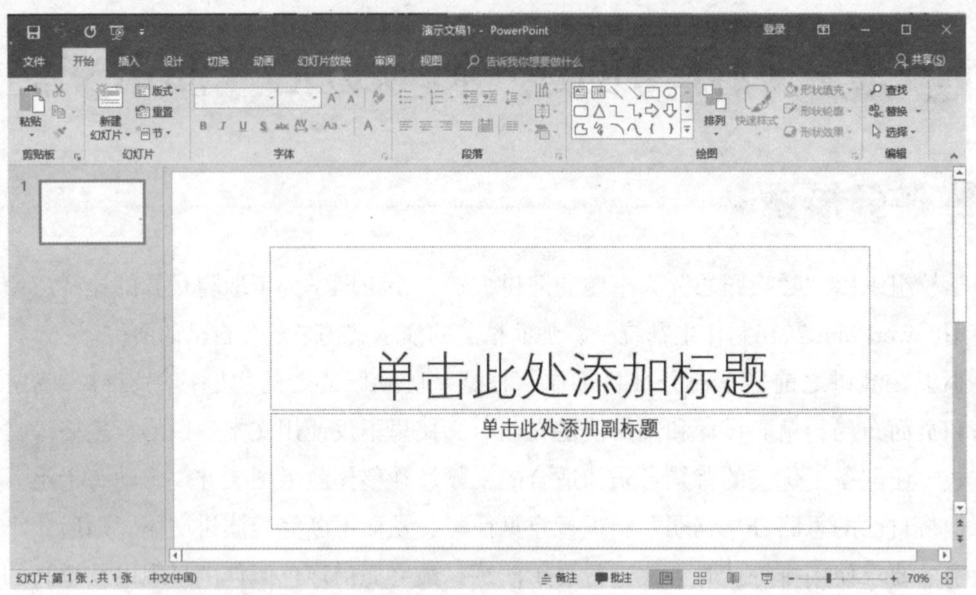

图7-1-1　Microsoft Office PowerPoint 2016 的窗口界面

表7-1-1　Microsoft Office PowerPoint 2016 的主菜单

选项卡	主要功能
开始	包含剪贴板、幻灯片、字体、段落、绘图和编辑等分组功能
插入	包含幻灯片、表格、图像、插图、应用程序、链接、批注、文本、符号和媒体等分组功能
设计	包含主题、变体和自定义三个分组功能
切换	包含预览、切换到此幻灯片和计时三个分组功能
动画	包含预览、动画、高级动画和计时四个分组功能
放映	包含开始放映幻灯片、设置和监视器三个分组功能
审阅	包含校对、语言、中文简繁转换、批注和比较等分组功能
视图	包含演示文稿视图、母版视图、显示、显示比例、颜色/灰度、窗口和宏等分组功能

2. Microsoft Office PowerPoint 2016 的六种视图模式

视图是幻灯片的重要表现形式，Microsoft Office PowerPoint 2016为学习者提供了6种视图模式，分别为普通视图、幻灯片浏览视图、备注视图、批注视图、阅读视图和幻灯片放映视图，学习者可以按照实际需要在6种视图间切换，从而更好地完成演讲文稿的制作。

表7-1-2 Microsoft Office PowerPoint 2016 六种视图类型及特点

类型	特点
普通视图	常用的视图方式，将幻灯片、大纲和备注集成到一起，可以输入、编辑和排版文本，也可以输入文本备注信息
幻灯片浏览视图	同时显示多张幻灯片，可以看到整个演示文稿，该视图下可以添加、删除、复制和移动幻灯片。可以使用【幻灯片放映】选项卡的命令设置幻灯片放映时间，选择幻灯片的切换方式
备注视图	为幻灯片添加需要的备注内容，既可插入文本，亦可插入图片
批注视图	为幻灯片添加需要的批注信息，可插入多条信息
阅读视图	全屏显示幻灯片和演示文稿的动画和切换效果
幻灯片放映视图	用以展示演讲文稿的演示效果，例如视频、音频、计时与各种动画等

3. Microsoft Office PowerPoint 2016 幻灯片的主要操作

幻灯片是演示文稿的基本组成单元，用户要演示的全部信息，包括文字、图形、表格、图表、声音和视频等都能以幻灯片为单位组织起来，用户使用PowerPoint 2016可设计幻灯片内的动画效果和幻灯片之间的效果。在幻灯片浏览视图下可以对幻灯片进行如下操作：

表7-1-3 Microsoft Office PowerPoint 2016 幻灯片的主要操作

操作类型	操作方法
幻灯片的选定	选定一张幻灯片：单击要选定的幻灯片，外围出现黑粗线标明被选定；
	选定多张幻灯片：按住Shift或Ctrl，单击要选定的各幻灯片；
	全选：编辑—全选 或 Ctrl+A
幻灯片的删除与复制	在同一演示文稿中删除或复制幻灯片： 删除：选定—编辑—删除幻灯片，或直接按Del； 复制：选定—复制—确定复制的位置—粘贴，粘贴到选定的幻灯片之后
	在不同的演示文稿之间复制幻灯片： Step1 打开源文稿和要复制到的文稿； Step2 在源文稿中选定要复制的幻灯片； Step3 执行“复制”命令； Step4 切换到要复制到的文稿窗口，选定插入的位置； Step5 粘贴
幻灯片的隐藏	Step1 选择要隐藏的幻灯片； Step2 单击“幻灯片放映”下的“隐藏幻灯片”按钮
改变幻灯片的播放顺序	普通视图下，在要改变位置的幻灯片上按住鼠标左键，拖动到目标位置释放鼠标左键即可

Step 1　设计与构思“呼唤匠心”演示文稿

为了保证演示文稿符合“呼唤匠心”这一主题，小王参考相关材料，确定了演示文稿的主要内容、目录框架和风格：

演示文稿整体风格恢宏大气、蕴含中国元素，页面布局简洁精炼，字体为微软雅黑，动画效果为平和渐入形式，背景音乐为《高山流水》。

首页、目录页、过渡页和结束页是一份完整的演示文稿制作的四个关键页面。该演示文稿在构思设计这四部分的效果如图7-1-2所示。

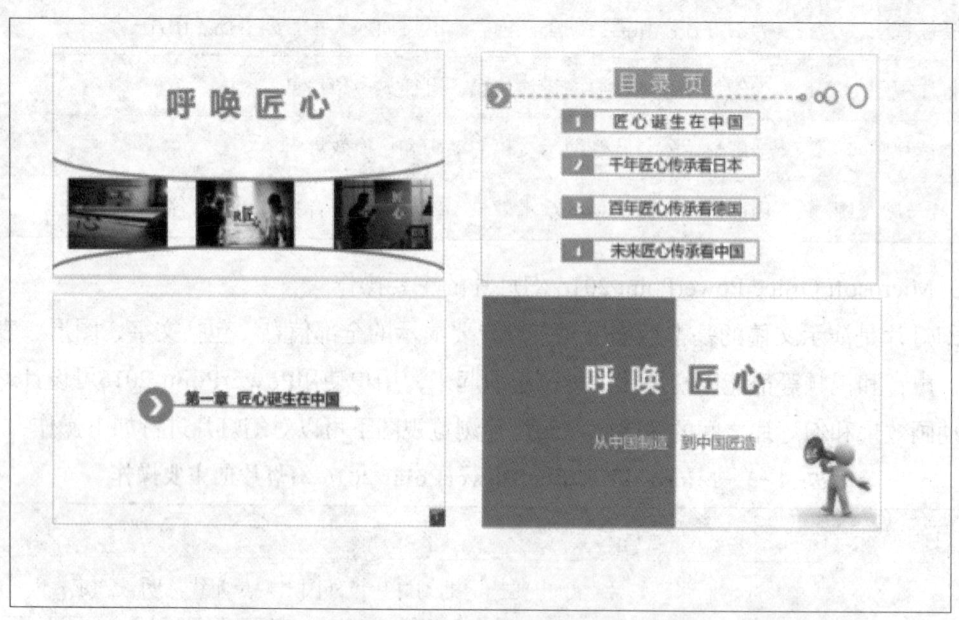

图7-1-2　“呼唤匠心”演示文稿关键页面的构思设计图

Step 2　创建“呼唤匠心”演示文稿

启动PowerPoint 2016。启动 PowerPoint 2016的常用方法有四种：

①通过双击 PowerPoint 2016的桌面快捷方式启动；

②通过“开始”→“程序”→Microsoft PowerPoint 2016命令启动；

③双击打开 PowerPoint 2016文件启动；

④新建空白PowerPoint 2016文件启动。

在启动 PowerPoint 2016后，系统会自动新建一个标题为“演示文稿1”的空文稿，并自动创建了一张空白的“标题”版式的幻灯片。

当然，在实际制作过程中，学习者需要运用到多种版式幻灯片，在转换为其他版式的方法上，可以通过右击幻灯片，选择弹出菜单中“版式”中选择所需的幻灯片版式，如图7-1-3所示。

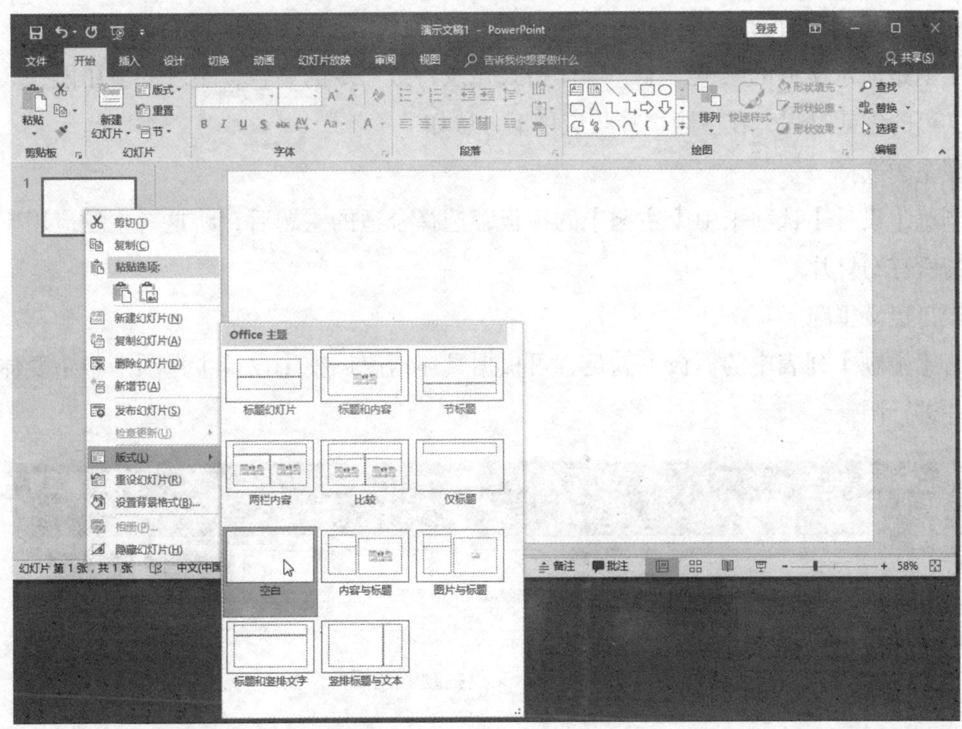

△ 图7-1-3　演示文稿版式的切换

Step 3　设置幻灯片大小与比例

确定幻灯片版式后，在制作时可以依据实际需求，设置幻灯片大小与展示比例，如图7-1-4所示。

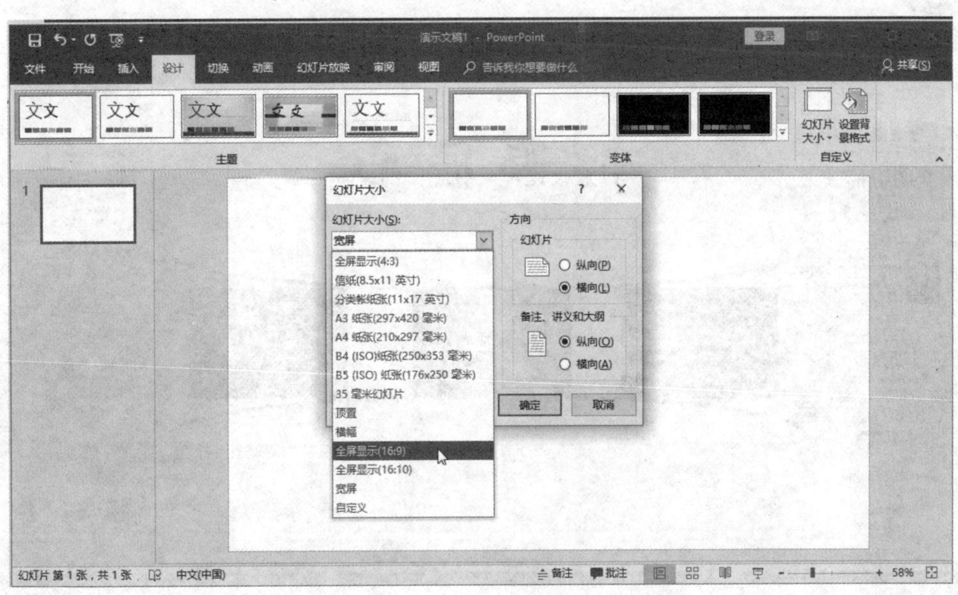

△ 图7-1-4　设置幻灯片大小

Step 4　选择与应用主题

主题是演示文稿的颜色搭配、字体格式化及特效命令的集合，主题的应用能大大简化演示文稿的创建过程，在主题选择与应用上方法如下：

1. 主题选择

浏览【设计】选项卡中【主题】的模板，选择合适的主题后，将这一主题应用于演示文稿的所有幻灯片。

2. 自定义主题

若【主题】列表中的模板不满足，可根据具体情况调整【设计】选项卡中【变体】的选项并进行调整。

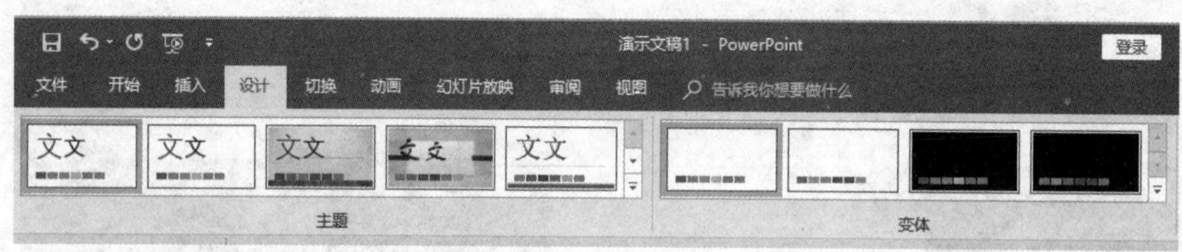

图7-1-5　演示文稿主题的选择与应用

Step 5　设置幻灯片背景

选择【设计】选项卡下【自定义】组中的“设置背景格式”；Microsoft PowerPoint 2016提供纯色填充、渐变填充、图片或纹理填充、图案填充四种方式，操作时可在右侧选择所需的背景样式，若要将样式应用于所有幻灯片，则选择“全部应用”。

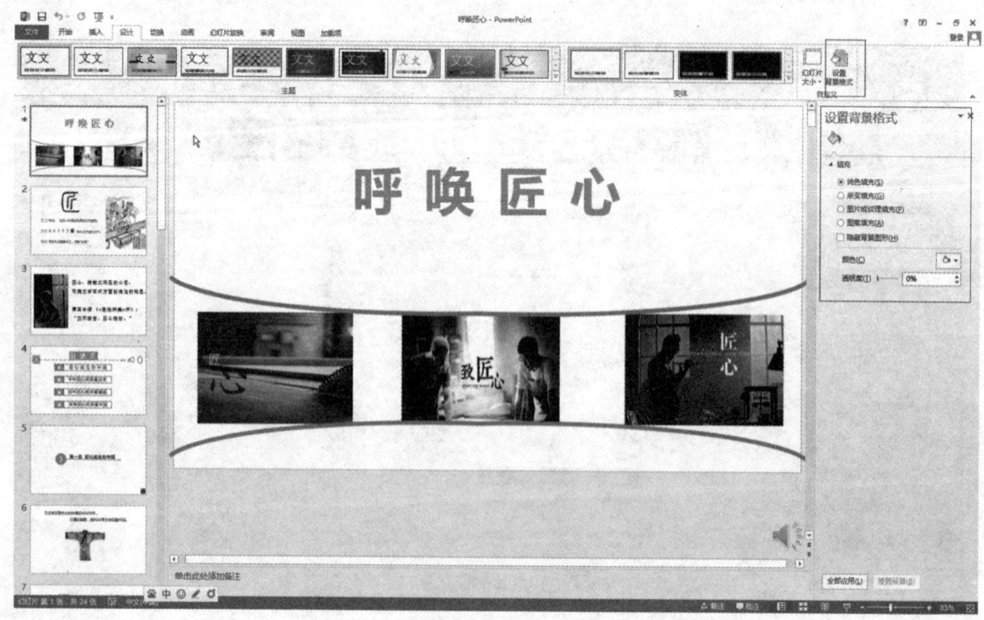

图7-1-6　设置幻灯片的背景

Step 6　保存“呼唤匠心”演示文稿

单击【文件】【保存】命令，在弹出的“另存为”对话框中，输入文件名“呼唤匠心”，选择保存位置为“D：\呼唤匠心”，单击【保存】确定，“呼唤匠心”演示文稿创建完成。

操作提示

保存演示文稿时，默认的文件格式是PPTX，在“保存类型”下拉框中，我们还可以在“保存类型中”选择其他的保存格式，如PPT、PDF、POT、HTML或者WMV等文件格式，满足用户的其他特殊需要。

在使用计算机工作时常会发生一些异常情况，导致文件无法响应、死机等，为了避免没有及时保存导致信息丢失，在编辑文件的情况，可以在PowerPoint 2016中设置定时保存。操作方法如下：首先在“文件”选项卡中单击“选项”项，然后在“PowerPoint选项”界面对话框中，选择“保存”项，在右侧的“保存自动恢复信息时间间隔”中设置所需要的时间间隔，如图7-1-7所示。

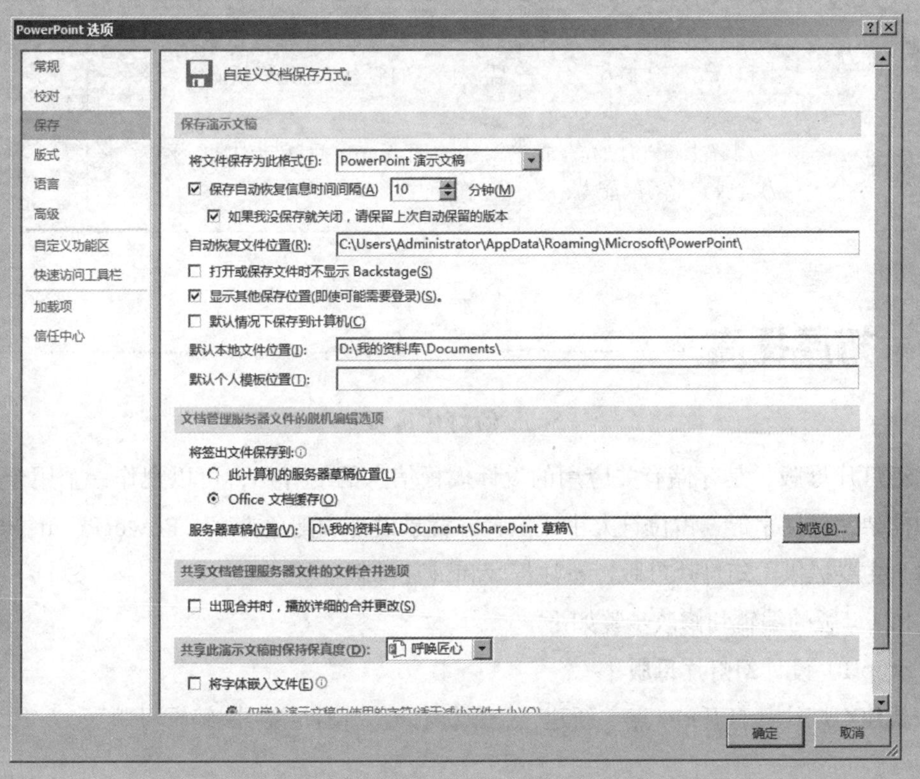

图7-1-7　演示文稿版式的保存

任务总结与评价

该任务阶段主要完成了“呼唤匠心”演示文稿的总体规划和创建。通过该任务的学习，应能根据主题搜集资料和素材并进行主题和背景的设置，具体达成目标见表7-1-4。请自我检测一下，你的自我评价等级达到优秀了吗?

表7-1-4　任务学习能力自我评价

职业能力	目标	评价内容	评价等级			
			A	B	C	D
专业能力	能根据学习工作需要录入搜集需要的文本资料	掌握演示文稿总体设计的要领				
		掌握创建演示文稿的方法				
		了解 PowerPoint 2013的基本功能				
		会利用网络搜集需要的文字资料并下载				
方法能力	资料的筛选、鉴别能力和总结概况能力	具有从网络资源中筛选和鉴别所需要信息的能力和总结概括能力				
社会能力	团队协作沟通的能力，探究学习的能力	能与团队成员间互动沟通、探究学习				

拓展提高

幻灯片母版

幻灯片母版，是存储有关应用的设计模板信息的幻灯片，可以视作一个用于构建幻灯片的框架，包括字形、占位符大小或位置、背景设计和配色方案。PowerPoint 2016在母版编辑上主要提供了幻灯片母版、备注母版和讲义母版三种。

PPT母版的编辑和修改步骤如下。

Step 1　设计幻灯片母版

新建幻灯片：打开PPT点“新建”，鼠标移至“设计/视图-编辑母版”。

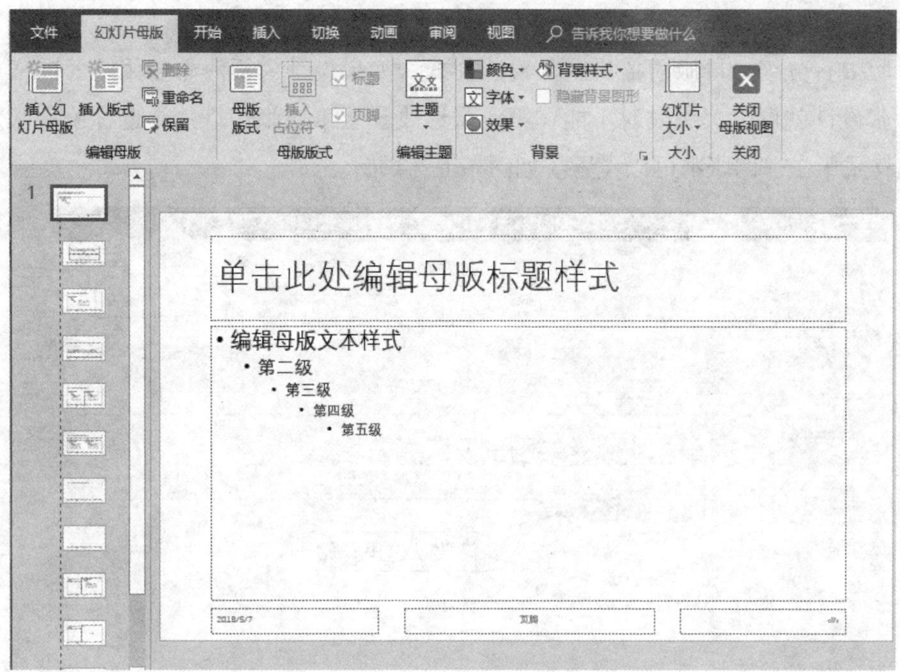

△ 图7–1–8　幻灯片母版的设计与应用

Step 2　幻灯片母版添加Logo

如果希望每张幻灯片都带上Logo，只要在第一张幻灯片中加上Logo就可以。然后点关掉再新建幻灯片时就都带上Logo了，如图7–1–9所示。

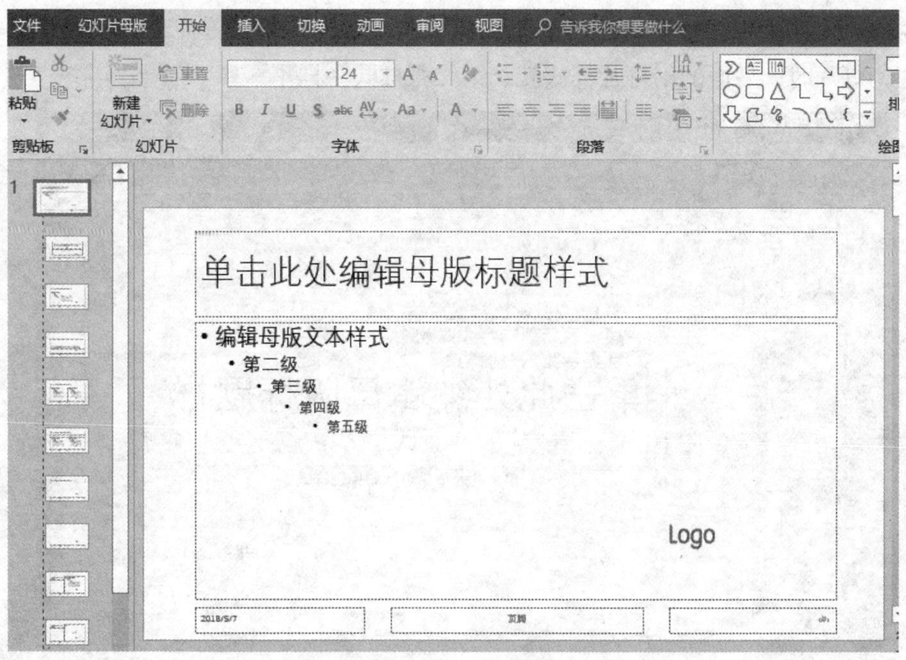

△ 图7–1–9　添加Logo

Step 3　**修改母版样式**

在母版中有分级，母版通俗讲就是模版样式。如果设计模板时希望用统一的格式，直接在第一张设计就可以。修改时不能在第一张修改要从第二张幻灯片（也称第一张）中修改。若改样式第二—四张都可以设置。如图7-1-10所示：

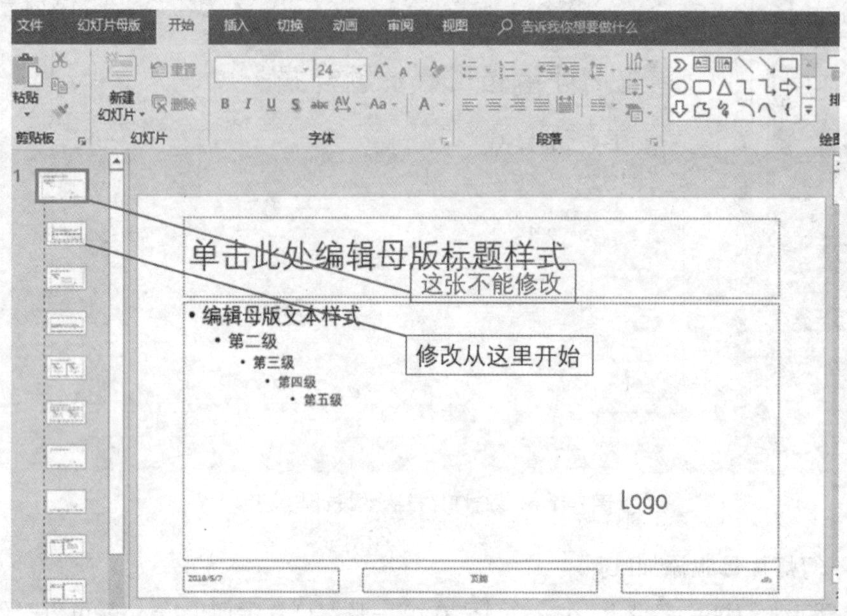

图7-1-10　修改样式

Step 4　**调整样式**

如果我们不想要统一的幻灯片样式，那从第一至四张开始设置样式。设置后好关掉母版再新建幻灯片时，后面的幻灯片样式就和第二张样式一样了。

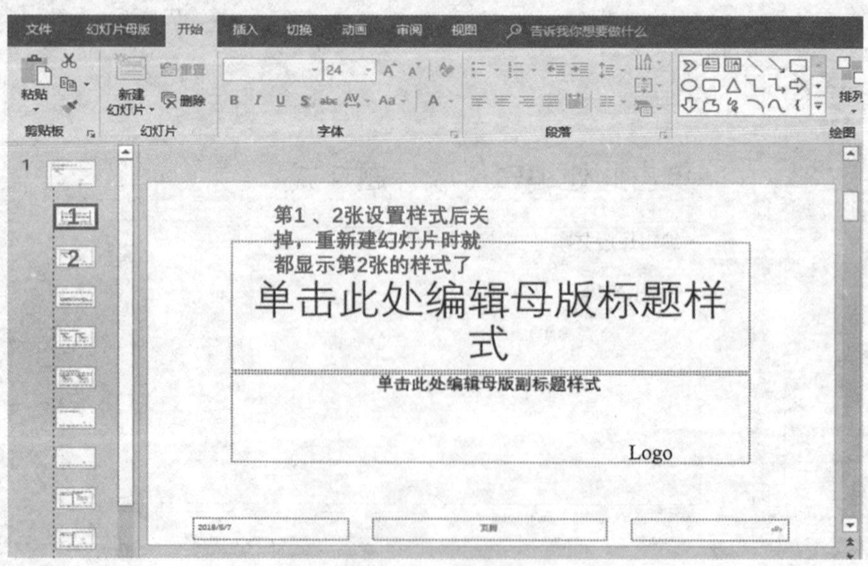

图7-1-11　调整样式

Step 5　调整LOGO

如果觉得每张幻灯片都带上Logo不太好，可以把头张的Logo去掉，然后把Logo复制下放在需要的页面上，如图7-1-12所示。

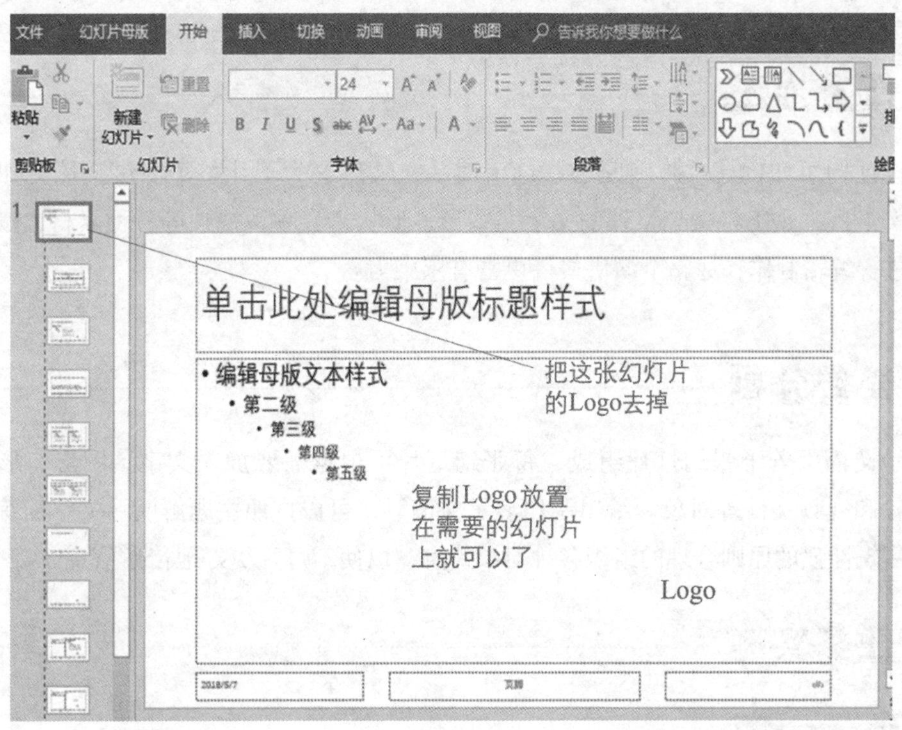

图7-1-12　调整Logo

当你能熟练掌握母版编辑与修改时，就可以制作自己想要的任何精美模版了。

任务拓展与训练

1. 完成“节日文化”演示文稿的策划设计及素材整理。

2. 小组协作完成“职业生涯规划”演示文稿的策划设计及素材整理。

任务2 编辑与制作“呼唤匠心”演示文稿

任务描述

在设计构思和创建“呼唤匠心”这一演示文稿后，为了让整个演讲文稿更加声形并茂、充实丰富，小王将搜集整理的文字、图形、形状、音频、视频等各种素材，按照合理的方式进行编辑制作，让整个演讲文稿更富有感染力。

任务分析

演示文稿由若干张幻灯片组成，每张幻灯片可根据需要加入文字、图形、形状、表格、音频和视频文件等对象。编辑制作演示文稿时，可以按照主题鲜明、文字简练、结构清晰、逻辑性强的原则合理的组织各种对象信息，以使幻灯片更好地传达信息。

任务实施

任务实现

Step 1　演示文稿中文字对象的插入与编辑

①选定第一张幻灯片，设置版式为空白。

②在【插入】选项卡中，单击【文本框】中的“横排文本框”，在幻灯片上绘制文本框，并在文本框中输入“呼唤匠心”。

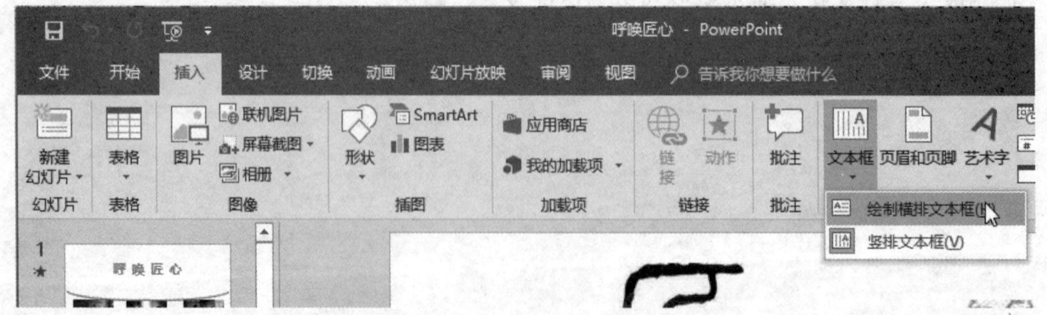

图7-2-1　运用文本框在演示文稿

③字体为“微软雅黑”，76号，加粗，字符间距：加宽，RGB颜色：R（255）G（120）B（80）。

④也可以运用占位符输入文字，在【开始】选项卡中“编辑”组中单击“选择”命令，在下拉菜单中选择“选择窗格”命令，然后右侧的弹出窗口中选择相应需要编辑的占位符。

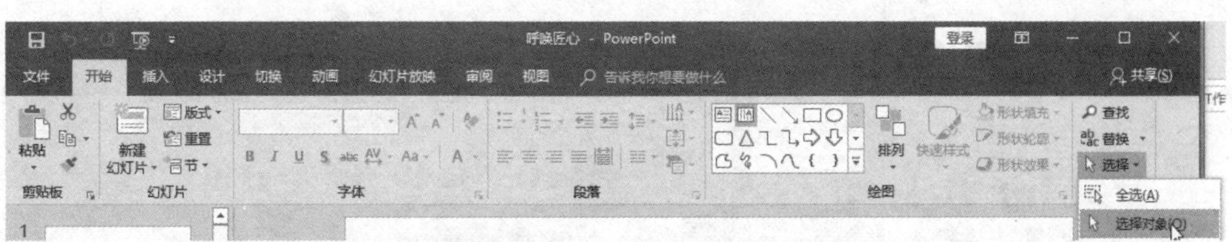

图7-2-2　“选择”命令及下拉菜单

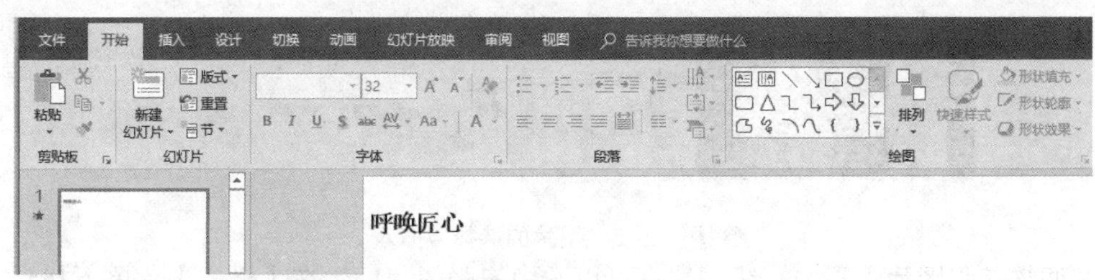

图7-2-3　通过窗口选择占位符进行文字编辑

⑤其他幻灯片的文字根据具体需要依次按照此方法输入和调整。

Step 2　演示文稿中图形对象的插入与调整

①在第一张幻灯片中插入三张图片，在【插入】菜单下选择图片，通过浏览找到并选择所需图片素材，点击“插入”按钮，完成图片的插入。

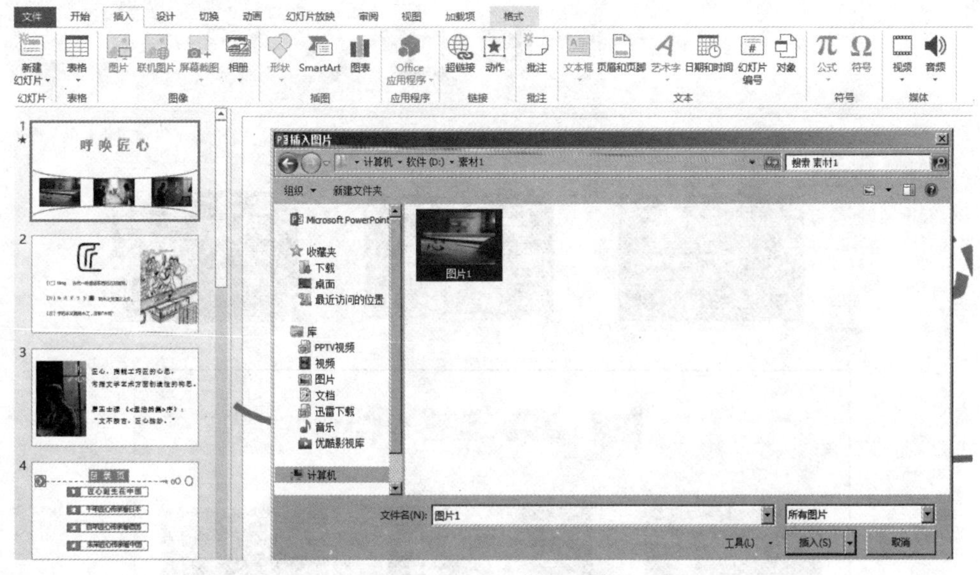

图7-2-4　插入图片

②选择插入的图片，在【格式】菜单下找到图片的高度和宽度选项，调整三张图片尺寸为：宽度8.5厘米，高度5.7厘米。

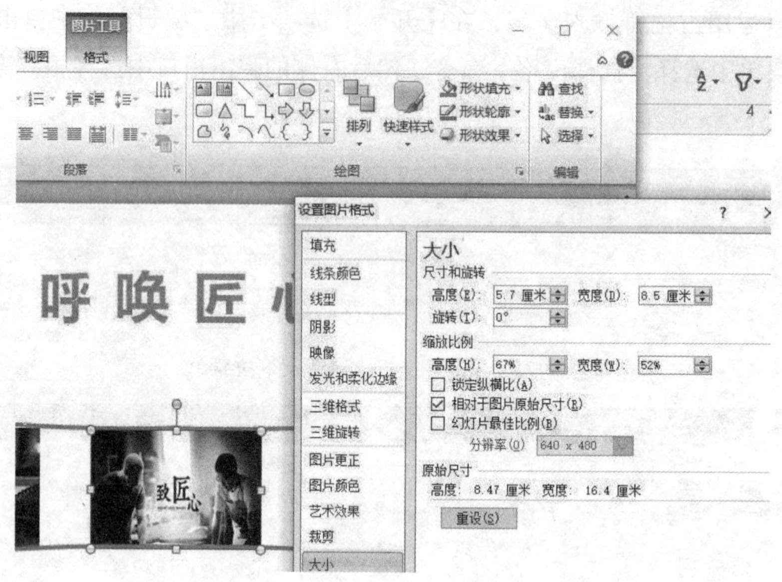

图7-2-5　图片的选择与插入

③调整三张图片水平中心线一致，可以选中三张图片后，在【格式】菜单下找到“排列”组中的“对齐”命令，将三张图片横向分布，也可运用水平和垂直基准线调整三张图片水平位置和间距，最终效果如图7-2-6所示。

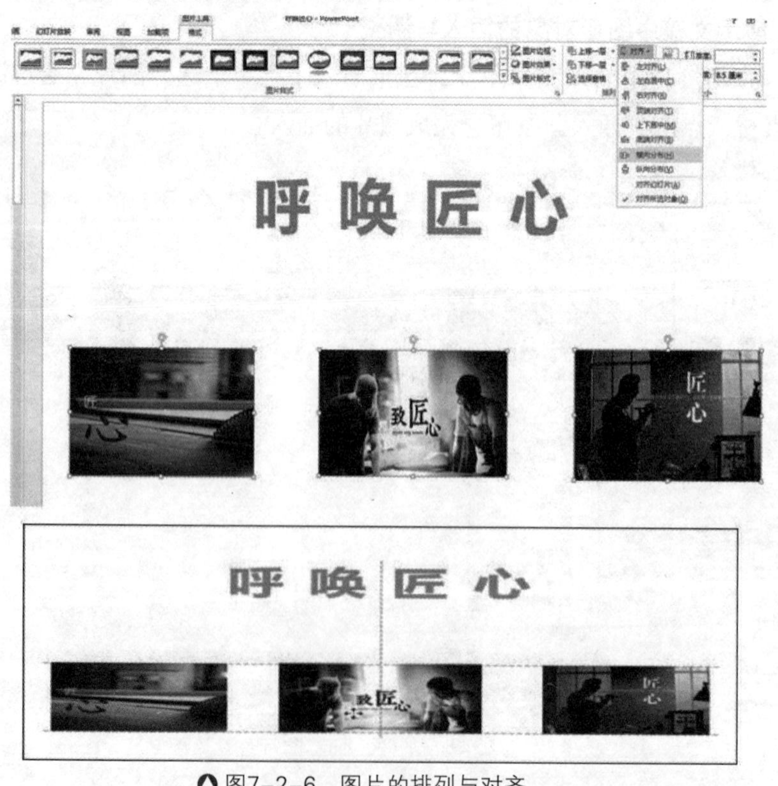

图7-2-6　图片的排列与对齐

④其他幻灯片的图片依次按照此方法输入并调整。

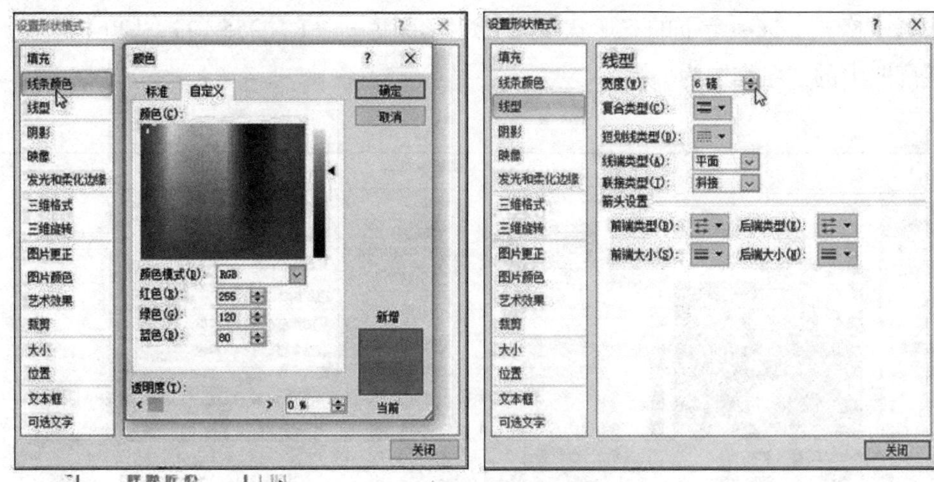

△图7-2-7　运用删除背景进行图片抠图处理

Step 3　演示文稿中形状的插入和格式化

PowerPoint 2016提供了功能齐全的插图功能，配有形状、图形、图表的幻灯片不仅能使演示文稿的内容更易理解，还可以是内容在演示文稿中得到最佳体现，从而创建出一流的演示文稿。

以在第一张幻灯片中绘制弧线为例：

①选择【插入】选项卡中的【形状】，点击“基本形状”中的“空心弧”。

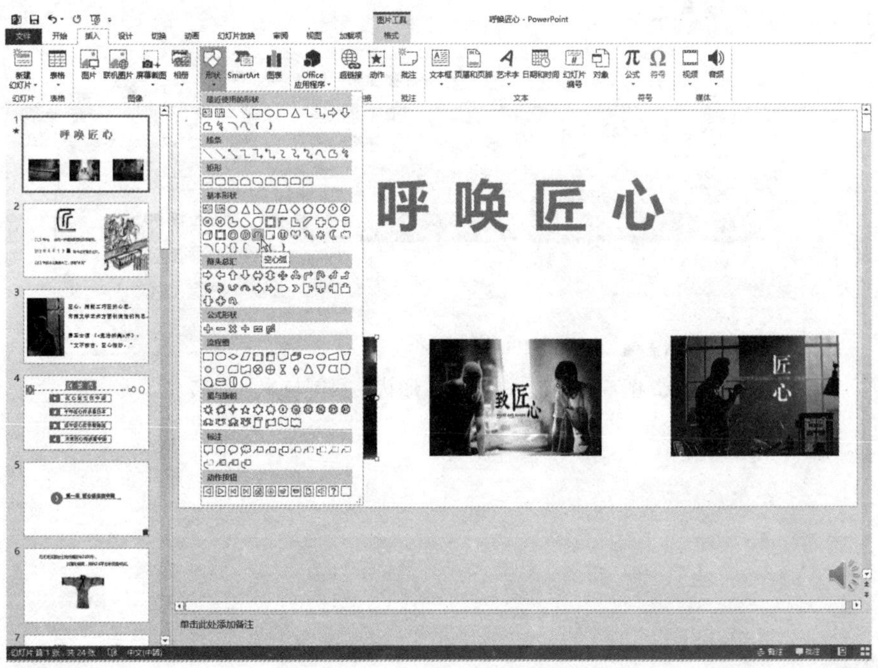

△图7-2-8　选择插入的形状样式

②绘制弧线并调整角度和尺寸。

③设置【格式】选项卡下的“形状填充”RGB颜色——R（255）G（120）B（80），“形状轮廓”中的“粗细”为6磅。

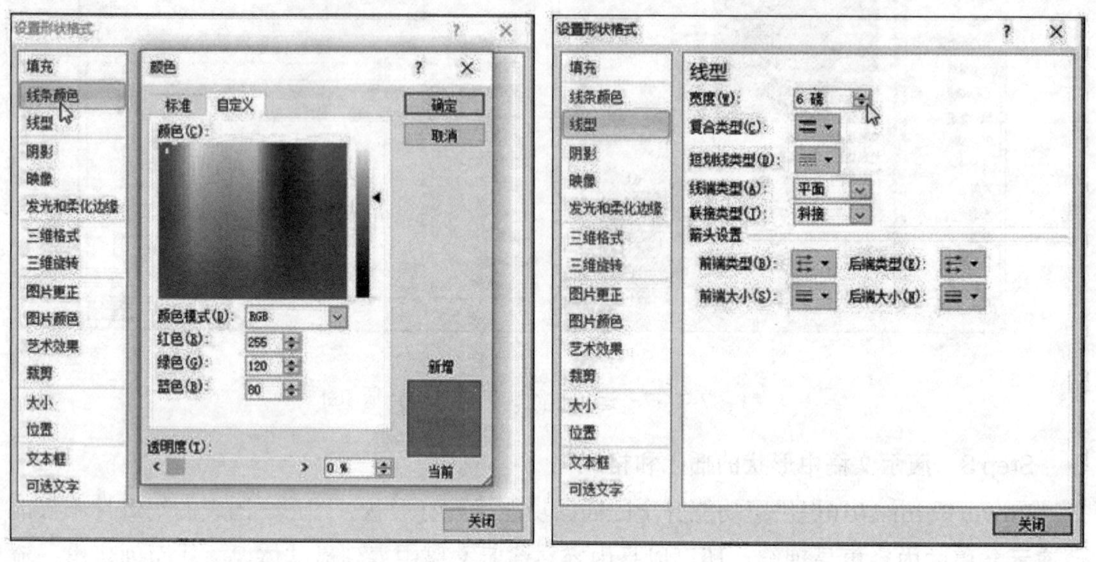

图7-2-9　编辑插入的形状

④复制弧线，并选择【格式】选项卡下的“旋转”项对其“水平旋转”。

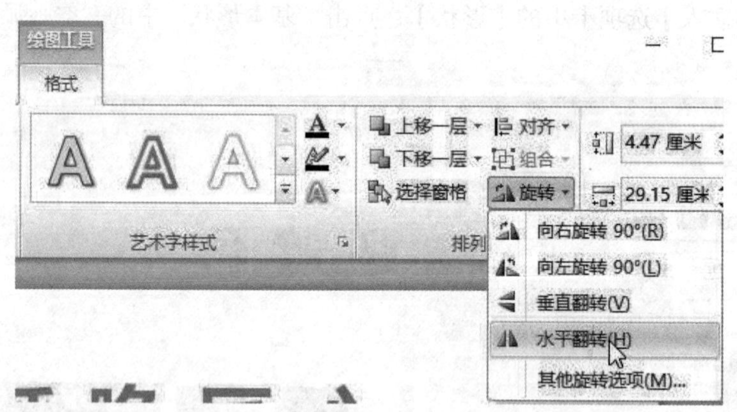

图7-2-10　编辑插入形状的复制与水平旋转

⑤选择两条弧线，单击鼠标右键，在弹出的下拉菜单中选择“组合”。

⑥组合后复制并垂直旋转，调整位置如图7-2-11所示。

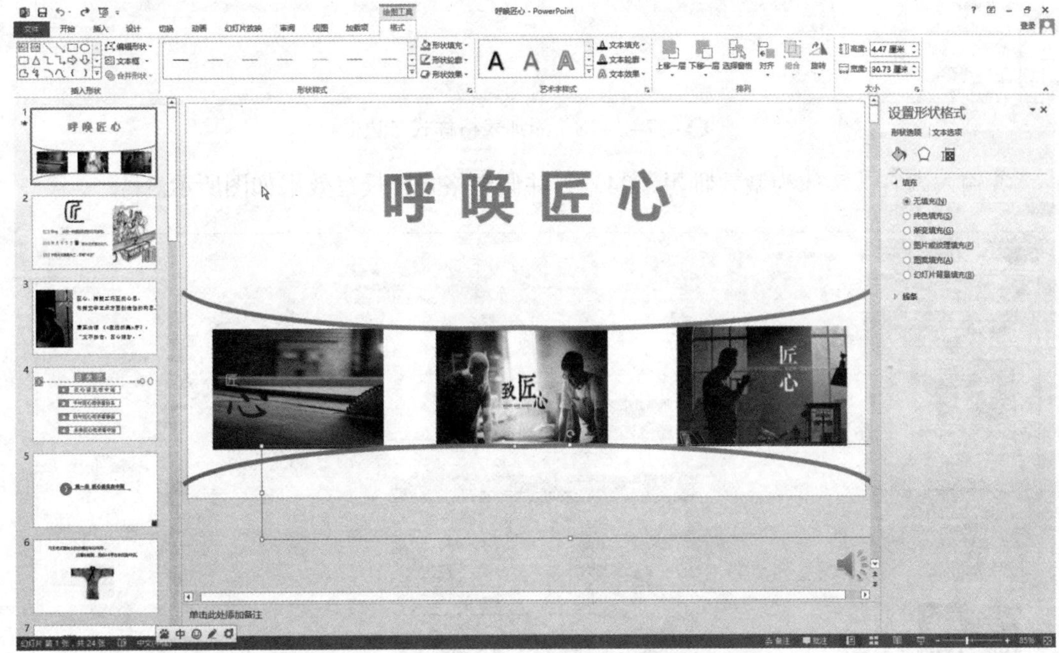

图7-2-11　编辑插入形状的复制与垂直旋转

⑦其他幻灯片的形状根据具体需要依次按照此方法输入和调整。

Step 4　演示文稿中表格插入和格式化

以第20张幻灯片的表格为例：

①在【插入】选项卡中选择【表格】按钮，在下拉列表中选择3列8行的单元格；

图7-2-12　选择插入3行8列的表格

②设置“表格样式”为“中度强调 样式2”，并加上所有框线。

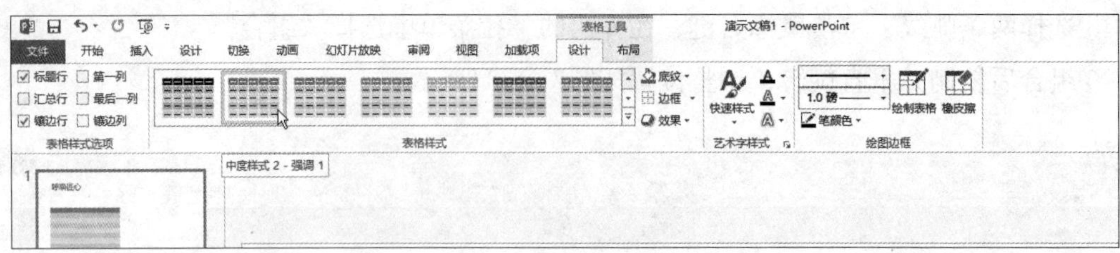

△图7-2-13　添加表格样式与边框

③输入内容，字体为微软雅黑，24号，并调整格式，最终效果如图所示。

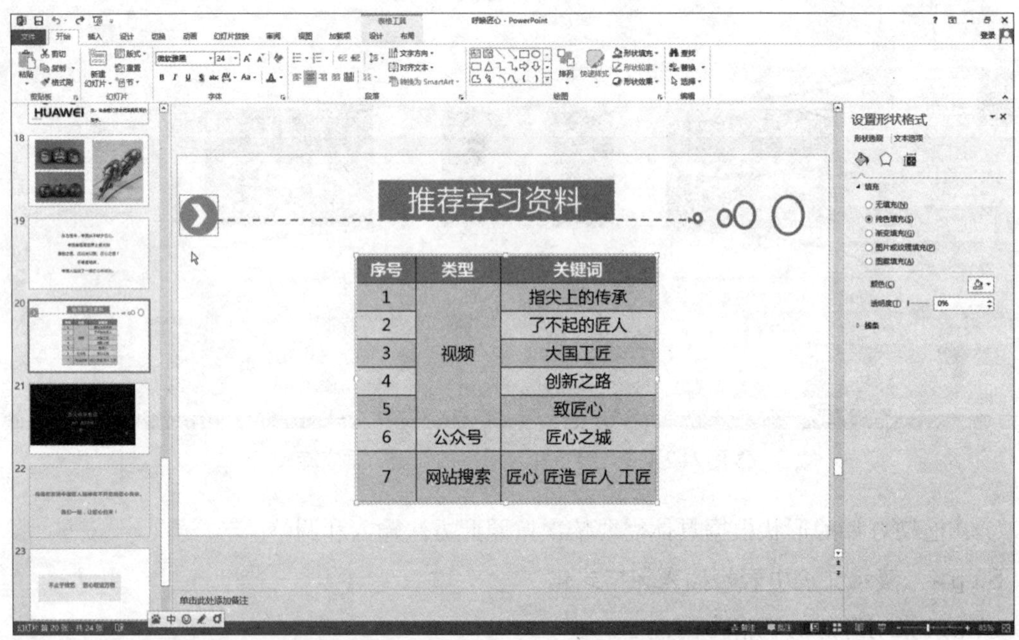

△图7-2-14　输入内容并调整字体格式

④其他幻灯片的表格根据具体需要依次按照此方法插入和调整。

Step 5　演示文稿中音频对象的插入

①点击选择进入演讲文稿首页幻灯片。

②选择【插入】选项卡中的【媒体】组中的“音频”下方的倒三角按钮，选择“PC上的音频”。

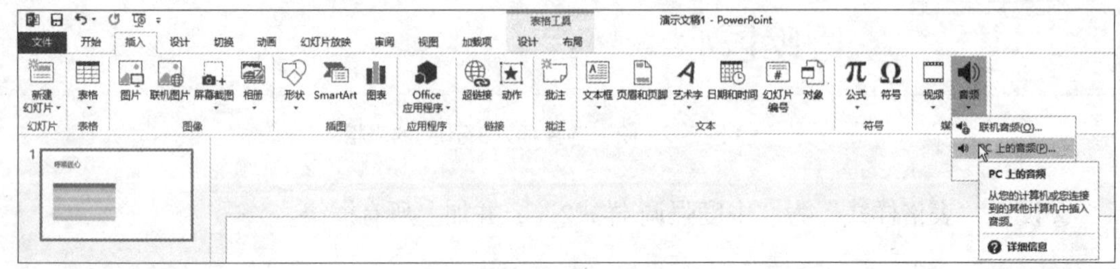

△图7-2-15　音频文件的插入

③弹出“插入音频”对话框，如图所示。选择音频文件“高山流水”，单击“插入”按钮。

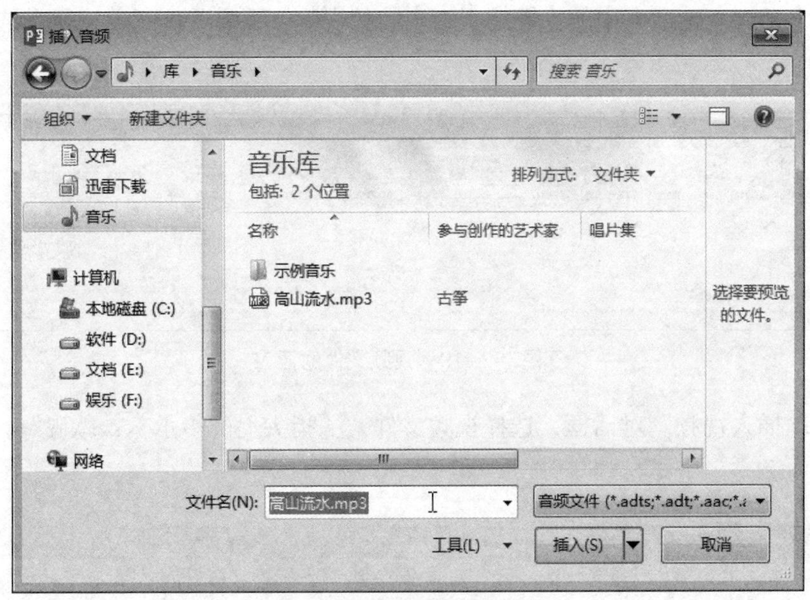

图7-2-16　音频文件的选择

④设置【音频工具】各选项信息分别为：开始自动播放，放映时隐藏图标，循环播放至幻灯片尾。

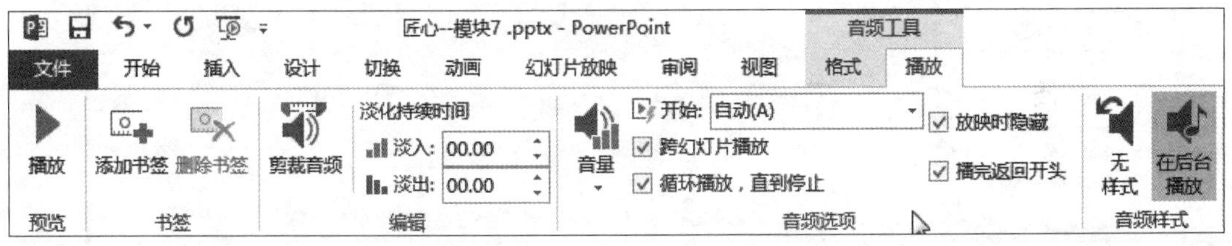

图7-2-17　音频文件的播放设置

操作提示

PowerPoint 2016允许学习者自行录制音频，可在“音频”菜单中选择录制音频命令。

图7-2-18　录制音频文件的应用

⑤其他幻灯片的音频根据具体需要依次按照此方法插入和调整。

Step 6　演示文稿中视频对象的插入

①选择【插入】选项卡中的【媒体】组中的“视频”下方的倒三角按钮，选择“PC上的视频”。

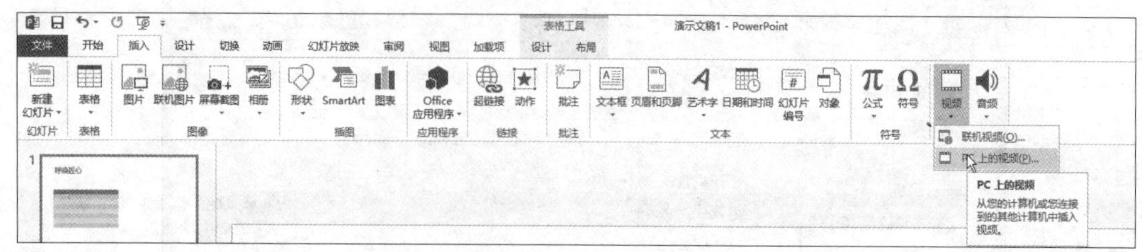

图7-2-19　视频文件的插入

②弹出“插入视频”对话框，选择视频文件“《指尖上的传承》：歙砚”，单击“插入”按钮。

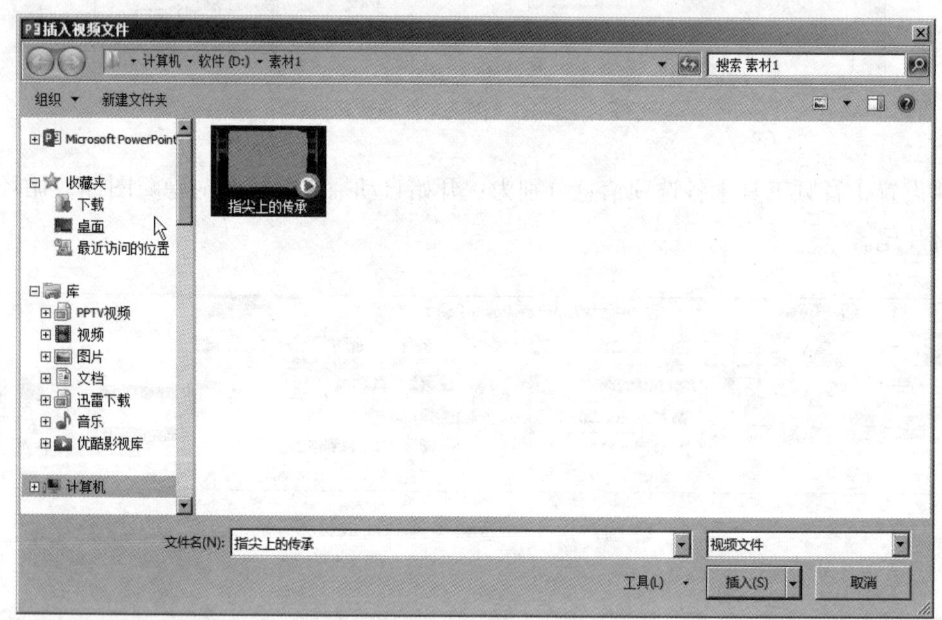

图7-2-20　视频文件的选择

③如果文件较大，可能会出现如下提示，请稍等片刻。

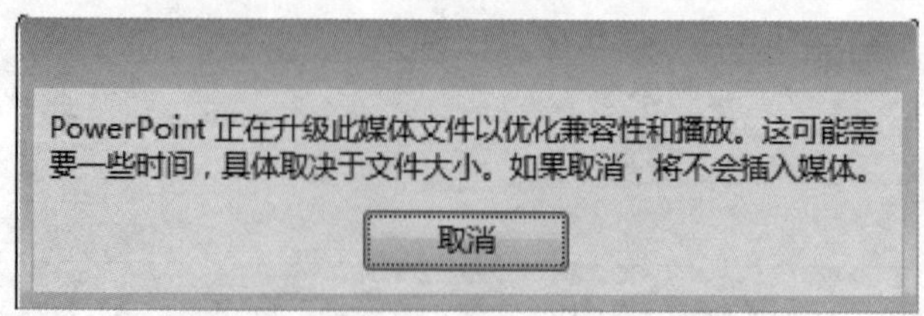

图7-2-21　视频文件过大的对话框

④视频插入成功后，可以根据需要进行播放设置，这包括设置视频文件的播放和停止、对视频文件进行剪辑、设置视频的淡入淡出特效，如果需要全屏播放或者循环播放时，可对相应的复选框进行勾选，效果如图7-2-22所示。

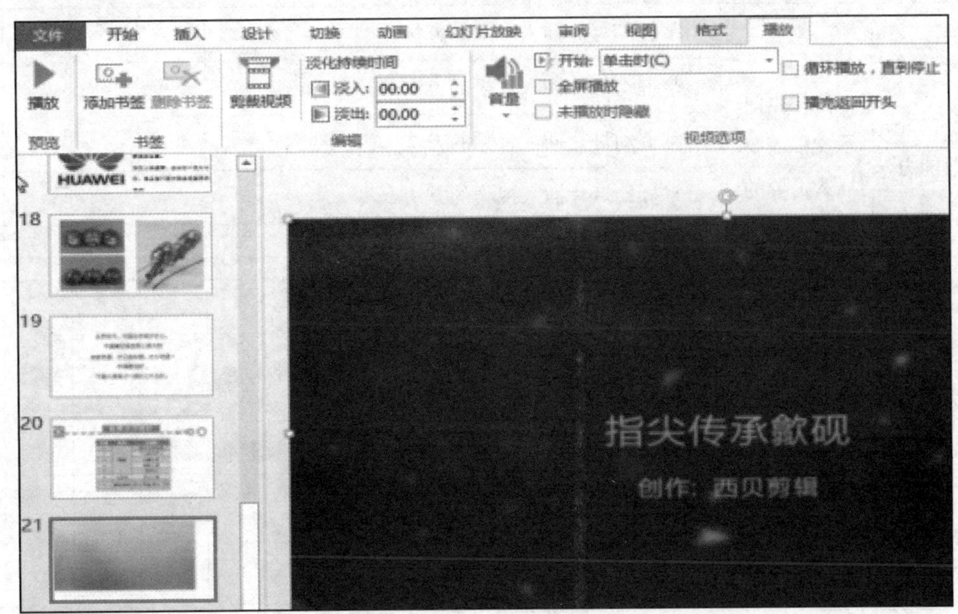

图7-2-22　视频文件的播放设置

⑤其他幻灯片的视频根据具体需要依次按照此方法插入和调整。

该任务章节，根据已搜集的材料，在演讲文稿中加入文字、图片、表格、音频和视频文件等对象并进行合理组织，完成了“呼唤匠心”演示文稿幻灯片界面的编辑制作。

任务总结与评价

通过该阶段任务的完成，要求同学达成的目标见表7-2-1。请自我检测一下，你的自我评价等级达到优秀了吗?

表7-2-1　任务学习能力自我评价

职业能力	目　标	评价内容	评价等级			
			A	B	C	D
专业能力	能根据演示文稿需要插入需要的信息元素	了解幻灯片插入对象的要领				
		掌握幻灯片插入文本的方法				
		掌握幻灯片插入图形的方法				

（续表）

职业能力	目　标	评价内容	评价等级			
			A	B	C	D
专业能力	能根据演示文稿需要插入需要的信息元素	掌握幻灯片插入形状的方法				
		掌握幻灯片插入表格的方法				
		掌握幻灯片插入音频的方法				
		掌握幻灯片插入视频的方法				
		掌握幻灯片各对象的合理组织				
		掌握幻灯片信息的修饰美化				
方法能力	资料筛选、分类、插入和设置	能从资源中筛选、鉴别、分类并进行信息的输入和修饰美化的能力				
社会能力	团队协作沟通能力，探究学习能力	能与团队成员间互动沟通、探究学习				

拓展提高

幻灯片占位符的使用

占位符是演示文稿的基本组成单元，是指创建新幻灯片时出现的虚线方框，这些方框代表着一些特定的对象，用来放置标题及正文，或者图表、表格和图片等对象。占位符是幻灯片设计模板的主要组成元素，在占位符中添加文本及其他对象，可以方便地建立规整、美观的演示文稿。在文本占位符上单击鼠标，就可以键入或粘贴文本。如果文本大小超出了占位符的大小，会自动调整键入的字号和行间距。

幻灯片上可以通过占位符和文本框两种方式输入文字。占位符以外的位置必须在文本框中输入，没有文本框需要提前插入文本框，文本框的使用方法与Word基本相同。

任务拓展与训练

1. 编辑制作“节日文化”演示文稿。
2. 小组协作完成“职业生涯规划”的编辑美化。

任务3 设置“呼唤匠心”演示文稿

任务描述

“呼唤匠心”演示文稿幻灯片内容输入完成后，为了呈现生动活泼、富有活力的演示效果，小王需要将演讲文稿展示的信息和幻灯片切换加上相应的效果。

任务分析

完成本任务，需要掌握演示文稿各对象的动画、超级链接、动作按钮以及幻灯片切换的设置方法。

任务实施

知识点梳理

（1）动画

【动画】选项卡中有【预览】、【动画】、【高级动画】和【计时】四个功能组，如图7-3-1所示。

图7-3-1 演示文稿动画选项卡

【预览】功能组，可预览幻灯片播放时的动画效果；

【动画】功能组，可对幻灯片对象的动画效果进行设置。单击“幻灯片动画效果”右侧的下拉按钮，可在动画效果库中选择想要的动画效果，如图7-3-2所示。

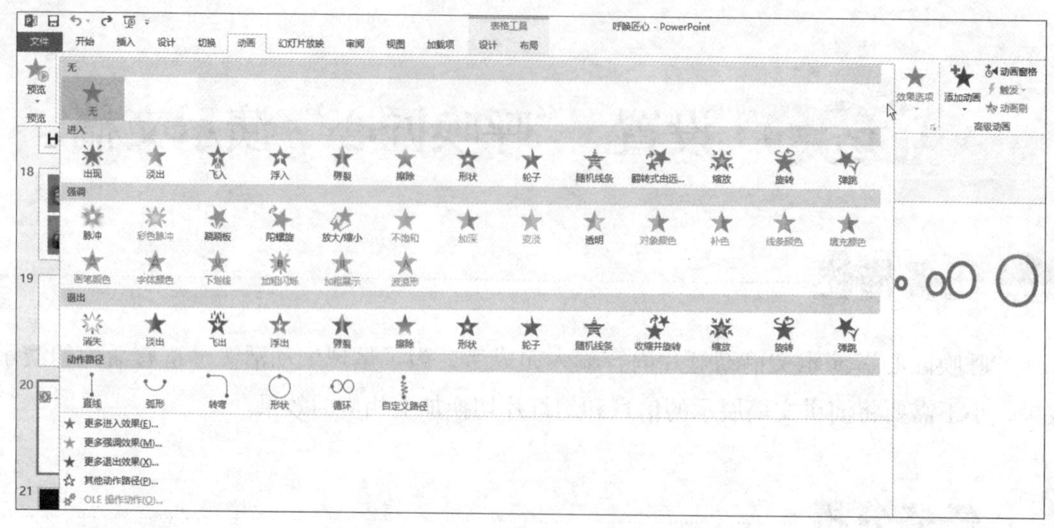

图7-3-2　演示文稿动画功能组

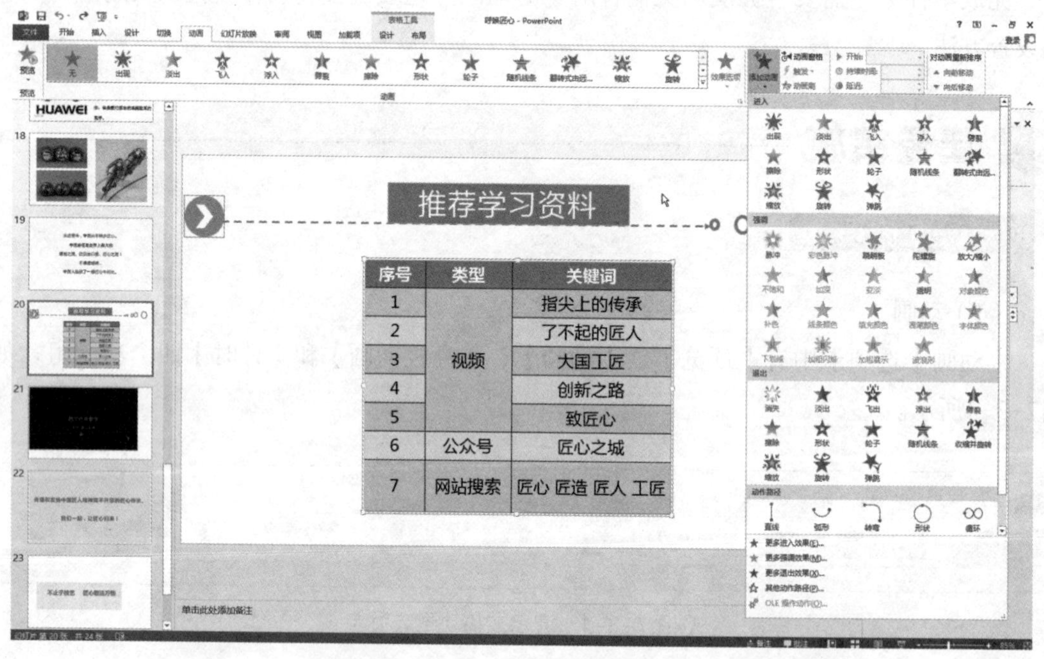

图7-3-3　演示文稿高级动画功能组

【高级动画】功能组，单击该功能中的“添加动画”，弹出进入、强调、退出和路径四个选项，如图7-3-3所示：进入效果在播放时是由“不可见到可见”；退出效果是播放时由“不可见到可见”，强调和路径效果在播放时始终处于“可见状态”。选择“更多进入效果”命令，可打开“添加进入效果”对话框，选择需要的效果。单击“动画窗格”，在动画设置的任务窗格中，对动画进行修改、移动和删除等操作。“动画刷”与“格式刷”功能类似，可以轻松快速地复制动画效果，大大方便了对同一类对象（图像、文字等）设置相同的动画效果。

【计时】功能组，可更改动画的启动方式，并对动画进行排序和计时。动画启动方式有“单击时”（通过单击鼠标开始播放动画）、“与上一动画同时”（与前面一个动画一起开始播放）和“上一动画之后”（在前面一个动画之后开始播放）等三种类型。

（2）超链接

超链接是控制演示文稿播放的一种重要手段，可以在播放时实时地以顺序或定位方式“自动跳转”。用户在制作演示文稿时预先为幻灯片对象创建超链接，并将连接的目的位置指向其他地方——演示文稿内指定的幻灯片、另一个演示文稿、某个应用程序、甚至某个网络资源地址。

超链接本身可能是文本或其他对象，例如图片、表格、结构图等。使用超链接可以制作具有交互功能的演示文稿。用户可以根据自己的需要单击某个超链接，进行内容的跳转。

Step 1　设置演示文稿幻灯片的动画效果

动画效果的设置，以“呼唤匠心”演示文稿封面幻灯片的设置为例：

①打开第一张幻灯片，选择“呼唤匠心”文本框。

②选择【动画】选项卡下的【添加动画】，如图7-3-4所示。

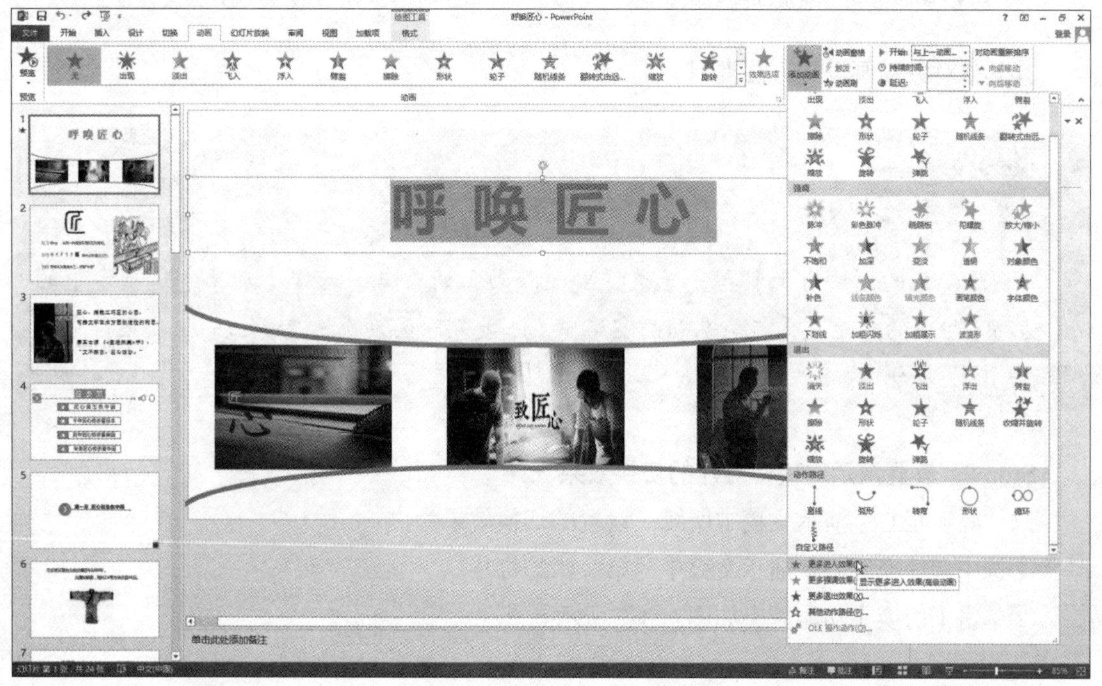

图7-3-4　添加动画菜单

③选择“更多进入动画效果项”中的“缩放”项，如图7-3-5所示。

④设置“缩放”的效果为“作为一个对象”“与上一动画同时”开始，并持续2秒钟，如图7-3-6所示。

图7-3-5　缩放动画效果添加

图7-3-6　缩放动画效果属性设置

⑤其他对象动画设置方法类似。

操作提示

删除动画

删除动画的方法有两种：一是选择要删除动画的对象，选择【动画】选项卡中的【动画】组中的“无”，二是在动画窗格中右击要删除的动画，在弹出的快捷菜单中选择“删除”命令。

Step 2　设置演示文稿幻灯片的切换效果

以“呼唤匠心”演示文稿中所统一设置的切换效果为例：

①选中“呼唤匠心”演示文稿中的第一张幻灯片。

②单击【切换】功能区，如图7-3-7所示。

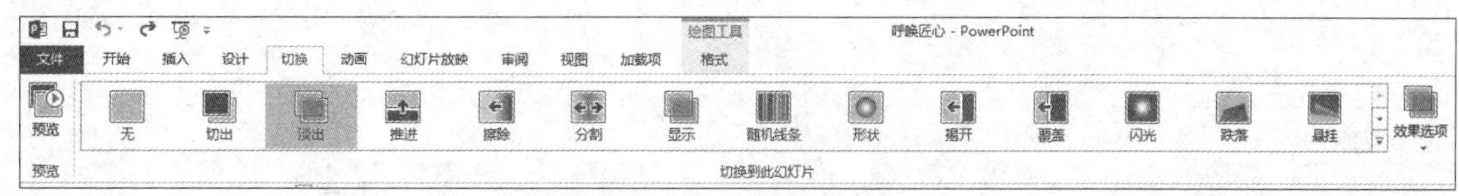

图7-3-7　演示文稿切换功能区

③选择【切换】选项卡【切换到此幻灯片】组中的“淡出”项；如果要查看更多的切换效果，单击 按钮，可以查看所有切换效果，如图7-3-8所示。

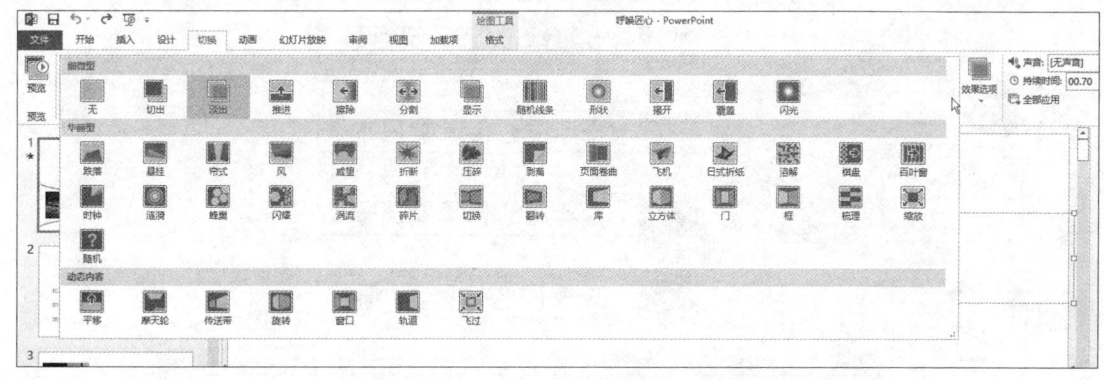

图7-3-8　更多的切换效果的查看

④在【切换】功能区的【计时】选项组中设置相关切换要素的属性，如图7-3-9所示效果。

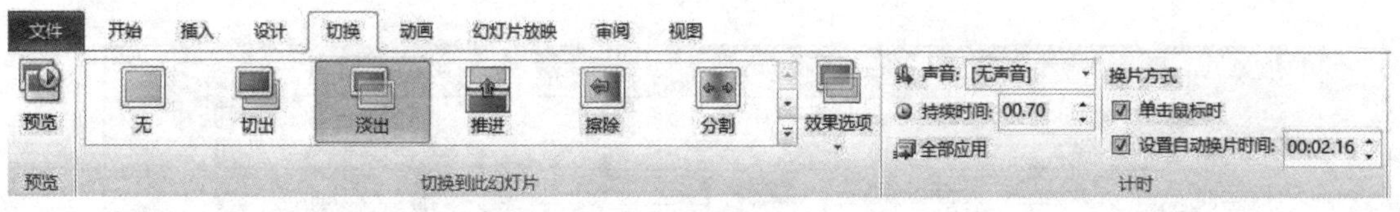

图7-3-9　更多的切换效果的查看

⑤设置幻灯片切换为“淡出”，并全部应用于所有幻灯片。

⑥设置封面和封底幻灯片切换的换片方式为“单击鼠标时”。

Step 3　设置演示文稿幻灯片的超级链接

以第四张目录页幻灯片超级链接到相应幻灯片页面为例。

①选中目录页幻灯片要设置超链接的对象“匠心诞生在中国”，在【插入】选项卡【链接】组中选择“超链接”选项。

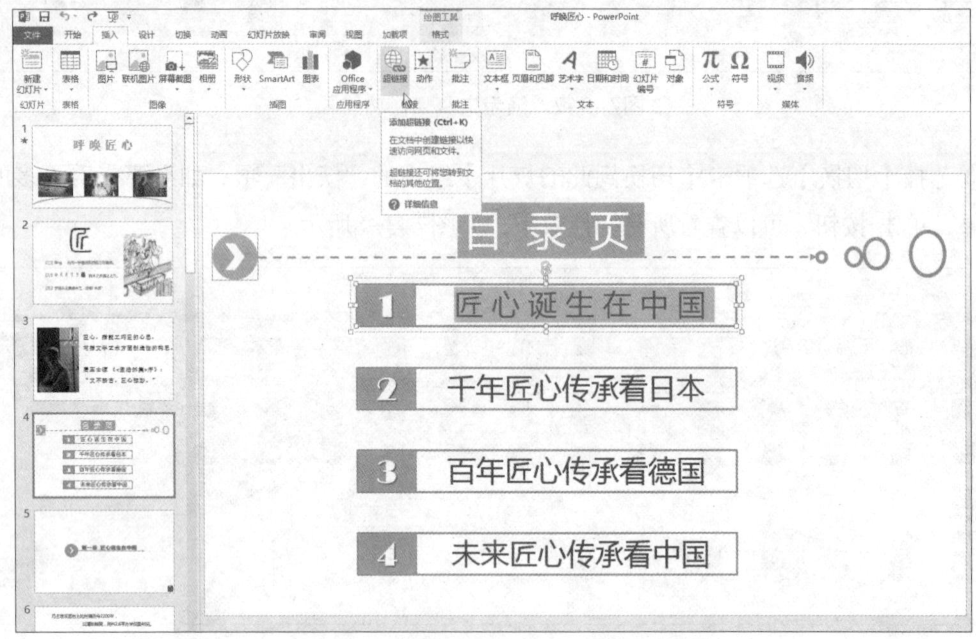

图7-3-10　链接对象的选择

②在“插入超链接”选项卡中选择对应的超链接内容为“本文档中的位置”项，在右侧的窗格选择需要的幻灯片，然后确定，完成超级链接的操作。

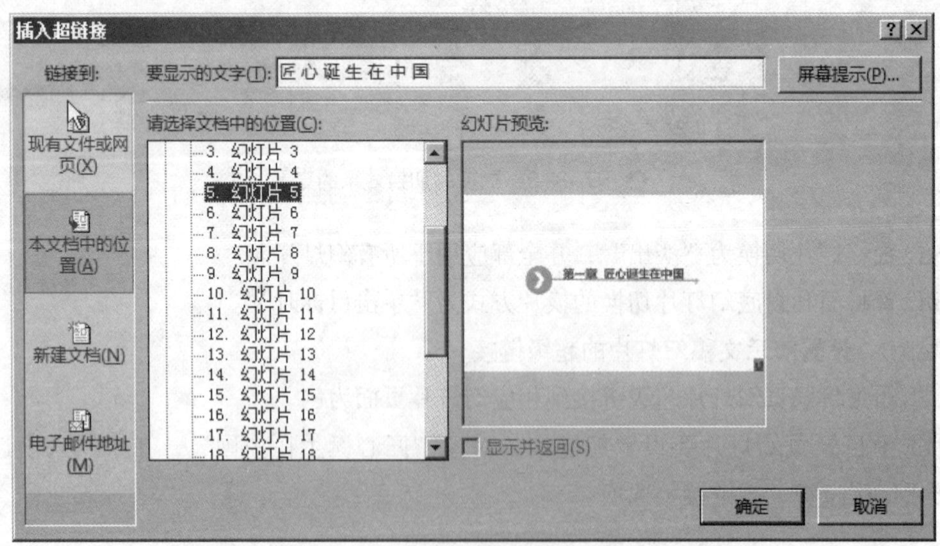

图7-3-11　链接演示文稿幻灯片的选择

③该目录幻灯片的其他各项的超级链接以此法设置即可。

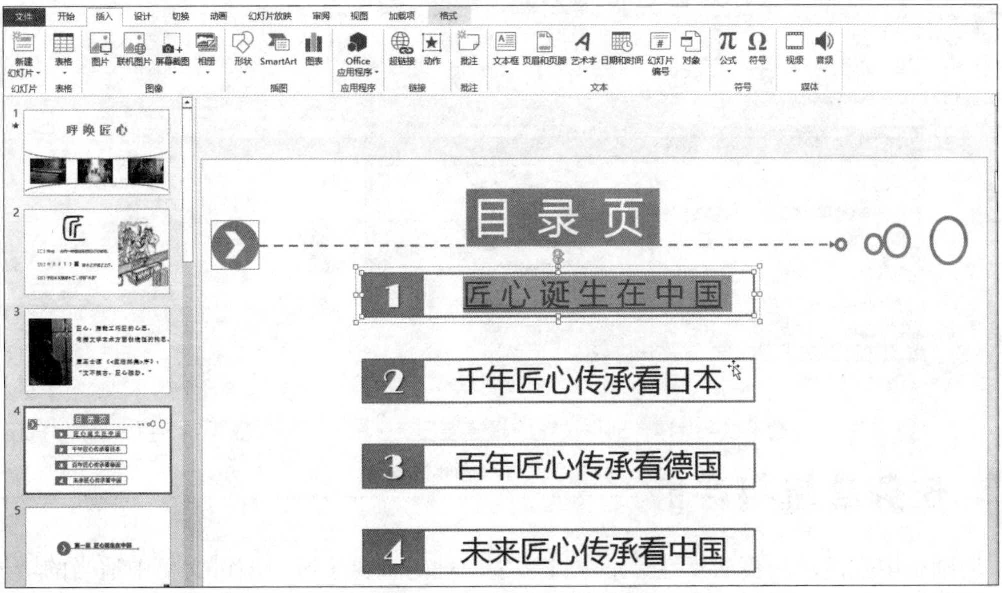

图7-3-12 演示文稿幻灯片超链接完成

Step 4 设置演示文稿幻灯片的动作按钮

以给演讲文稿第五页幻灯片设置返回动作按钮为例。

①单击【插入】选项中的【形状】下方的倒三角按钮，从弹出的下拉菜单中选择“动作按钮”组内的按钮，如图7-3-13所示。

②选定动作按钮，拖动鼠标在合适的位置上画出按钮形状，接着会自动弹出“操作设置”对话框，选择“超链接”项下的“幻灯片4”然后单击“确定”按钮。如图7-3-14所示。

③设置动作按钮的形状格式如图7-3-15所示，可以对动作按钮的填充、线条、大小、位置、三维格式等进行设置。

④其他动作按钮的设置按照此法。

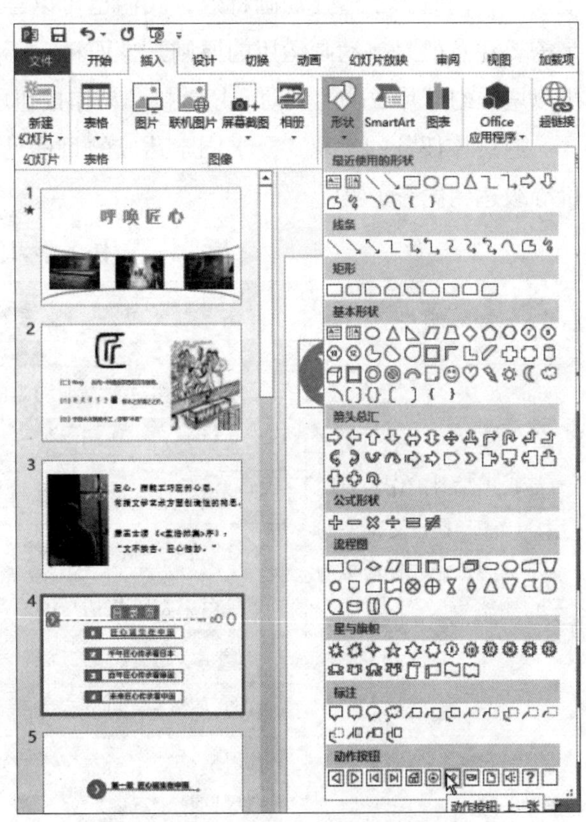

图7-3-13 设置动作按钮

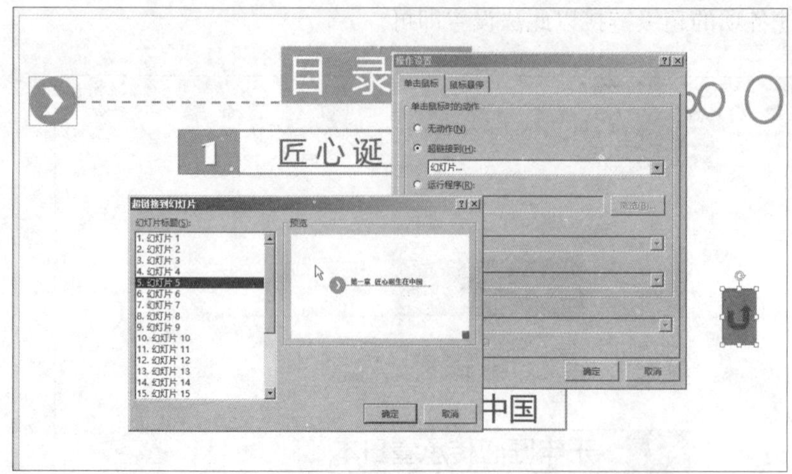

△ 图7-3-14　动作按钮的超链接设置

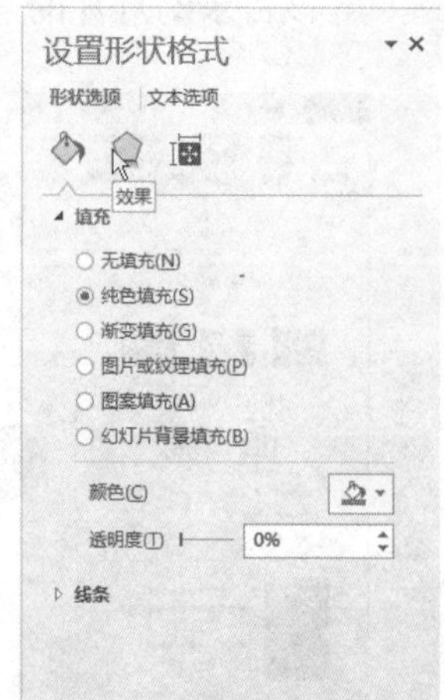

△ 图7-3-15　动作按钮的美化

任务总结与评价

动画是增强演示文稿交互性、形象性、生动性的重要手段，演讲文稿中适当的增加动画设置可大大提升表现力和感染力。恰当合理的动画效果呈现需要我们巧妙地组合和精心地设计，同时为了增强动画特效，我们也可以尝试使用触发器来对动画对象加以控制。但是需要注意的是，动画运用的原则是少而精，不能太花哨。此外，设置幻灯片的切换效果可以增强幻灯片放映的灵动。超链接和动作按钮可实现演示文稿的交互功能。

通过该任务的实现，要求同学达成的目标见表7-3-1。请自我检测一下，你的自我评价等级达到优秀了吗？

表7-3-1　任务学习能力自我评价

学习目标	评价内容	评价等级			
		A	B	C	D
能根据学习工作需要使用动画和切换设置动态的演示文稿，能实现简单的交互功能	了解幻灯片对象添加动画的要领				
	了解设置幻灯片切换效果的要领				
	掌握进入、强调和退出动画的设置				
	了解路径动画的设置设法				
	掌握设置幻灯片切换的方法				
	掌握插入超链接的方法				
	掌握动作按钮的设置方法				
资料筛选、分类、插入和设置	具有灵活运用动态、交互功能对演示文稿各元素进行设置调整的能力				
团队协作的沟通能力，探究学习能力	能与团队成员互动沟通、探究学习				

任务拓展与训练

1. 为“节日文化”设置动态交互效果。

2. 小组协作完成“职业生涯规划”中动态交互效果。

任务4　展示分享“呼唤匠心”演示文稿

任务描述

演讲比赛不仅需要展示作品，还有一个网上投票环节，因而小王的参赛作品，不仅要做得漂亮还需展示的精彩，更要能吸引别人的注意。为了在网络投票时达到超人气的票数，小王打算要再来个朋友圈分享，听取朋友们的意见以完善演讲文稿。

任务分析

演示文稿有三种放映方式，展示者需要依据需要来选择适合的方式。现代的年轻人喜欢在网上分享自己的一些小“得意”，一件新衣，一顿美食，都要在朋友圈里“炫”一下。演示文稿按常规是不能在朋友圈播放演示，不过条条大路通罗马。PowerPoint 2016可以将演示文稿转换为视频，视频文件可以网上发布，发布的视频就可以在朋友圈分享了。

任务实施

知识点梳理

（1）演示文稿放映方式

演示文稿的放映应依据不同场合，选择恰当的放映方式，具体如下：

表7-4-1　三种幻灯片放映方式特点比较

放映类型	显示区域	放映特点	适合场合
演讲者放映	全屏幕	演讲者具有完整的控制权，播放时可暂停、添加说明、可以录制旁白	会议、教学
观众自行浏览	窗口	允许观众控制放映，可提供移动、复制、删除命令	小规模演示
展台浏览	全屏幕	自动循环播放，只能观看，不能控制	无人看管

（2）演示文稿放映顺序的三种方式

①单击演示文稿窗口左下角的“ ”按钮，开始播放当前幻灯片。

②单击【幻灯片放映】下的“从头开始”命令，或键盘上的【F5】键，演示文稿将从第一张幻灯片开始播放。

③单击【幻灯片放映】下的“从当前幻灯片开始”命令，或键盘上的【Shift+F5】键，演示文稿将从当前幻灯片开始播放。

（3）使用“排练计时”以获得最佳播放时间的方法

①单击【幻灯片放映】选项卡的【排练计时】命令，进入“排练计时”状态，单张幻灯片放映所好用的时间和文稿放映所耗用的总时间显示在“录制”对话框中。

②手动播放一遍文稿，并利用“录制”对话框中的“暂停”、“重复”和“播放”等按钮控制排练计时过程，并获得最佳的播放时间。

③播放结束后，关闭“录制”对话框，系统会弹出一个提示是否保存计时结果的对话框，单击“是”按钮即可。

Step 1　演示文稿展示——幻灯片放映方式的设置

①选择【幻灯片放映】选下卡中的【幻灯片自定义放映】右侧的下拉按钮，弹出“自定义放映”对话框。

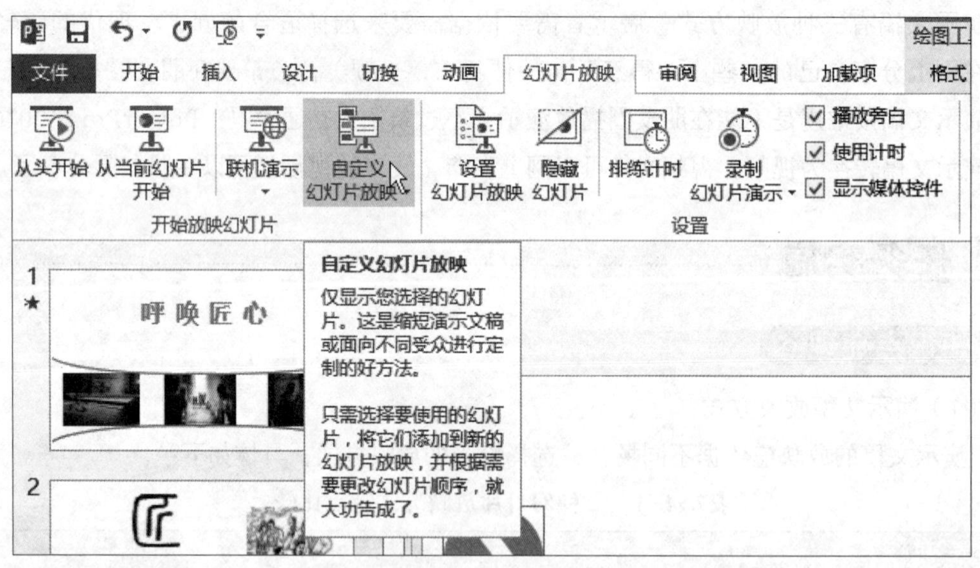

图7-4-1　选择幻灯片放映按钮

② 在“定义自定义放映”对话框中，在列表中按住【Ctrl】建的同时选择自定义放映的幻灯片，然后添加，效果如图7-4-2所示。

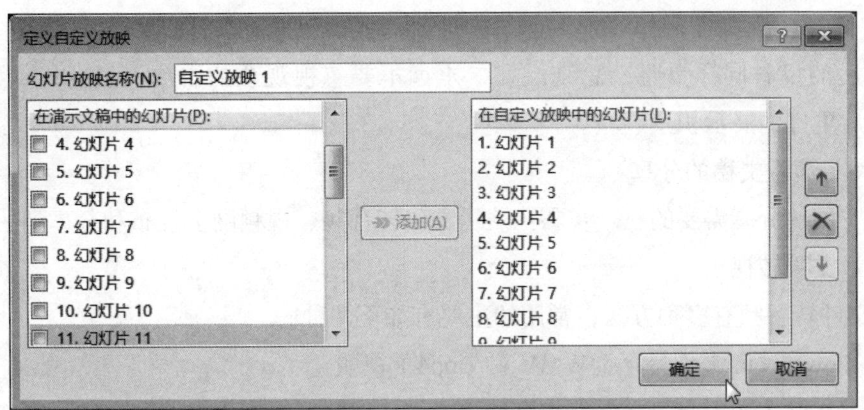

图7-4-2　选择需要放映的幻灯片

③选择“设置放映方式”中的“演讲放映”，如图7-4-3所示。

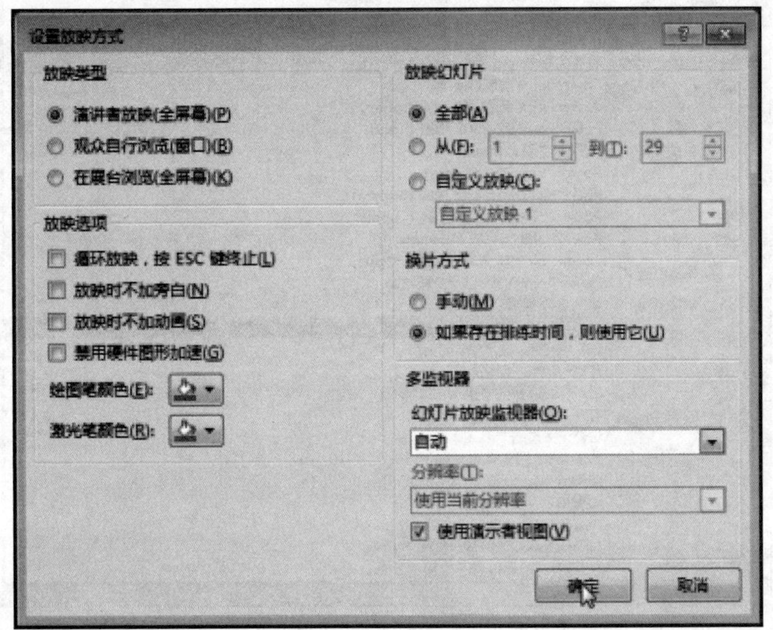

图7-4-3　选择放映方式

Step 2　**演示文稿的展示**

（1）展示前

展示前的准备不能马虎，应了解展示要求、场地状况、展示器材必要的数据指标，展示者的服装与演示文稿的外观尽量协调。

（2）展示中

展示过程既要说得漂亮也要举止得体，展示者在开始时进行必要的暖场陈述；展示过程中身体语言要放松、自信、肯定；声音要抑扬顿挫、口齿清楚；面向观众演讲时切忌盯着电脑或屏幕投影；明确简洁地回答问题；准确把握时间。

（3）展示后

展示后的反省同样重要，总结反省，永远不要忽视观众的看法。发扬优点，改进不足，为以后更好的展示积累经验。

Step 3　演示文稿的分享

演示文稿的分享需要的三个步骤：演示文稿转视频、视频网上发布和分享到朋友圈。

1. 演示文稿转视频

PPT文件转视频有多种方法，常用的主要有如下两种。

（1）PowerPoint文件另存为WMV（或mp4）视频

选择【文件】选项卡，在保存类型中选择“Windows Media视频”（或“MPEG-4视频”），确定即可另存为WMV视频（或mp4视频）文件，如图7-4-4所示。

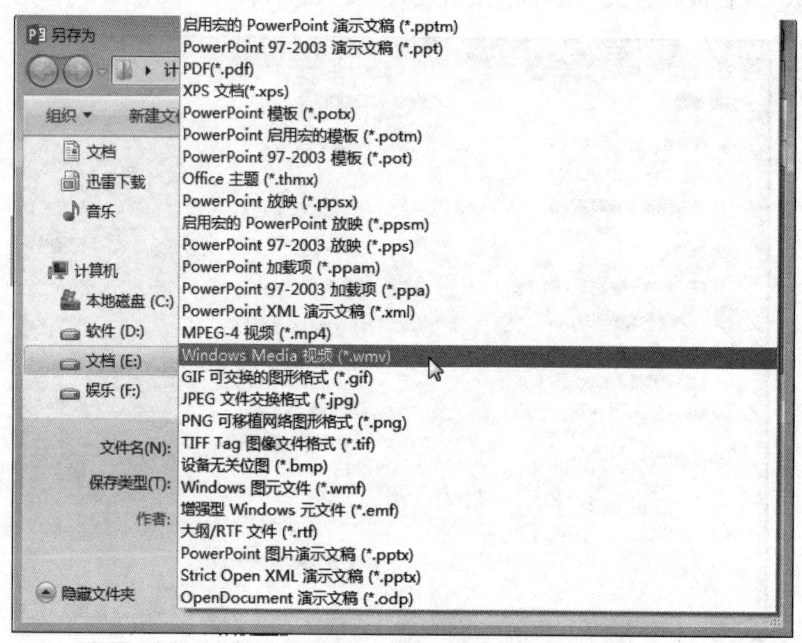

图7-4-4　将PowerPoint文件另存为WMV视频

该方法简单易行，缺点是每一页幻灯片分配的时间一样，复杂动画效果的幻灯片每一效果分配的时间就会短一些。

（2）录制演示文稿播放过程生成视频

①选择【幻灯片放映】选项卡下的【录制幻灯片演示】下的“头开始录制”，如图7-4-5所示。

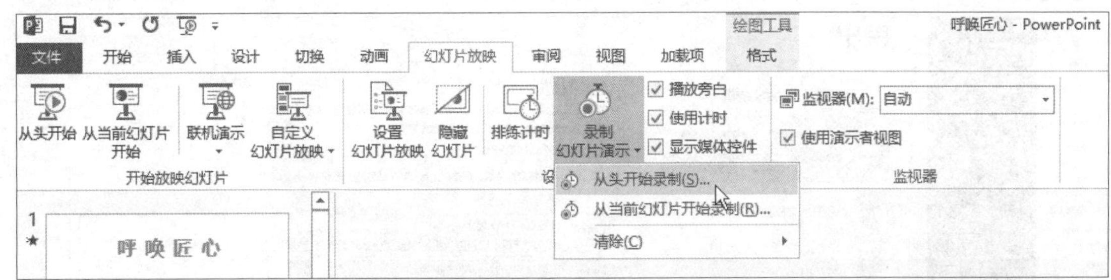

图7-4-5　从头开始录制幻灯片演示

②在弹出的“录制幻灯片演示”对话框中单击开始录制，如图7-4-6所示。

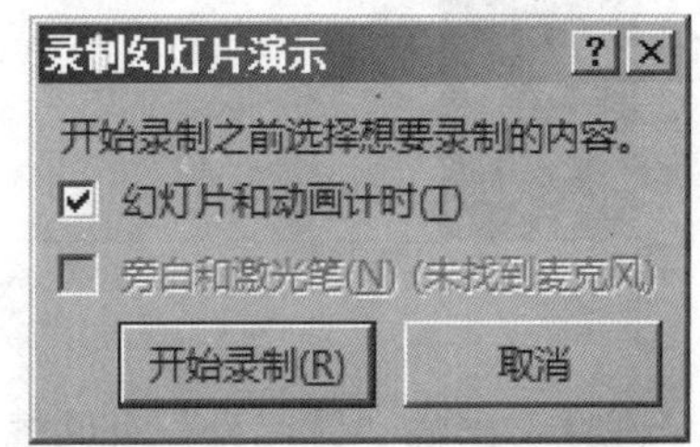

图7-4-6　“录制幻灯片演示”对话框

③进入幻灯片播放界面，在左上角会出现计时对话框，点击左上角框中的下一个按钮可以切换幻灯片以及幻灯片的动画效果，录制完成后，会自动退出放映界面，进入大纲视图，此时每张幻灯片的左下角会出现刚才录制时记录的时间。

图7-4-7　录制幻灯片演示过程

④切换回【文件】选项卡，在左侧选择“导出”按钮，在右边选择“创建视频”，单击右侧的“创建视频”，如图7-4-8所示。

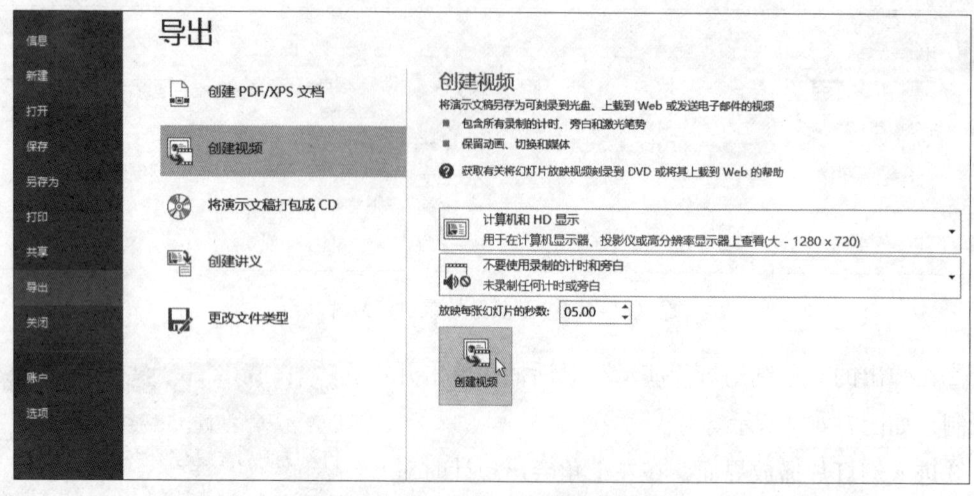

图7-4-8　创建视频对话框

⑤在弹出的“另存为”对话框中选择视频保存位置，输入视频名称并单击保存。

该方法可录制演示文稿的所有播放过程，播放过程的旁白、计时、激光笔等信息均可以录制，而且还可以控制每个效果的播放时间。该方法也适用演示前的预演，可以按需录制，灵活多变，操作起来相对复杂。

知识卡片

录屏软件

狸窝PPT转换器和集屏幕录像与视频编辑于一身的Camtasia Studio录屏软件都非常好用。感兴趣的读者可以试一下。辅助软件功能强大、转换视频类型多、耗时短，但是需要下载安装再学习。

2. 视频网上发布

视频上传以腾讯视频http://v.qq.com/为例，操作步骤为：

①登陆“腾讯视频”官网。

②上传视频。

③补充上传视频的信息。

④补充信息后等待审核，审核之后生成了一个网络链接，就可以在网上欣赏视频了。

3. 将PowerPoint转化视频分享到朋友圈

①腾讯视频播放的左下角点击分享，在弹出的分享选项中选择微信图标，根据需要选择分享。

②直接在微信中分享：打开微信，查看网上发布的视频，将演示文稿转换的视频分享到朋友圈。

任务总结与评价

演示文稿不仅要做得漂亮，还应该能够进行有效的展示与分享。通过该任务的实现，要求同学达成的目标见表7-4-2。请同学们自我检测一下，你的自我评价等级达到优秀了吗？

表7-4-2　能力自我评价

学习目标	评价内容	评价等级			
		A	B	C	D
能根据学习工作需要使用动画和切换设置动态的演示文稿，能实现简单的交互功能	了解演示文稿的放映方式				
	掌握演讲者循环放映方式				
	了解演示文稿展示原则				
	掌握演讲者展示方式方法和技巧				
	掌握演示文稿转视频的方法				
	掌握视频上传网络的方法				
	掌握朋友圈分享的方法				
活学活用的能力	具有举一反三、融会贯通的能力				
团队协作沟通的能力，探究学习的能力	能与团队成员间互动沟通、探究学习				

拓展提高

信息展示交流中的拓展应用

“呼唤匠心”演示文稿的成功创作不仅让小王在演讲中取得了优异的成绩，而且他在制作过程中发现了思维导图在资源整理、素材搜集和构思设计交流上的灵活性，主题网站所具有的资源丰富性和手机APP的便捷性。多元性的信息展示交流方式引发了他的深入思考，于是他决定进一步探索多样化的信息交流和展示方式。此部分重点介绍思维导图在信息展示交流中的应用，主题网站和手机APP的展示方式，感兴趣的同学建议自主学习。

思维导图也称脑图、心智地图，是一种将放射性思考具体化展示的图像式思维以及利用图像式思考辅助交流展示的工具。思维导图能运用图文并重的技巧，把各主题间的关系用相互隶属的层级图表现出来，把主题关键词与图像、颜色等建立起链接，充分利用左右脑的机能以及记忆、阅读和思维的规律，协助人们在科学与艺术、逻辑与想象之间平衡发展，从而实现更好地展示与交流。

目前常用的思维导图软件有Inspiration、MindManager、Xmind和Freemind等，其中MindManager是一款功能强大，内容全面的思维导图软件，也是在中国知名度最高的软件，拥有数量庞大的用户群，且多为知名企业、大型公司、教育行业及对思维导图有兴趣的人群。在文件输出和导入上能与Microsoft Office完美兼容，支持云分享（基于Mindjet可以将导图进行分享）、多用户同步编辑（在线共同编辑），应用平台包含电脑终端和移动终端。

下面以“呼唤匠心”演讲文稿制作思路为例，制作思维导图以进行同伴间的展示交流。

①新建“呼唤匠心”思维导图，选择【文件】菜单下的【新建】命令，在右侧的“空白模板”中选择“放射状导图”，图如7-4-9所示。

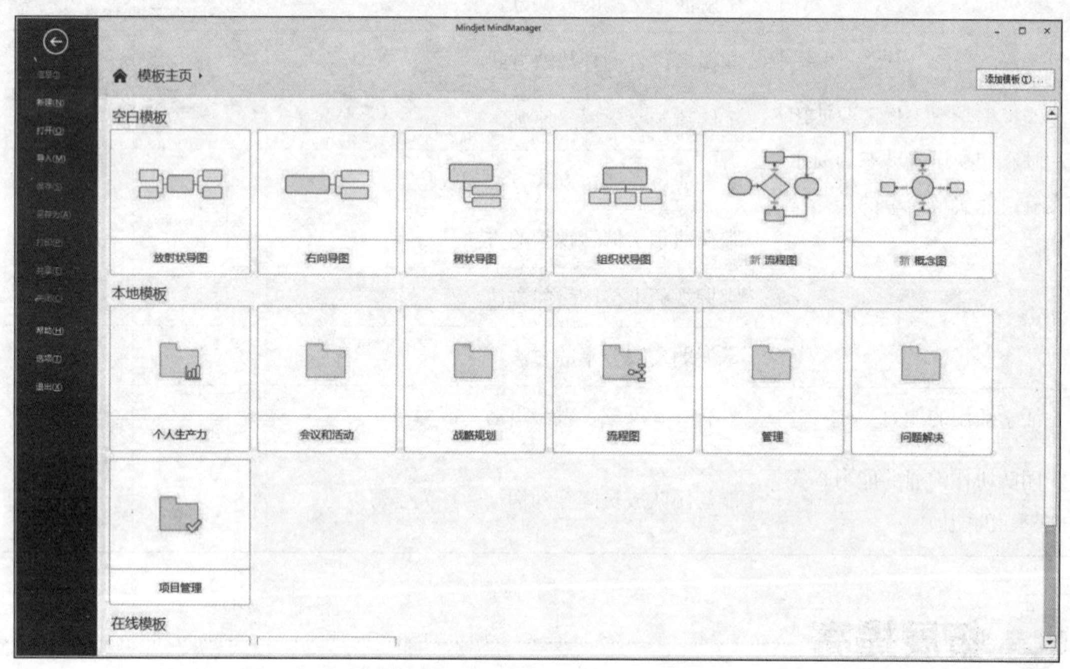

图7-4-9　思维导图的新建

②将生成的“放射状导图”的“中心关键词”改为演讲文稿主题“呼唤匠心”。

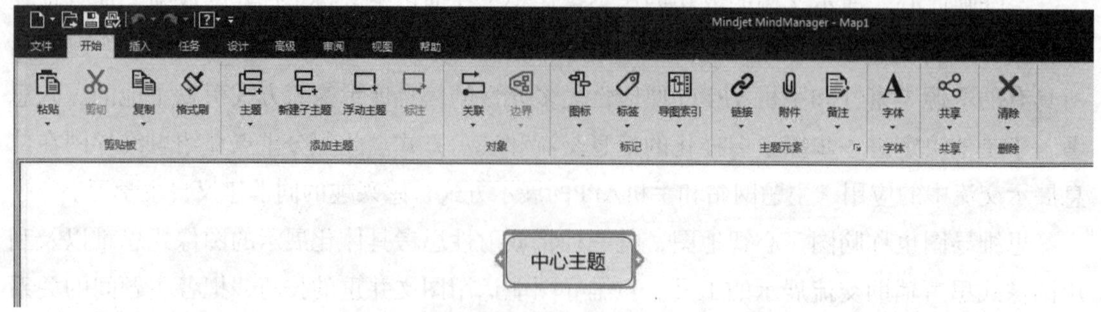

图7-4-10　思维导图中心关键词的编辑

③插入子主题。选中“呼唤匠心”主题，按Insert键或点击【开始】菜单的“插入子主题”命令或“右键”→“插入”→“子主题”，即可生成一个子主题。按Delete键即可删除该子主题，如图7-4-11所示。

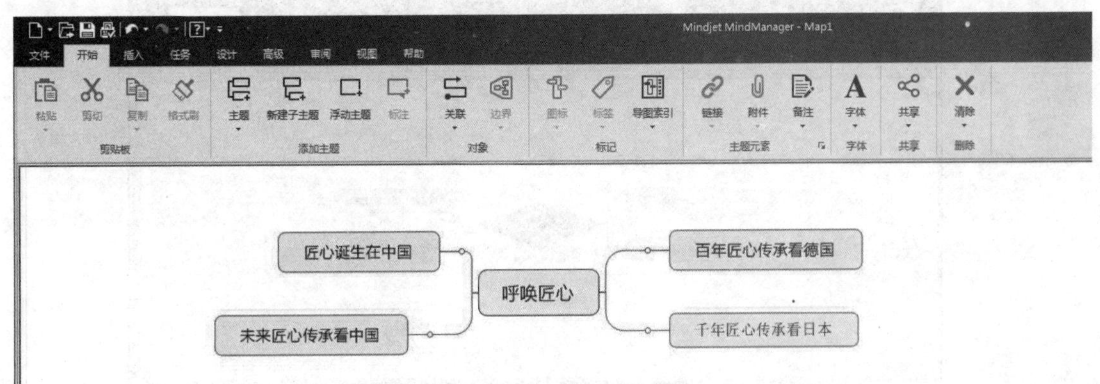

图7-4-11 思维导图子主题的插入

④同样方法为每个子主题插入二级子主题，并通过点击链接节点实现二级子主题信息的展示，如图7-4-12所示。

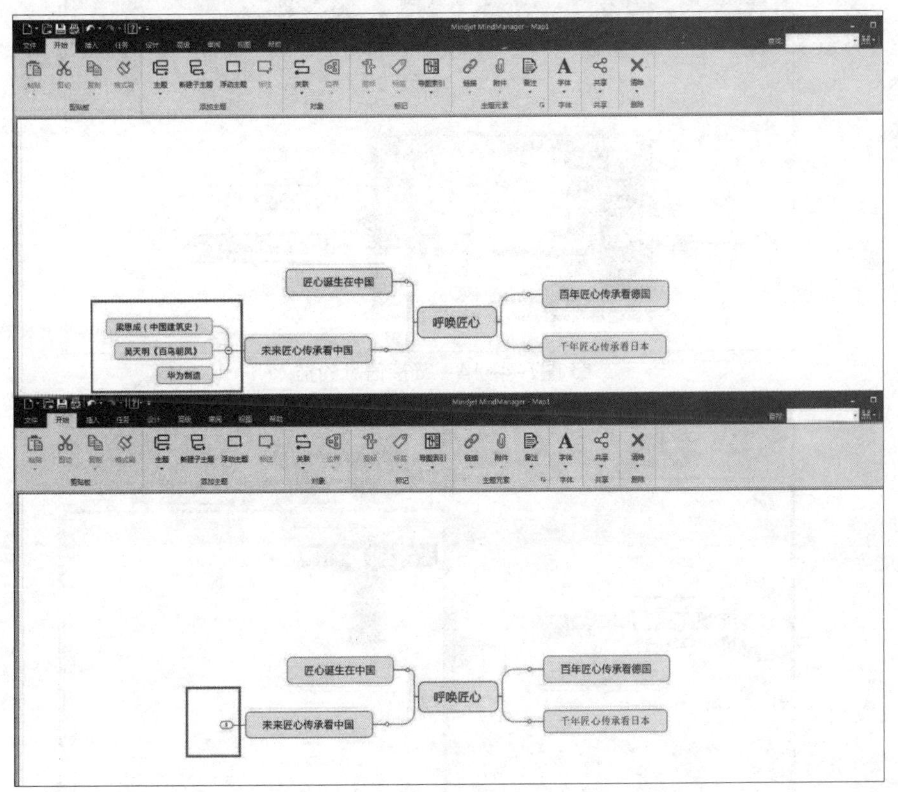

图7-4-12 思维导图子主题的展开与收缩

⑤美化思维导图，选择中心主题“呼唤匠心”，在设计菜单下选择“填充颜色”命令，为其填充橘红色，选择“主题形状”命令，更改中心主题的显示形状为菱形；并选择“呼唤匠心”的四个子主题，将其线条演示调整为橘红色，如图7-4-13所示。

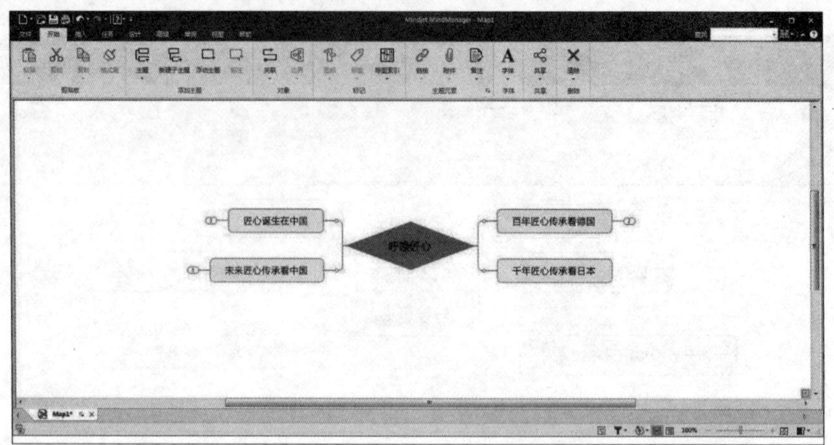

图7-4-13　思维导图的美化

⑥在【插入】菜单下选择链接、附件、备注、图片，为思维导图填充相应内容。

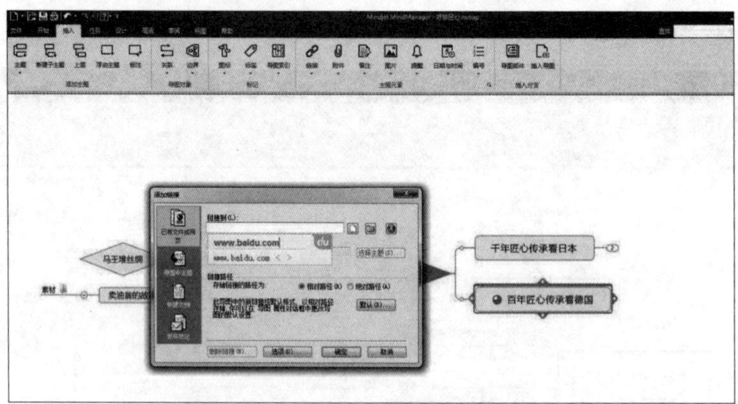

图7-4-14　链接信息的插入

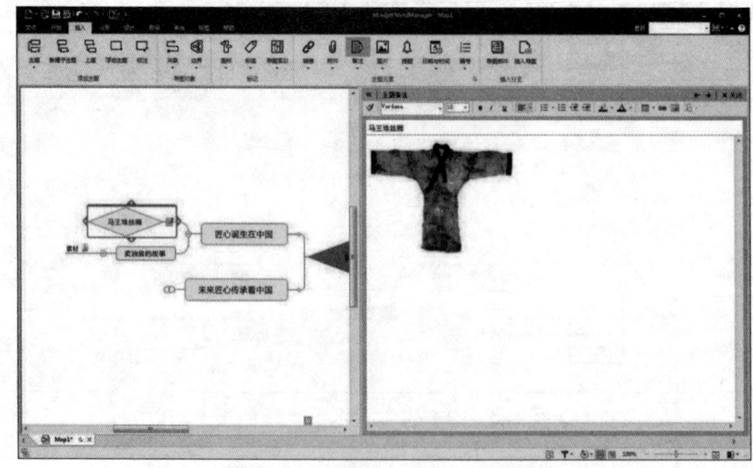

图7-4-15　备注信息的插入

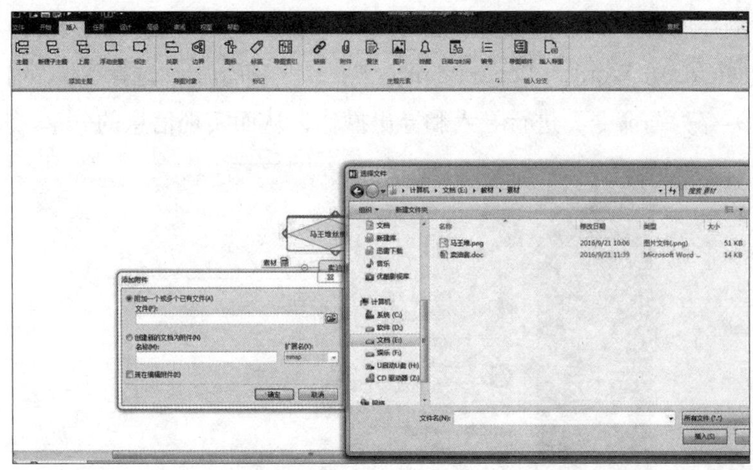

图7-4-16　附件信息的插入

如学习者要在某一主题下插入一个文件夹的信息，只需复制所需文件夹，想放在哪个主题下，选中那个主题，进行粘贴即可。

⑦完成思维导图后，可以根据实际情况调整思维导图各内容的优先级与进度，在【任务】菜单下。选择“优先级”或者“任务”，如图7-4-17、图7-4-18所示。

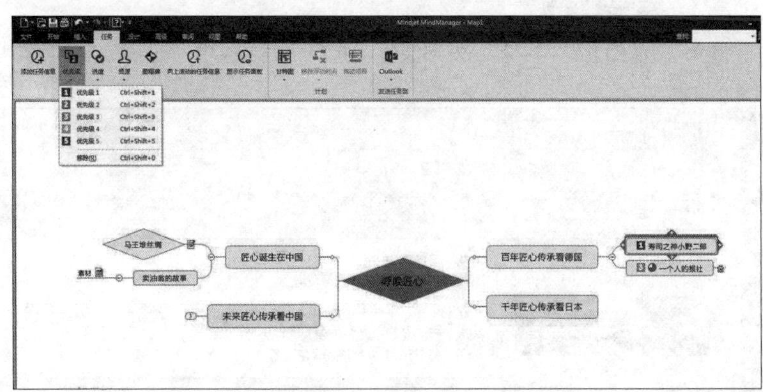

图7-4-17　同级主题内容优先级的调整

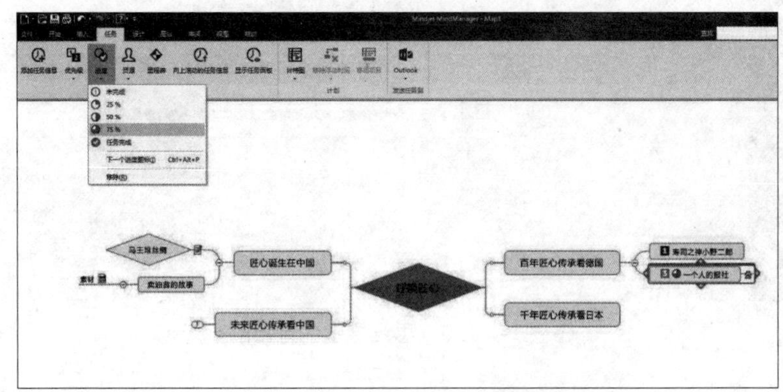

图7-4-18　主题内容进度标记

⑧思维导图的导入和导出。思维导图能与Microsoft Office软件无缝集成，可快速将数据导入或导出到Microsoft Word， PowerPoint， Excel和 Visio中。选择【文件】菜单下选择“导入”或者“另存为”命令，进行导入和导出操作，从而实现信息的分享。

图7-4-19　外部文件直接导入思维导图

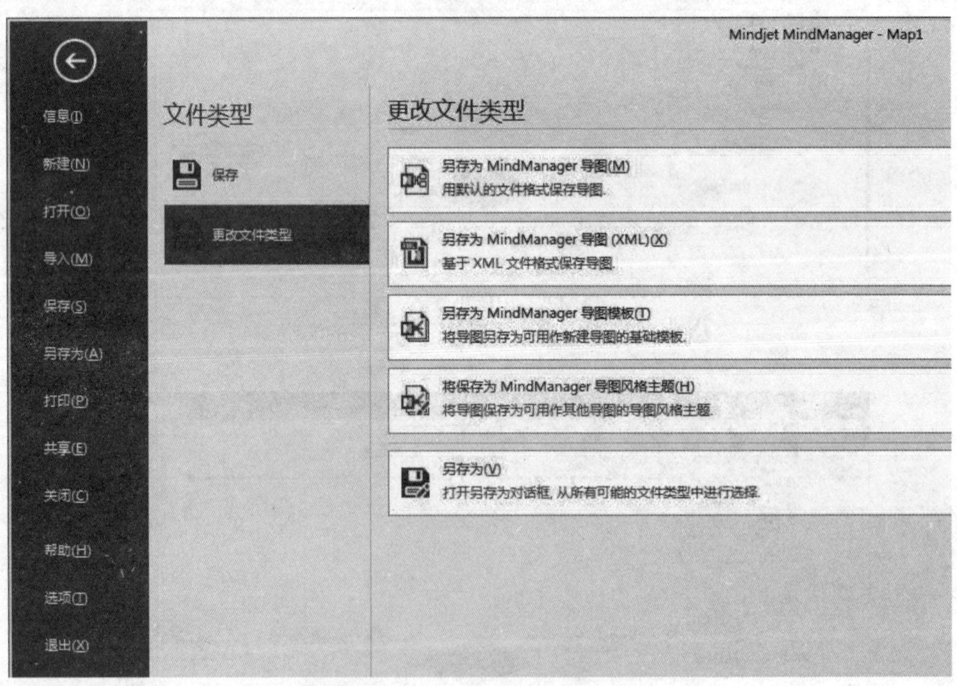

图7-4-20　思维导图的导出

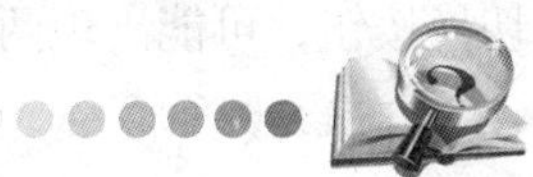

任务拓展与训练

1. 展示“节日文化”演示文稿。
2. 小组协作宣讲并分享“职业生涯规划”。
3. 小组探究学习其他分享方式。

模块总结

通过完成本模块四个典型工作任务，学习者可以学会创建设计、编辑美化演示文稿，根据需要在幻灯片中插入文本、图像、音频和视频的方法，还能学会设置对象的交互和动画效果，能设置幻灯片的切换效果，能播放和展示演示文稿，并进行交流分享，除此之外还能使用简明扼要、合理生动的语言配合幻灯片进行信息展示与交流，同时能将制作好的演示文稿转为视频、网上发布，还能够学到用思维导图进行信息交流与分享。在日常生活、学习和工作中，构思阶段拟好演示文稿大纲与逻辑结构是关键，好的演示文稿一定要思路清晰、逻辑明确、重点突出、观点鲜明。本模块四个任务中涉及的这些功能和操作都是PowerPoint进行信息交流和分享时经常用到的，其中设置对象的动画效果，播放展示演示文稿，进行交流分享操作是重点和难点，希望大家能够熟练掌握这些功能，并会利用这些功能解决生活中的实际问题。

思考练习

一、填空题

1. PowerPoint 2016文件的扩展名是_________。
2. PowerPoint 2016新建文件的默认文件名是_________。
3. 要终止幻灯片的放映，可直接按________键。
4. PowerPoint 2016共有_______种视图模式。

二、选择题

1. 在幻灯片视图窗格中，要删除选中的幻灯片，不能实现的操作是（　　）。

   A. 按下键盘上的Delete的键

   B. 按下键盘上的BackSpace键

   C. 按下工具栏上的隐藏幻灯片按钮

   D. 单击视图菜单中的删除幻灯片命令

2. PowerPoint 2016主窗口水平滚动条的左侧有五个显示方式切换按钮：普通视图、大纲视图、幻灯片视图、幻灯片放映和（　　）。

A. 全屏显示　　B. 主控文档

C. 幻灯片浏览视图　　D. 文本视图

3. 关于幻灯片母版，以下说法中错误的是（　　）。

A. 可以通过鼠标操作在各类模板之间直接切换

B. 根据当前幻灯片的布局，通过幻灯片状态切换按钮，可能出现两种不同类型的母版

C. 在母版中定义标题的格式后，在幻灯片中还可以修改

D. 在母版中插入图片对象后，在幻灯片中可以根据需要进行编辑

4. 以下（　　）是无法打印出来的。

A. 幻灯片中的图片　　B. 幻灯片中的动画

C. 母版上设置的标志　　D. 幻灯片的展示时间

5. 在美化演示文稿版面时，以下不正确的说法是（　　）。

A. 套用模板后将使整套演示文稿有统一的风格

B. 可以对某张幻灯片的背景进行设置

C. 可以对某张幻灯片修改配色方法

D. 无论是套用模板、修改配色方案、设置背景，都只能使各张幻灯片风格统一

6. 某一文字对象设置了超级链接后，不正确的说法是（　　）。

A. 在演示该页幻灯片时，当鼠标指针移到文字对象上会变成手形

B. 在幻灯片视图窗格中，当鼠标指针移到文字对象上会变成手形

C. 该文字对象的颜色会默认的配色方案显示

D. 可以改变文字的超级链接颜色

三、简答题

1. PowerPoint 2016演示文稿创建有哪几种方法？

2. 在PowerPoint 2016 中查看文稿视图有哪几种方法？各种查看视图方式有哪些特点？

3. PowerPoint 2016 演示文稿有哪几种放映方式？

4. 在幻灯片放映中如何添加超级链接？

5. 除PowerPoint 2016 外，你还了解哪些信息展示和交流方式？